GRUNDLAGEN DER MAGNETISCHEN SIGNALSPEICHERUNG

IV

ELEKTRONISCHES RECHNEN UND REGELN

Herausgegeben von

Prof. Dr. HANS FRÜHAUF · Prof. Dr. WILHELM KÄMMERER
Prof. Dr. KURT SCHRÖDER · Prof. Dr. HELMUT WINKLER

Sonderband 10

GRUNDLAGEN DER MAGNETISCHEN SIGNALSPEICHERUNG

IV

bearbeitet

von

HORST VÖLZ

AKADEMIE-VERLAG · BERLIN
1968

GRUNDLAGEN DER MAGNETISCHEN SIGNALSPEICHERUNG

BAND IV

DIGITALBANDSPEICHER

Transportwerke
für die digitale Datenspeicherung auf Magnetband

von

WERNER NEUMANN

Mit 136 Abbildungen und 9 Tabellen

A K A D E M I E - V E R L A G · B E R L I N
1 9 6 8

Erschienen im Akademie-Verlag GmbH, 108 Berlin, Leipziger Straße 3–4

Lizenznummer: 202 · 100/531/68
Gesamtherstellung: VEB Druckerei „Thomas Müntzer", 582 Bad Langensalza
Bestellnummer: 5583/IV · ES 20 K 2, 3, 6, 20 C 3

VORWORT DES HERAUSGEBERS

Mit diesem vierten Band dürfte international erstmalig ein einigermaßen umfassendes Werk zu den heute äußerst wichtigen Digitalspeichern vorliegen. Sein Bearbeiter, Ing. NEUMANN, muß als Konstrukteur des Magnetbandtransportwerkes für die Datenverarbeitungsanlage Robotron 300 bezeichnet werden. Mit dem vorliegenden Band zeigt er nun, daß sein konstruktives Können mit einem umfangreichen technischen Wissen und einer Begabung zu dessen Vermittlung gekoppelt ist. Dem Herausgeber ist es ein Bedürfnis, Herrn NEUMANN besonders für seine sofortige Bereitschaft zur Mitarbeit, für sein Verständnis um den größeren Rahmen des genannten Werkes und für seine schnelle Ablieferung des Manuskriptes zu danken. Er hofft sehr, daß dieser Teil eine besonders große Verbreitung und Anerkennung finden wird.

HORST VÖLZ

VORWORT

Die Speicherung digitaler Informationen auf Magnetband ist in dem kurzen Zeitraum der vergangenen 10 bis 15 Jahre aus bescheidenen Anfängen zu einer sehr hohen Perfektion entwickelt worden und aus der elektronischen Meßwert- und Datenverarbeitung nicht mehr wegzudenken. Heute weist der digitale Magnetbandspeicher nur noch geringe Ähnlichkeiten mit dem Magnetband-Schallspeicher, aus dem er hervorgegangen ist, auf [1]. Die Vielzahl der Typen und die in ihnen verwirklichten konstruktiven Ideen legen von dem Bemühen, den Erfolgen und Schwierigkeiten ihrer Konstrukteure Zeugnis ab, die unbestrittenen Vorteile des Magnetbandes (Wiederverwendbarkeit, große relative Kapazität, große Lebensdauer usw.) für die ständig an Umfang und Bedeutung zunehmende Datenverarbeitung immer besser nutzbar zu machen und seine Nachteile (Sequenzverhalten, Fehleranfälligkeit) weitgehend zu unterdrücken.

Mit dem Einsatz von Datenverarbeitungsanlagen entstand der Arbeitsbereich des Anlagentechnikers, dessen Aufgabe u.a. auch die zuverlässige Wartung und Betreuung von digitalen Magnetbandspeichern ist. Diese Arbeit verlangt eine hohe Qualifikation und eine gewissenhafte systematische Arbeit. Mit vorliegender Arbeit ist u. a. auch beabsichtigt, diesen Mitarbeitern erstmalig einen ausführlichen Überblick über Probleme der Techniken der digitalen Magnetbandspeicher zu geben; damit wird deren Verständnis und Einfühlungsvermögen sicher wesentlich gefördert.

Im vorliegenden Band 4 der Schriftenreihe sind die mechanischen und elektromechanischen Probleme der digitalen Magnetbandspeicherung behandelt, wobei besonderer Wert auf eine ausführliche systematische Darstellung der konstruktiven Möglichkeiten gelegt wurde. Deshalb sind auch solche Verfahren und Geräte erwähnt, die zwar heute kaum noch verwendet werden, aber interessante konstruktive Lösungen enthalten.

Mit der Auswahl der aufgeführten Geräte ist keine Qualitäts- oder Eignungsbeurteilung beabsichtigt. Eine derartige Zusammenfassung ist bisher nicht bekannt geworden, so daß es für einen Interessenten fast unmöglich war, sich mit vertretbarem Aufwand einen brauchbaren

Überblick zu erarbeiten, zumal auch noch keine spezielle Fachzeitschrift der Speichertechnik existiert. Die Veröffentlichungen der Speichertechnik sind in Zeitschriften der verschiedensten Wissensgebiete vertreut, so daß deren Erfassung und Auswertung größte Schwierigkeiten verursacht und bei weitem nicht als abgeschlossen betrachtet werden kann. Verlag, Herausgeber und Verfasser sind deshalb für jeden kritischen Hinweis dankbar.

Die verwendeten Begriffe und Kurzzeichen sind weitgehend an den TGL Fachbereichs-Standard [2] der DDR angelehnt, der sich jedoch z. Z. in Überarbeitung befindet, um beispielsweise eine Übereinstimmung mit den internationalen Symboliken [3] herbeizuführen. Die in der Deutschen Bundesrepublik gültigen Begriffe und die dazugehörigen englischen Übersetzungen sind in [4] definiert. Zwischen den Begriffen beider Normen besteht teilweise keine Übereinstimmung. Besonders typisch sind die Begriffe „Aufzeichnung“ und „Wiedergabe“ nach TGL für die gleichen Vorgänge „Schreiben“ und „Lesen“ nach DIN. Diese und ähnliche Unterschiede rühren daher, daß in TGL einheitliche Begriffe für alle Geräte der Speicherung mit bewegten magnetischen Medien festliegen, während sich DIN eindeutig nur auf die informationsverarbeitende Magnetbandtechnik beschränkt. Im Englischsprachigen sind die Begriffe „write“ bzw. „read“ für Aufnahme und Wiedergabe eingebürgert.

Die in Kapitel 1 nur kurz erwähnten umfangreichen Probleme der Informationsverarbeitung im Speicher sollen später in einem geplanten Band 7 zusammen mit schaltungstechnischen Einzelheiten ausführlich dargestellt werden.

Berlin, Okt. 1967

Ing. Werner Neumann

INHALTSVERZEICHNIS

1. Überblick zur Verarbeitung von Informationen in digitalen Magnetbandspeichern

Die Magnetbandspeichertechnik verwendet allgemein ein mehrschichtiges dreidimensionales Speichermedium in prismatischer Form gemäß Abb. 1, dessen

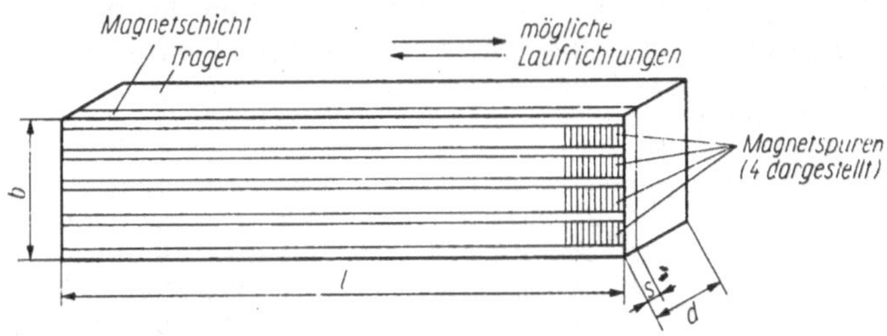

Abb. 1. Speichermedium Magnetband

Abmessungen im folgenden Verhältnis zueinander stehen:

$$l \gg b \gg s\,. \tag{1}$$

Theoretisch ist für die magnetische Speicherung ein Volumen

$$l \cdot b \cdot s \tag{2}$$

erforderlich, das der Magnetschicht des Bandes entspricht. Das meist wesentlich größere Restvolumen

$$l \cdot b\,(d-s) \tag{3}$$

ist ein nicht magnetisierbares Trägermaterial und dient lediglich dazu, der festigkeitsarmen Magnetschicht einen derartigen Halt zu geben, daß sie den vielfältigen mechanischen Beanspruchungen beim Lauf durch das Transportwerk ohne Verlust an Informationen ausreichend gewachsen ist.

Die Aufzeichnung der Informationen auf dem Band selbst erfolgt in Form von „magnetischen Spuren“ konstanter Breite und im allgemeinen konstanter Lage relativ zur Bandlängskante, die bei der Relativbewegung zwischen Magnetband und Arbeitsspalt eines Magnetkopfes entstehen. Die Breite b des Bandes kann in zwei Arten genutzt werden:

Einspuraufzeichnung

Die gesamte Breite b des Bandes wird auf seiner Länge l von nur einem einzigen Aufzeichnungskopfsystem magnetisiert.

Mehrspuraufzeichnung

Auf der Breite b des Bandes sind mehrere voneinander elektrisch und magnetisch unabhängige Magnetkopfsysteme angeordnet, die gleichzeitig voneinander unabhängige Spuren auf der Länge l des Bandes erzeugen bzw. wiedergeben.

Bei der digitalen Magnetbandspeicherung werden im Gegensatz zu anderen Magnetbandanwendungen binäre Informationen gespeichert, die also nur zwei unterschiedliche Zustände (z.B. Pegel) aufweisen. Diese binären Informationen werden mittels geeigneter Code-Verfahren ([5 bis 8]) aus den vorliegenden dekadischen oder alphanumerischen Daten gewonnen. Die Einrichtungen zur Umcodierung sind nicht Bestandteil eines digitalen Magnetbandspeichers; ein Beispiel einer derartigen Umcodierung ist in Abb. 2 dargestellt. Derartige Codes

	Nichtcodiertes Zeichen	Codierung	binär codiertes Zeichen				
	0	$0 \cdot 2^3 + 0 \cdot 2^2 + 0 \cdot 2^1 + 0 \cdot 2^0$	0	0	0	0	← max. $2^4 = 16$ unterscheidbare Zeichen →
	1	$0 \cdot 2^3 + 0 \cdot 2^2 + 0 \cdot 2^1 + 1 \cdot 2^0$	0	0	0	I	
	2	$0 \cdot 2^3 + 0 \cdot 2^3 + 1 \cdot 2^1 + 0 \cdot 2^0$	0	0	I	0	
	3	$0 \cdot 2^3 + 0 \cdot 2^2 + 1 \cdot 2^1 + 1 \cdot 2^0$	0	0	I	I	
	4	$0 \cdot 2^3 + 1 \cdot 2^3 + 0 \cdot 2^1 + 0 \cdot 2^0$	0	I	0	0	
	5	$0 \cdot 2^3 + 1 \cdot 2^2 + 0 \cdot 2^1 + 1 \cdot 2^0$	0	I	0	I	
	6	$0 \cdot 2^3 + 1 \cdot 2^2 + 1 \cdot 2^1 + 0 \cdot 2^0$	0	I	I	0	
	7	$0 \cdot 2^3 + 1 \cdot 2^2 + 1 \cdot 2^1 + 1 \cdot 2^0$	0	I	I	I	
	8	$1 \cdot 2^3 + 0 \cdot 2^2 + 0 \cdot 2^1 + 0 \cdot 2^0$	I	0	0	0	
	9	$1 \cdot 2^3 + 0 \cdot 2^2 + 0 \cdot 2^1 + 1 \cdot 2^0$	I	0	0	I	
im allgemeinen für 6 Sonderzeich. verwend.	(10)	$1 \cdot 2^3 + 0 \cdot 2^2 + 1 \cdot 2^1 + 0 \cdot 2^0$	I	0	I	0	
	(11)	$1 \cdot 2^3 + 0 \cdot 2^2 + 1 \cdot 2^1 + 1 \cdot 2^0$	I	0	I	I	
	(12)	$1 \cdot 2^3 + 1 \cdot 2^2 + 0 \cdot 2^1 + 0 \cdot 2^0$	I	I	0	0	
	(13)	$1 \cdot 2^3 + 1 \cdot 2^2 + 0 \cdot 2^1 + 1 \cdot 2^0$	I	I	0	I	
	(14)	$1 \cdot 2^3 + 1 \cdot 2^2 + 1 \cdot 2^1 + 0 \cdot 2^0$	I	I	I	0	
	(15)	$1 \cdot 2^3 + 1 \cdot 2^2 + 1 \cdot 2^1 + 1 \cdot 2^0$	I	I	I	I	
	4 bit-Code (Beispiel)		$2^3=8$	$2^2=4$	$2^1=2$	$2^0=1$	
			Wertigkeit der Binärstelle				

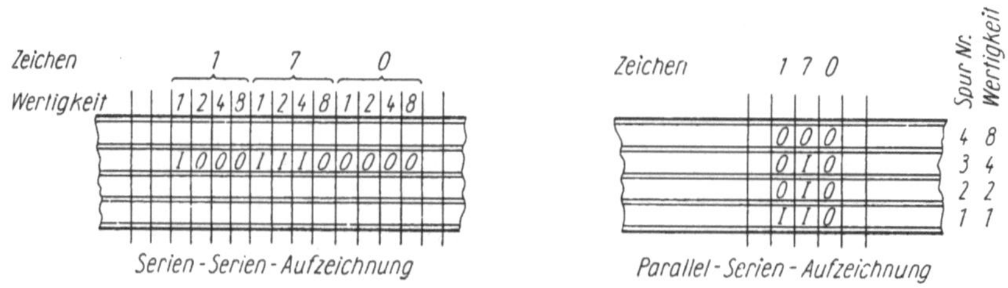

Abb. 2. Beispiel einer Codierung und Magnetbandaufzeichnung

besitzen den Vorteil, daß beliebig vielstellige Zahlen mit größter Genauigkeit dargestellt werden können. Die heutigen Magnetbandspeicher zur digitalen Informationsspeicherung lassen sich in die typischen Kategorien

Meßbandgeräte (Meßwertspeicher, Analogspeicher)
Rechner-Magnetbandspeicher (Digitalspeicher)

einteilen.

Sie unterscheiden sich — bedingt durch ihre unterschiedlichen Verwendungszwecke — in ihren konstruktiven Grundzügen und in den technischen Eigenschaften sehr wesentlich.

Meßbandgeräte

Diese Geräte werden größtenteils für schwingungstechnische Zwecke konzipiert und verwendet, wie z.B. für die Fahrzeug-, Flugzeug-, Maschinenerprobung, Geophysik, Atomphysik, Raumfahrttechnik usw. Die Aufzeichnung der interessierenden analogen Schwingungsvorgänge ist mit Hilfe verschiedener Verfahren mit unterschiedlichen Qualitäten möglich:

Direktaufzeichnung
geringe Amplitudengenauigkeit der Speicherung,
hohe obere Grenzfrequenz, untere Grenzfrequenz $\neq$ 0 Hz

Frequenzmodulierte Aufzeichnung (FM)
verbesserte Amplitudengenauigkeit der Speicherung,
verringerte obere Grenzfrequenz, untere Grenzfrequenz bis 0 Hz

Pulsmodulierte Aufzeichnung (PDM — Pulsdauermodulation oder PPM — Pulsphasenmodulation)
weiter verbesserte Amplitudengenauigkeit der Speicherung,
weiter verringerte obere Grenzfrequenz, untere Grenzfrequenz bis 0 Hz, im allgemeinen einfache Elektronik

Sonderverfahren (wie z. B. Trägerlöschverfahren, Grenzlinienverschiebung usw.)
nur in geringem Maße für Sonderanwendungen im Einsatz

Digitalaufzeichnung
Eigenschaften ähnlich der pulsmodulierten Verfahren.

Im allgemeinen ist es möglich, auf den nebeneinanderliegenden Spuren eines Magnetbandes mit unterschiedlichen Aufzeichnungsverfahren zu arbeiten. Ausführlichere Erläuterungen zu den vorstehend aufgeführten Aufzeichnungsverfahren sind in [11] und [25] zu finden, wo auch weitere Literatur aufgeführt ist.

Die hier besonders interessierende digitale Speicherung von Analoginformationen — bei der im Gegensatz zu den Pulsmodulationsverfahren die Ur-Information nicht in der Form, sondern nur in der Existenz oder Nichtexistenz von Impulsen an bestimmten Stellen enthalten ist — erfordert ihre Umwandlung. Dazu werden in zeitlich gleichbleibenden ausreichend kurzen Abständen aus dem zu speichernden analogen Schwingungszug kurze Amplitudenproben entnommen. In einer Bewertungsschaltung wird anschließend beispielsweise jede dieser Amplitudenproben mit einer vorgegebenen Amplitudentreppe verglichen. Jeder Stufe dieser Treppe ist eine Binärziffer (wie beispielsweise in Abb. 2 dargestellt) fest zugeordnet. Zu jeder Amplitudenprobe wird die Binärziffer der damit übereinstimmenden Stufe der Treppe von der Schaltung als mehrkanaliges elektrisches Signal (für Parallelaufzeichnung) oder als elektrische Impulsfolge (für Serienaufzeichnung) abgegeben und auf das Magnetband aufgezeichnet. Diese Schaltungsanordnung wird als Analog/Digital-Wandler bezeichnet.

Es ist möglich, während der Pausen zwischen zwei nacheinanderfolgenden Proben aus einem Meßsignal die Proben bzw. die daraus abgeleiteten Binärziffern aus anderen Signalen unterzubringen, wodurch beispielsweise bei Serienaufzeichnung eine gleichzeitige zeitgestaffelte Aufzeichnung mehrerer voneinander unabhängiger Meßsignale auf einer einzigen Spur des Magnetbandes möglich ist.

Die Meßbandgeräte werden in zwei Versionen gefertigt:

Universelle Meßbandgeräte

Sie sind so ausgebildet, daß sie an möglichst viele Meß- und Registrieraufgaben vom Anwender selbständig angepaßt werden können; sie dürfen deshalb als Labormeßgeräte betrachtet werden. Hierzu weisen sie meist mehrere im Verhältnis 1:2:4 usw. oder 1:10:100 elektrisch oder/und mechanisch umschaltbare Bandgeschwindigkeiten auf und ermöglichen — meist nach Austausch von Elektronikeinschüben — die Aufzeichnung der anliegenden analogen Informationen unter Verwendung des dafür optimalen Aufzeichnungsverfahrens. Damit ist es beispielsweise möglich, unter Verwendung von Zeitstaffelungsmethoden bis zu 1000 voneinander unabhängige tieffrequente Meßsignale auf einem einzigen 1″-Magnetband gleichzeitig aufzuzeichnen. Weiterhin ermöglichen die universellen Meßbandgeräte durch Wechsel der Bandgeschwindigkeit bei der Auswertung einer Aufzeichnung eine unkomplizierte Anpassung der Signalfrequenzen an die üblichen Analysengeräte (Filter, Schreiber usw.) sowie eine relativ große Dehnung oder Pressung der Zeitbasis.

Spezielle Meßbandgeräte

Diese Geräte weisen meist nur eine oder maximal zwei Bandgeschwindigkeiten auf und ermöglichen oft nur ein einziges Aufzeichnungsverfahren. Aus diesem Grunde sind sie meist sehr unkompliziert aufgebaut, können also nur für ganz bestimmte eng begrenzte Aufgaben eingesetzt werden, z.B. für geophysikalische Routinemessungen, für Raumfahrtexperimente, für bestimmte Überwachungs- und Steuerungszwecke usw. Sehr oft werden die mit speziellen Meßbandgeräten hergestellten Bandaufzeichnungen auf universellen Geräten ausgewertet.

Die Meßbandgeräte sind ausführlich in Band 3 behandelt, siehe auch Abschnitt 10.3.

Digitale Rechner-Magnetbandspeicher

Ein weiteres charakteristisches und besonders weit verbreitetes Anwendungsgebiet digitaler Magnetbandspeicher der verschiedenartigsten Konstruktionen sind die elektronischen Datenverarbeitungsanlagen. Hierin erfolgt die Verarbeitung der Informationen bereits in binärer Form, so daß eine besondere Kodierung zum Zwecke der Speicherung im allgemeinen nicht erforderlich ist, sofern der Magnetbandspeicher nicht als Mittel zur Datenerfassung verwendet wird.

Die elektronische Datenverarbeitung bedient sich des Magnetbandspeichers in drei wesentlichen Varianten:

als externe Speicher zur Erweiterung der Kapazität des Arbeitsspeichers;

als Eingabe/Ausgabegeräte (periphere Speicher) analog zu Lochkarte und Lochband;

als Datenerfassungsgeräte.

Die Bandspeicher der ersten beiden Varianten sind im allgemeinen völlig gleich, während die Datenerfassungs-Speicher meist sehr einfach ausgeführt sind und sehr langsam arbeiten.

Das Verfahren der Verarbeitung von Binär — (Zweizustands-)Informationen besitzt gegenüber Verfahren mit mehr als zwei unterscheidbaren Zuständen den geringsten elektronischen Aufwand und die geringste Empfindlichkeit gegenüber Pegelschwankungen. Aus diesen Gründen erfolgt auch die Aufzeichnung auf dem Magnetband unter Verwendung von nur zwei (maximal drei) Magnetisierungszuständen, jedoch auf Kosten einer guten Ausnutzung des Nachrichtenkanals Magnetband [9]. Bei dieser Arbeitsweise des Magnetbandes ist es zulässig und zweckmäßig, eine Aussteuerung der Magnetschicht bis in die Sättigung vorzunehmen.

Zwei Eigenschaften des Magnetbandes sind als besonders vorteilhaft gegenüber anderen in der Datenverarbeitung üblichen Datenträgern hervorzuheben:

Löschbarkeit

Im Gegensatz zu Lochkarte und Lochband kann das Magnetband ohne Beeinträchtigung seiner Brauchbarkeit beliebig oft gelöscht und neu mit Informationen versehen werden, sofern das zugehörige Transportwerk eine schonende Behandlung des Magnetbandes gewährleistet.

Geringes Volumen

Gegenüber Lochkarte und Lochband besitzt das Magnetband eine mindestens um den Faktor 600 bis 2500 größere zweidimensionale Speicherdichte. Die kubische Speicherdichte kann mindestens 3000 bis 5000mal größer sein. Diese Tatsache ist besonders für Archivdaten (z. B. Programme usw.) von Wichtigkeit.

1.1. Magnetisierungsverfahren

Das kleinstmögliche Informationselement (1 Bit entsprechend der Binärziffer O oder I) benötigt auf der Spur eines Magnetbandes eine bestimmte Fläche, die auch als Spurelement bezeichnet wird [4]. Die Darstellung der den hintereinanderfolgenden Datenelementen (Bit) zugeordneten Binärziffern O oder I kann auf dem Magnetband mit verschiedenen Magnetisierungsverfahren erfolgen. Es sind folgende wesentlichen *Magnetisierungsverfahren* bekanntgeworden, deren Kurzbezeichnungen (Abb. 3) aus dem Englischsprachigen stammen. Die folgenden Erläuterungen hierzu sind weitgehend an [4] angelehnt.

Rückkehr zu Null (*R*eturn to *Z*ero, RZ)

Binäres Aufzeichnungsverfahren, bei dem vom nicht magnetisierten Zustand ausgehend und zu ihm zurückkehrend die beiden Binärziffern durch die entgegengesetzte magnetische Sättigung jeweils eines Teils der Spurelemente dargestellt werden [10], [11].

Rückkehr zur Vormagnetisierung (*R*eturn to *B*ias, RB)

Binäres Aufzeichnungsverfahren, bei dem von einem Sättigungszustand ausgehend und zu ihm zurückkehrend eine der beiden Binärziffern durch die entgegengesetzte magnetische Sättigung eines Teils der Spurelemente dargestellt wird.

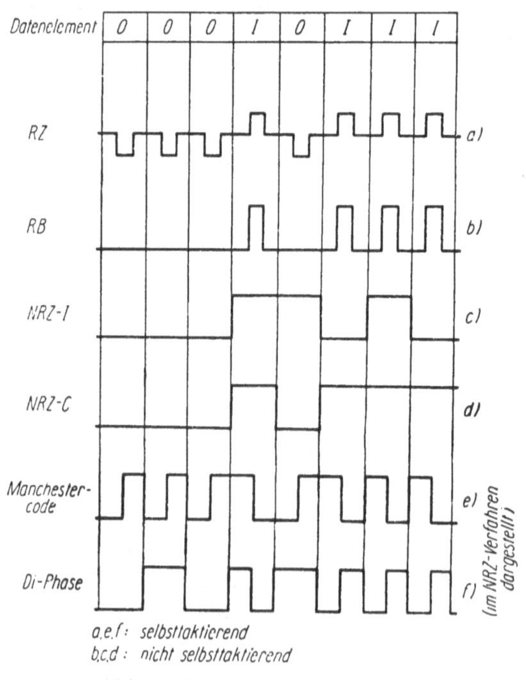

Abb. 3. Magnetisierungsverfahren

Wechselschrift (*N*on *R*eturn to *Z*ero-*M*ark, NRZ-M)

Binäres Aufzeichnungsverfahren, bei dem nur eine der beiden Binärziffern durch einen einmaligen Wechsel zwischen zwei Magnetisierungszuständen, üblicherweise den beiden Sättigungszuständen, dargestellt wird. (Abhängig davon, ob der Sättigungswechsel zur Kennzeichnung der Binärziffer O oder I erfolgt, wird dieses Verfahren auch als NRZ-O oder NRZ-I bezeichnet.)

Richtungsschrift (*N*on *R*eturn to *Z*ero-*C*hange, NRZ-C)

Binäres Aufzeichnungsverfahren, bei dem die beiden Binärziffern durch entgegengesetzte magnetische Sättigung der Spurelemente dargestellt werden, wobei an den Grenzen keine Rückkehr zu einem Bezugszustand erfolgt [10] [11].

Richtungs-Taktschrift (Phasen-Modulation, Manchester-Code, Ferranti-Code [12])

Binäres Aufzeichnungsverfahren, bei dem jedes Spurelement in zwei Teile geteilt ist, die in einander entgegengesetztem Sinne magnetisiert sind, wobei jede Richtung des Flußwechsels einer der beiden Binärziffern fest zugeordnet ist. Dabei treten bei aufeinanderfolgenden gleichen Werten zusätzliche Flußwechsel an den Grenzen der Spurelemente auf.

Wechsel-Taktschrift (Puls-Längen-Modulation, Di-Phase, Split-Phase [12])

Binäres Aufzeichnungsverfahren, bei dem jedes Spurelement grundsätzlich durch einen Flußwechsel gekennzeichnet ist und bei dem für die Darstellung der einen der beiden Binärziffern ein zusätzlicher Flußwechsel in der Mitte des Spurelements erfolgt.

1.2. Parallele und serielle Aufzeichnung

Zur Darstellung eines Zeichens (Zahl, Buchstabe oder Symbol) ist eine durch den verwendeten Code und die Anzahl der unterscheidbaren Zeichen bestimmte Anzahl von Bit bzw. Speicherelementen erforderlich. Ihre Unterbringung auf dem Magnetband ist in zwei Anordnungen möglich:

1. Aufzeichnung aller Bit eines Zeichens und aller aufeinanderfolgenden Zeichen hintereinander auf einer einzigen Spur des Magnetbandes (Serien-Serien-Aufzeichnung).
2. Aufzeichnung aller Bit eines Zeichens zur gleichen Zeit auf mehreren parallelen selbständigen Längsspuren des Magnetbandes und Aufzeichnung hintereinanderfolgender Zeichen in Längsrichtung des Bandes (Parallel-Serien-Aufzeichnung).

Eine bestimmte Gruppierung von Speicherelementen wird als Byte bezeichnet. Gemäß [13] besteht ein Byte aus acht Daten-Bit und einem Prüf-Bit und ermöglicht die Speicherung von einem Buchstaben oder Sonderzeichen oder von zwei Ziffern. Ein Byte ist die kleinste adressierbare Einheit.

Eine in der Anzahl festgelegte Hintereinanderfolge von Zeichen wird als Wort bezeichnet und kann ein Wort im üblichen Sinne oder eine der Anzahl der Zeichen entsprechende mehrstellige Zahl darstellen.

Bei jeder Bit-Anordnung auf dem Magnetband muß gewährleistet sein, daß bei der Wiedergabe die Regenerierung einer ununterbrochenen Taktfolge möglich ist, um aus den einzelnen Datenelementen eindeutig die Ursprungszeichen und Worte rekonstruieren zu können. Einige der in Abb. 3 dargestellten Magnetisierungsverfahren gestatten ohne zusätzliche Maßnahmen eine Taktregenerierung, während die anderen eine besondere (zusätzliche) Taktaufzeichnung oder Taktspur benötigen.

1.3. Fragen der Speicherdichte

Zur Charakterisierung von Aufzeichnungen dient der Begriff „Speicherdichte". Für die technische Anwendung besitzt die kubische Speicherdichte beim Magnetband — ausgedrückt in bit/mm³ — einen geringen Wert. Deshalb wird für Digital-Magnetbandtransportwerke einschließlich der dazugehörigen Magnetbänder im allgemeinen die Angabe einer lineraen Speicherdichte (bit/mm in Längsrichtung l des Bandes in einer Spur) und teilweise auch noch eine Spurdichte (Spurzahl pro Millimeter Bandbreite b) verwendet. Das Produkt beider ist eine zweidimensionale Speicherdichte bit/mm². Im Ausland wird vielfach die lineare Speicherdichte in bit/Zoll (abgekürzt bpi: bit per inch) angegeben.

Die in einer Spur des Magnetbandes einspeicherbare und auch reproduzierbare lineare Bit-Dichte hängt von der Auflösungsfähigkeit des Magnetbandes und der Magnetköpfe sowie von der Laufpräzision des Bandes auf dem Transportwerk ab. Bei einer Parallelaufzeichnung der Bit eines Zeichens muß jedoch außerdem bei der Wiedergabe festgestellt werden, daß die zu einem Zeichen zugehörigen Bit trotz gleichzeitiger Aufzeichnung nicht gleichzeitig reproduziert werden. Diese zeitlichen Differenzen werden als „Zeitverschiebungsfehler" bzw. „Schieflauf" (Skew) bezeichnet und rühren von mechanischen und elektrischen Toleranzen und Differenzen der einzelnen Datenkanäle (Spuren) und des Transportwerkes her. Die Zeitverschiebungsfehler begrenzen die mögliche Speicherdichte in Längsrichtung des Bandes; es werden deshalb große Anstrengungen unternommen, sie so klein wie möglich im Verhältnis zum zeitlichen Abstand der Zeichen zu halten.

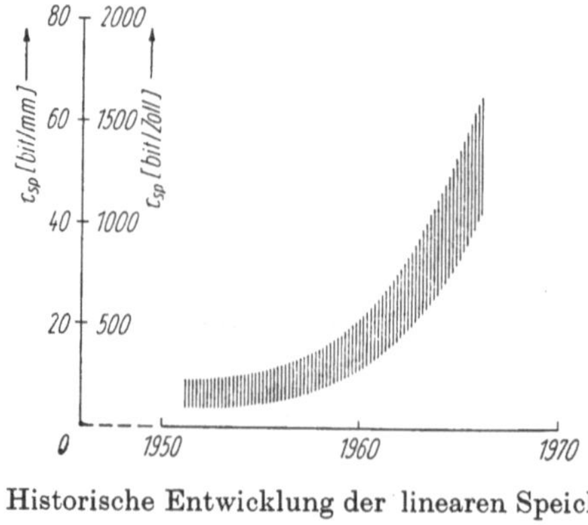

Abb. 4. Historische Entwicklung der linearen Speicherdichte

Die derzeitig größte praktisch nutzbare lineare Speicherdichte liegt bei 63 bit/mm [14], [15].

Dabei beträgt die größte Spurdichte auf dem Band etwa 2,2 Spuren pro Millimeter [15].

Einen groben Überblick über die historische Entwicklung der praktisch genutzten linearen Speicherdichten gibt Abb. 4.

1.4. Störerscheinungen

Durch Verunreinigungen, Bandfehler und unzureichende Bandlaufeigenschaften des Transportwerkes treten für die magnetische Speicherung mit bewegten Medien charakteristische Fehlererscheinungen auf, die als „Drop-out“ bzw. „Drop-in“ bezeichnet werden. Sie äußern sich dadurch, daß aufgezeichnete Impulse (Bit) bei der Wiedergabe nicht erkannt werden bzw. daß Impulse entstehen, wo keine aufgezeichnet wurden. Nähere Ausführungen zu diesem Problem sind in Kapitel 6 enthalten.

1.5. Abgrenzungen der verschiedenen Gerätetypen

Die zu speichernden Informationen können in mannigfaltiger Form anfallen bzw. vom Speicher abgefordert werden:

a) *kontinuierlich* mit gleichbleibender Zeichenübertragungsgeschwindigkeit;
b) in *Datengruppen* (Worte aus mehreren Zeichen, auch „Blocks“ genannt) mit begrenzter Länge in zeitlich zufälliger Folge, jedoch mit gleichbleibender Zeichenübertragungsgeschwindigkeit bei allen Gruppen;
c) *Zeichen* in zeitlich zufälliger Folge.

Durch geeignete konstruktive Maßnahmen am Transportwerk muß dafür gesorgt werden, daß eine möglichst hohe Ausnutzung des Magnetbandes zur Informationsspeicherung auch bei zeitlich zufälligem Eintreffen oder Abfordern der Daten auftritt.

Insbesondere in Zusammenarbeit mit einer elektronischen Datenverarbeitungsanlage wird an den Speicher die Forderung gestellt, eine angeforderte Information in kürzestmöglicher Zeit (Zugriffszeit) bereitzustellen. Zu diesem Zweck wurden verschiedenartige Magnetbandtransporte entwickelt, die durch Unterteilung des Speichermediums eine Verringerung der Zugriffszeiten im Vergleich zum nichtunterteilten Medium gleicher Kapazität ermöglichen. Die geringen Zugriffszeiten von Magnettrommel und Magnetplattenspeichern (0,1 bis 10 ms) und der Magnetkernspeicher wurden jedoch noch nicht erreicht. Gegenüber diesen Verfahren bietet das Magnetband jedoch wirtschaftlich sehr große Speicherkapazitäten, die bei einigen Ausführungsformen auf Grund der leichten Austauschbarkeit des Speichermediums Magnetband und seines geringen Volumens praktisch unbegrenzt ist. Durch geeignete Programmierung der Datenverarbeitungsanlage ist es jedoch möglich, die Auswirkungen der relativ großen Zugriffszeiten des Magnetbandspeichers unter gewissen Bedingungen zu verringern [16].

1.6. Anordnung der Informationen auf dem Magnetband

Bei der digitalen Erfassung von *Meßwerten* wird im allgemeinen der Meßwertspeicher von Hand oder durch eine geeignete elektrische Fernsteuerung vor Beginn des zu registrierenden Ereignisses eingeschaltet und zeichnet mit konstanter Bandgeschwindigkeit nach a) die periodisch eintreffenden Datenzeichen auf. Die Bandgeschwindigkeit wird hierzu am Speicher so gewählt, daß sie zusammen mit der Übertragungsgeschwindigkeit eine gute Bandausnutzung ergibt. Die Dauer derartiger Registrierungen kann von einigen Sekunden bis zu einigen Wochen oder Monaten betragen. Bei extrem langsam ablaufenden Vorgängen werden auch aus verständlichen Gründen Incrementalspeicher nach c) benutzt. Die Identifikation und Zuordnung der Aufzeichnungen auf dem Magnetband erfolgt in derartigen Fällen oft nur durch handschriftliche Bemerkungen beispiels-

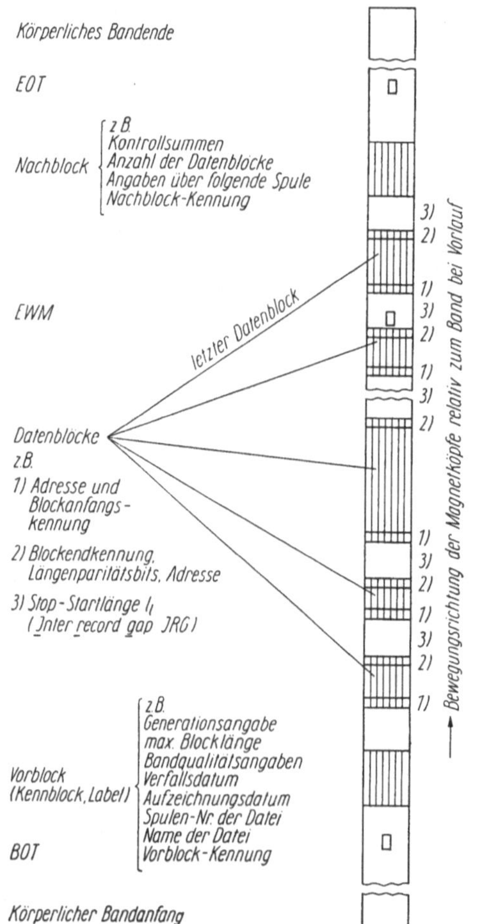

Abb. 5. Anordnung der Informationsblocks auf einem Rechnerband

weise auf einem Klebezettel an der Bandspule. Mehrere selbständige Aufzeichnungen hintereinander auf einem einzigen Magnetband werden im allgemeinen nur durch größere Aufzeichnungslücken voneinander getrennt. Eine weitere Identifizierungsmethode besteht darin, eine der Spuren des Magnetbandes als Aufzeichnungskanal für Sprache auszulegen. Hierauf können während der Datenaufzeichnung gleichzeitig Kommentare (Versuchsbedingungen usw.) und sonstige Identifikationsmerkmale über ein Mikrophon aufgezeichnet werden.

Wesentlich komplizierter ist die Unterbringung digitaler Informationen der elektronischen Rechentechnik. Hier laufen die Operationen einschließlich der Datenaufzeichnung und -wiedergabe mit großer Geschwindigkeit und ohne direkten Eingriff des Bedienungspersonals ab. Die Daten müssen deshalb so aufgezeichnet werden, daß sie bei einer später erfolgenden Wiedergabe von der Anlage eindeutig zugeordnet werden können. Hierzu werden bei der Aufzeichnung auf ein Rechnerband durch ein vorgegebenes Programm [17] automatisch Bandanfangs- und Bandenderkennung angebracht und jeder selbständige Informationsblock mit Adressen versehen. Grundsätzlich bestehen hier zwei Möglichkeiten der Unterbringung der Informationsblocks auf dem Band:

α) Aufzeichnung auf *nicht adressierte* Bänder
Die aufzuzeichnenden Informationsblocks (die unterschiedliche Länge aufweisen können) werden hintereinanderfolgend mit den zugehörigen Adressen aufgezeichnet, wie in Abb. 5 vereinfacht dargestellt. Dieses Verfahren läßt den Austausch einzelner Blocks nicht zu, weist aber praktisch keine Begrenzung der Blocklängen auf.
In [18] ist über einige Probleme der Verarbeitung variabler Blocklängen referiert.

β) Aufzeichnung auf *adressierte* Bänder
Vor Benutzung eines neuen Rechnerbandes werden mit Hilfe eines besonderen Programms oder einer speziellen Einrichtung in bestimmten gleichbleibenden Abständen Adressen auf die gesamte Länge des Bandes aufgezeichnet. Die Aufzeichnung der Datenblocks selbst erfolgt in die Lücken zwischen diesen Adressen. Hierbei ist es möglich, Informationsblocks auszutauschen, wobei in jedem Falle die Adressen unverändert bleiben. Es muß jedoch ein unbequemer Kompromiß zwischen maximal zulässiger Blocklänge (Abstand zwischen den Adressen) und Bandausnutzung (Verhältnis zwischen Blocklänge und Adressenabstand) eingegangen werden. In [19] ist ein Beispiel einer festen Blockadressierung erläutert.

Ein Rechnerband mit adressierten Datenaufzeichnungen wird oft als „File“ bezeichnet.

2. Bandvorrat und Speicherkapazität

Die Unterbringung des Magnetbandes auf dem Transportwerk ist grundsätzlich in drei Arten möglich:

1. auf Spulen,
2. spulenlos in Kassetten,
3. auf Spulen in Kassetten.

Um eine Verwechslung auszuschalten, wird die zweite Kategorie als „Bandkassette" und die dritte Kategorie als „Spulenkassette" [14] bezeichnet.

Bandkassetten ermöglichen einfache Transportwerke durch Verzicht auf die aufwendigen Spulenantriebsvorrichtungen, sind aber im Fassungsvermögen gegenüber der Bandspule beschränkt. Durch eine Spulenkassette wird ein erhöhter Schutz des Bandes gegenüber der einfachen Spulenausführung erzielt und ein automatischer Spulenwechsel möglich, sie beeinflußt jedoch nicht die Speicherkapazität der Bandspule selbst. Die Maße und Werte der Bänder, Bandspulen und Bandgeschwindigkeiten sind größtenteils aus den Ländern mit dem Zoll- und Fuß-Maßsystem übernommen worden und im speichertechnischen Sprachgebrauch auch eingebürgert. Es werden deshalb diese Werte neben der Millimeter- und Meter-Angabe im folgenden aufgeführt.

2.1. Magnetbänder

Für digitale Speicherzwecke werden unperforierte Bänder mit Gesamtdicken d zwischen 25 und 54 μm und ca. 20 verschiedenen Zwischenwerten angeboten. In breiterer Anwendung sind die Trägerdicken 1 und 1,5 mil entsprechend 25,4 und 38,1 μm.

In den Banddicken d sind auch die z. T. üblichen Schutzschichten aus Plastmaterial von 1 bis 1,5 μm Dicke auf der Magnetschicht eingeschlossen. Diese Schutzschichten sollen dem Verschleiß der Magnetschicht und des Magnetkopfes entgegenwirken und den Einfluß von Verunreinigungen der Bandoberfläche reduzieren. Ein ähnliches Verhalten zeigen Magnetbänder mit in die Magnetschicht eingelagertem Plastmaterial in mikroskopisch fein verteilter Form.

Als Trägermaterial wird bei der digitalen Bandspeicherung fast ausschließlich Polyester verwendet, das sich mechanisch als sehr widerstandsfähig erwiesen hat. Acetatbänder weisen eine sehr geringe Kantenreißfestigkeit und eine geringere Schmiegsamkeit auf. PVC-Bänder besitzen eine sehr große Drop-out-Häufigkeit infolge fertigungstechnisch unvermeidbarer Unebenheiten und Löcher im

	Hersteller Bandtyp		Minnesota Mining and Manuf. (Scotch) 403	457	486	498	Ampex 811	Ampex 831
Mechanische Eigenschaften	Farbe			dunkelrot	purpur	schwarz	hellbraun	hellbraun
	Trägermaterial		Acetat	Polyester	Polyester	Polyester	Acetat	Mylar
	Dicken: Träger (d-s)	µm	36	16,5	36	36	38	38
	Magnetschicht	µm	12,7	9,6	14	11	10,4	10,4
	Schutzschicht	µm	–	–	1,3	–	–	–
	Gesamt (d)	µm	49	26	52	48	48,4	48,4
	Breitentoleranz	µm	−100 *)	−100 *)	−100 *)	−100 *)	−100 *)	−100 *)
	Elastizitätsgrenze (bezogen auf b = ¼″)	p	2050	1590	2450	2450		
	Bruchdehnung	%	25	50	100	100		
	Plastische Dehnung	%	1,5	0,5	0,5	0,5	0,8	0,4
	Reibungskoeffizient		0,33	0,33	0,33	0,33	0,1 ***)	0,1 **
	Kantenreißfestigkeit	p	3	8	26	26	3	26
	Temperaturen für sicheren Betrieb	°C	−40⋯+60	−40⋯+60	−40⋯+60	−40⋯+118	−40⋯+60	−40⋯+7
	Abnutzungsfestigkeit der Schicht		1	1	30	15	1	1
Magnetische Eigenschaften	Gleichmäßigkeit des Wiedergabepegels:							
	a) innerhalb einer Spule	%(dB)	± 3	± 3	± 3	± 3	(±0,25)	(±0,25)
	b) von Spule zu Spule	%(dB)	±10	±10	±10	±10	(±1)	(±1)
	Drop-outs pro Spule		≦ 1	≦ 1	≦ 1	≦ 1	0	0
	gemessen mit lin. Speicherdichte c_{sp}	bit/zoll	200 NRZ	200 NRZ	200 NRZ	200 NRZ	200 NRZ	200 NRZ
	Drop-out Erkennungspegel	%	50	50	50	50	30	30
	bewertete l Bandlänge ca.	m	760	760 od. 1500	760	760	760	760
	Anzahl der bewerteten Magnetspuren		7	7	7	7	7	7

*) Bandbreiten b sind ganzzahlige Vielfache von ¼″
**) Bandbreite b = 0,498″ (12,6492 mm)
***) gemessen nach MIL – T – 21029
****) bezogen auf ein Standardband
*****) fci = flux changes per inch (Flußwechsel pro Zoll)

Auswahl)

			geeignet für IBM-Transportwerke				
Ampex		Computape	Soundcraft			Spezifikationen für IBM-Magnetbänder	IBM-Spezifikation [105]
832 834	837 838	D 153-5-24	224	225	226		
Mylar		Mylar		Mylar			Polyester, vorgereckt
36,83+10%		37±10%		37±10%		36,8±10%	37
		$8{,}9^{+2,5}_{-0}$					11,3
		—		—		—	—
48,26		48.3±5		48,3±7,6		48,3±7,6	48,3±7,6
±50,8 **)		±50 **)		±50 **)		±50**)	±50**)
2270		2260				1130	
≦1,5		0,4				≦1,5	
		0,3					
		26					
−40···+48		+4,5···+49		+4,5···+32		+10···+32	
±5 ****)		±5****)		±5		±5****)	±5****)
0		0		0		0	
200	800	556 800	556	800	800	200 NRZ	200 556 800 3200 fci *****)
NRZ		NRZ	NRZ	NRZ	NRZ		NRZ NRZ NRZ
50		50		50		50	
365 od. 732		760		bis 770		365 od. 732	365 od. 732
7		7		7		7	7 od. 9
							Oberflächenwiderstand $10^6-10^8\ \Omega$ pro Zoll Bandlänge l (gegen elektrostat. Aufladungen). Kopfabschliff max 25 µm nach 1000 Banddurchläufen

Sonstiges: Klebestellen sind innerhalb einer Spule nicht zugelassen.
Die Breite der Magnetspuren beträgt bei den Drop-out- und Drop-in-Messungen 0,8 ··· 0,9 mm je nach Festlegung durch den Hersteller oder Anwender.
Während der Wiedergabe von einem durchgehend in eine magnetische Richtung gesättigten Magnetband dürfen keine Störspannungen (Drop-in) auftreten, die größer als 10 % der Normalamplitude einer Impulswiedergabe sind.
Rechner-Magnetbänder werden in den meisten Fällen für die Verwendung auf einem bestimmten Transportwerk vom Hersteller konfektioniert geliefert, d.h. aufgewickelte auf geeigneten oder gewünschten Spulen und mit transportwerktypischen Markierungen (Signalisierungsmarken, Vorspannbänder usw.) versehen. Sie sind allgemein in staubdichten Verpackungen untergebracht (verschweißte Plastikbeutel oder/und zur Bandarchivierung geeignete Plastmaterialbüchsen).

Träger. In geringem Umfange kommen auf speziell dafür ausgelegten Transportwerken noch Magnetbänder mit Metallträgermaterial (Bronze) zur Anwendung.

In Tabelle 1 sind die von den Herstellern einiger typischer Digital-Magnetbänder angegebenen technischen Werte aufgeführt.

Perforierte Magnetbänder, deren Abmessungen den Kinofilmen angepaßt sind, werden nur noch in geringem Umfang verwendet. Sie besitzen im allgemeinen einen Acetatträger. Die geräteüblichen Bandbreiten sind in Tabelle 2 aufgeführt. Die Bandbreiten b sind, wie schon erwähnt, aus dem Zoll-Maßsystem bzw. aus der Kinofilmtechnik übernommen. Besonders ist hierbei zu beachten, daß die Bandbreite $^1/_4''$ nicht mit der in der Magnetbandschallspeichertechnik üblichen $^1/_4''$ Bandbreite exakt übereinstimmt, da letztere aus historischen Gründen nur 6,25—0,1 mm breit ist. Die auf den Transportwerken verwendeten Band-

Tabelle 2
Magnetbandbreiten

Bezeichnung	Abmessungen und Toleranzen b Zoll	mm	Verwendet mit Spule	Bandkassette	Bemerkungen
¼″	0,25 – 0,004	6,35 – 0,1	×	×	abweichend von Schallaufzeichnung
½″	0,5 – 0,004	12,7 – 0,1			größte Verbreitung bei
	0,498 ± 0,002	12,65 ± 0,005	×	×	Digitalspeicherung
5/8″	0,5125 – 0,004	15,875 – 0,1	×	×	
1″	1 – 0,004	25,4 – 0,1	×	×	
1¼″	1,25 – 0,004	31,75 – 0,1	×	×	
2″	2 – 0,004	50,8 – 0,1		×	
35 mm	—	34,97 ± 0,03	×	×	Magnetfilm, perforiert oder unperforiert, Dicke d = 0,14 mm
14″	14	355		×	Toleranz nicht bekannt

längen l variieren in der Praxis stark, je nach konstruktiver Ausführung und Einsatzzweck des Gerätes. Die benötigte Fläche F zur Unterbringung einer bestimmten Bandmenge ist bei der Spule wesentlich geringer als bei der Bandkassettenausführung.

Im folgenden werden die mit den verschiedenen Unterbringungsarten des Magnetbandes zusammenhängenden Verhältnisse rechnerisch untersucht.

2.2. Bandspulen

Für ein aufgewickeltes Medium der Länge l und der gleichbleibenden Dicke d gilt gemäß Abb. 6

$$l \cdot d = \pi \, (R^2 - r^2) = F_W \tag{4}$$

Hierin ist r der Radius des Wickelkörpers, in diesem speziellen Fall der Magnetbandspule, und F_W die Bandfläche des Wickels auf dieser Spule.

Die in Längsrichtung des Bandes auf einer Spur speicherbare Datenmenge C (Kapazität) in bit bzw. die auf einem mehrspurigen Band in Parallel-Serienform speicherbaren Zeichen sind daraus

$$C = l \cdot c_{sp} = \frac{c_{sp} \cdot \pi}{d} (R^2 - r^2) \,. \tag{5}$$

Diese Zusammenhänge sind für praxisübliche Werte von r, d und c_{sp}, in Abb. 7 graphisch dargestellt.

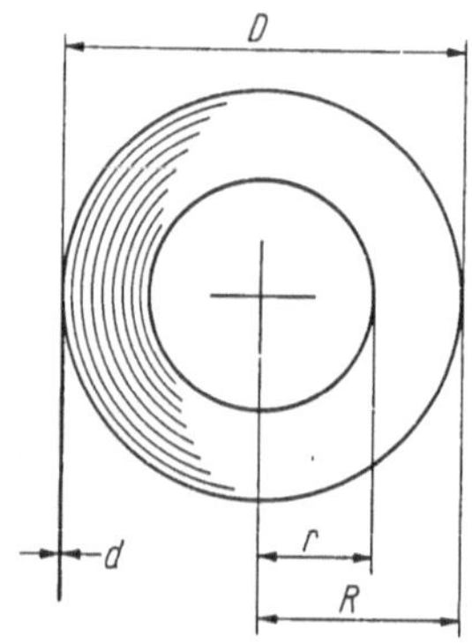

Abb. 6. Aufgewickeltes Medium

Die zur Zeit größte Verbreitung besitzen zwei Spulenausführungen:

α) *nach NARTB (National Association of Radio and Television Broadcasters* — Staatliche Vereinigung der Tonrundfunk- und Fernsehgesellschaften — USA)

Diese Spule ist dadurch gekennzeichnet, daß sie in einer relativ großen Mittelbohrung zur Befestigung auf dem Transportwerk drei Nuten besitzt, die insbesondere zur formschlüssigen Übertragung des Drehmomentes beim Antrieb der Spule dienen. In der Datenverarbeitung wird dieses Spulenprinzip in den Ausführungen „Standard" und „Präzision" verwendet. Die Präzisions-Ausführung ist für beispielsweise $^1/_2''$ Band in Abb. 8 dargestellt [20]. Sie besitzt konische Flansche zur Verringerung des Trägheitsmomentes bei großer Steifigkeit. Ein Gummiring auf dem Wickelkörper weist zum Magnetband einen großen Reibungsfaktor auf und vereinfacht dadurch das Befestigen des Bandanfanges. Die Standardspule hat gleiche Anschlußabmessungen (austauschbar) wie die Präzisionsspule, ist jedoch mit unpräziseren und dünneren planparallelen Flanschen und mit metallischer Wickelkernoberfläche versehen. Ein radialer Schlitz im Wickelkörper dient zum Einfädeln des Bandanfangs. Die NARTB-Präzisionsspule wird grundsätzlich aus Metall (Aluminium) hergestellt. Die Standardspule besteht ebenfalls meist aus Metall, lediglich die Größe 8″ wird sehr oft aus Plastmaterial gefertigt.

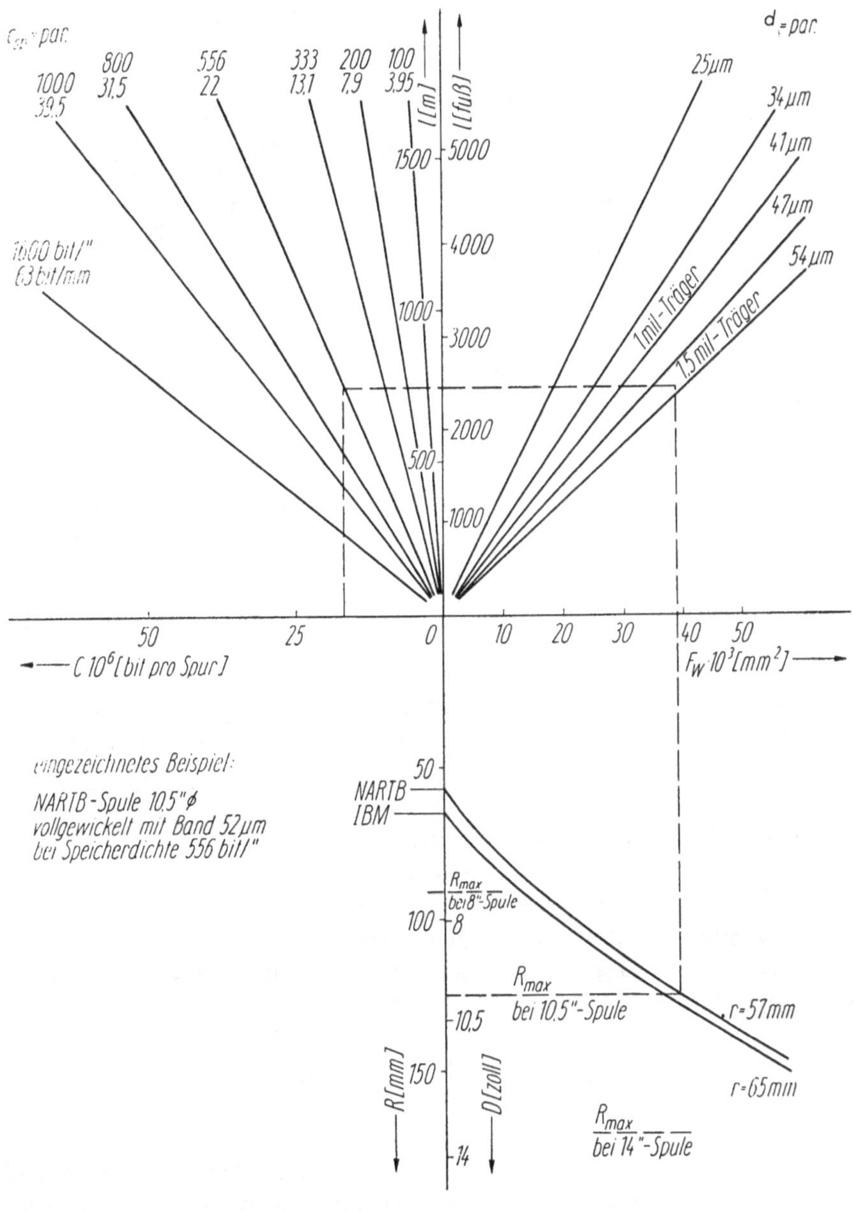

Abb. 7. Zusammenhang zwischen Abmessungen, Banddicke, Bandlänge, lin. Speicherdichte und Speicherkapazität bei Magnetbandspulen

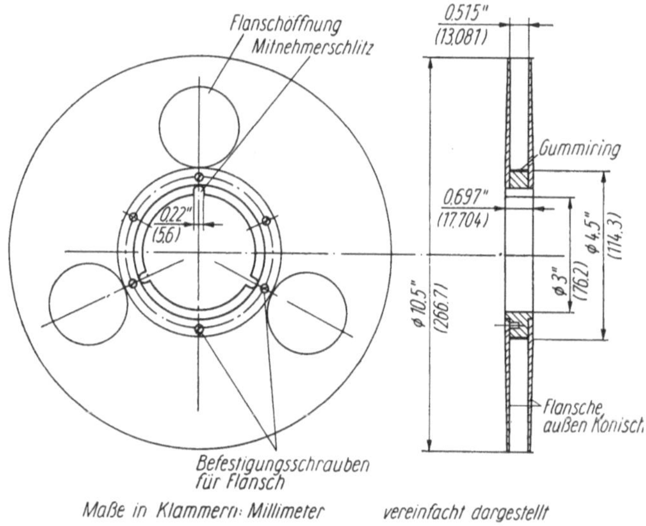

Abb. 8. NARTB-Präzisionsspule

β) nach IBM (International Business Machines)

Dieses Spulenprinzip verzichtet auf eine formschlüssige Verbindung mit dem Transportwerk; das Antriebsdrehmoment wird allein durch Kraftschluß, z. B. durch einen aufspreizbaren Gummiring zwischen Innenbohrung und Spulenaufnahme übertragen. In Abb. 9 ist diese Spule beispielsweise für $^1/_2$''-Band im Prinzip dargestellt. Sie wird in verschiedenen Materialkombinationen angeboten:

Metall (Aluminium);
Plastmaterial, undurchsichtig;
Plastmaterial mit eingesetztem Metallwickelkörper;
Plastmaterial mit mindestens einem durchsichtigen Flansch.

Die allgemeine Einführung des IBM-Spulenprinzips zumindest für den körperlichen Austausch von gespeicherten Informationen zwischen Datenverarbeitungsstellen scheint sich anzubahnen [21], [22].

Die Außendurchmesser der zur Zeit üblichen NARTB- und IBM-Spulen beschränken sich im wesentlichen auf die Größen 8½, 10½ und 14'' entsprechend 216, 267 und 353 mm, wovon die 10½''-Größe bei weitem die größte Verbreitung hat.

Die 14''-Spule kommt für Digitalspeicherzwecke zur Zeit lediglich in der NARTB-Ausführung für die Verwendung auf Magnetband-Meßwertspeichern (Analogspeicher) zum Einsatz.

Der maximal nutzbare Durchmesser D des Bandwickels ist um ca. 20 mm geringer als der Spulen-Außendurchmesser.

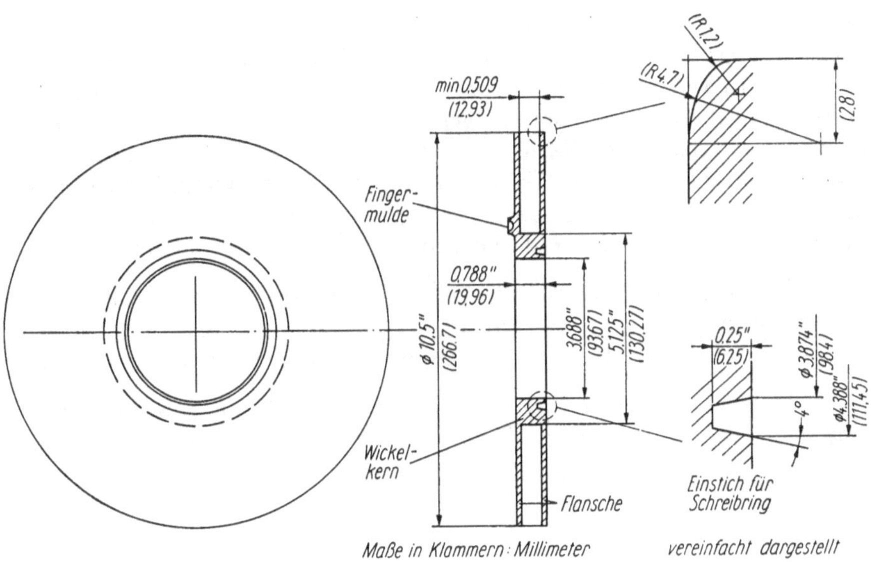

Abb. 9. IBM-Spule

2.3. Bandkassetten

Bei der losen Unterbringung des nichtaufgespulten Magnetbandes in einer Magnetbandkassette (Abb. 10) sind die Zusammenhänge zwischen der erforderlichen Kassettenfläche $F_K = g \cdot f$ und l nicht so klar darstellbar. Grundsätzlich muß die Bandkassette so ausgebildet sein, daß sie nur um weniges breiter (0,2 bis 1 mm) als das verwendete Magnetband ist, und sie muß gewährleisten, daß das in ihrem Inneren befindliche Band nicht umkippen und sich dadurch in einander verschlingen kann. Aus diesem Grunde werden diese Bandkassetten meist so angeordnet, daß sich das Band durch sein Eigengewicht auf dem Kassettenboden ablagert und sich beim Einfüllen selbsttätig S-förmige Schleifen bilden, die die Kassette füllen. Die Maximalgröße einer Kassette ist dann erreicht, wenn

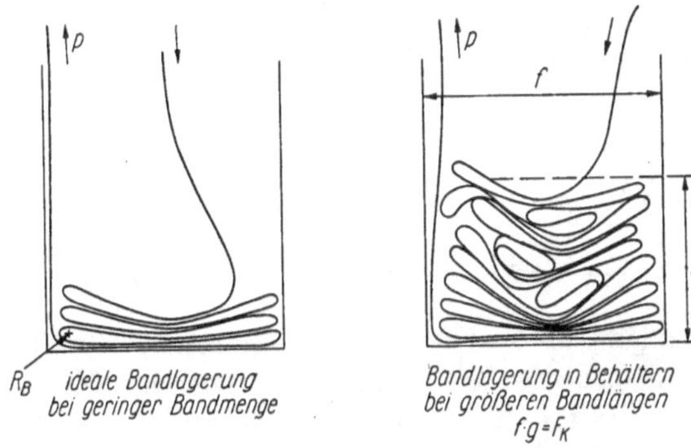

Abb. 10. Magnetbandkassette

die untersten Bandschlaufen infolge der Gewichtsbelastung durch die darüberliegenden den kleinstzulässigen Radius R_B, bei dem noch keine bleibende Verformung des Bandes auftritt, aufweisen und die Bandreibung den größtzulässigen Bandzug P an der Ausspulseite erzeugt. Diese Verhältnisse lassen sich rechnerisch kaum erfassen, da beim Bandlauf der Kassetteninhalt sich in ständigen — auch spontanen — Umwälzbewegungen befindet, die kurzzeitig zu recht beträchtlichen Pressungen der unteren Bandschlaufen führen können. Aus Erfahrungswerten können folgende Verhältnisse angegeben werden:

> erforderliche Kassettenfläche F_K mindestens 10 cm² pro Meter Bandlänge l ($D_K \geqq 1000$ mm²/m);
> bisher bekanntgewordener größter Kassetteninhalt $l = 75$ m Band.

Unter Berücksichtigung dieser Angaben sind die Zusammenhänge zwischen Kassettenfläche F_k, Bandlänge l und Speicherkazazität C in Abb. 11 aus der folgenden Gleichung dargestellt:

$$l = \frac{F_K}{D_K} = \frac{g \cdot f}{D_K}. \tag{6}$$

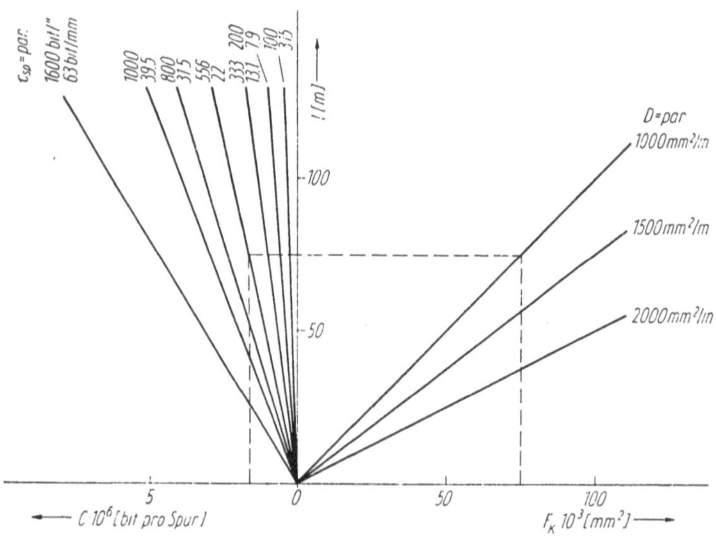

Abb. 11. Zusammenhang zwischen Kassettenfläche, Füllungsdichte, Bandlänge, lin. Speicherdichte und Kapazität bei der Bandkassette

Für die Kapazität gilt wie bei der Bandspule $C = l \cdot c_{sp}$.

Die Banddicke d geht in das Fassungsvermögen nicht ein; es muß jedoch bemerkt werden, daß sich die Bänder mit zunehmender Dicke in der Kassette günstiger verhalten, da sie eine bessere Formbeständigkeit der Schlaufen aufweisen und weniger auf elektrostatische Aufladungen reagieren.

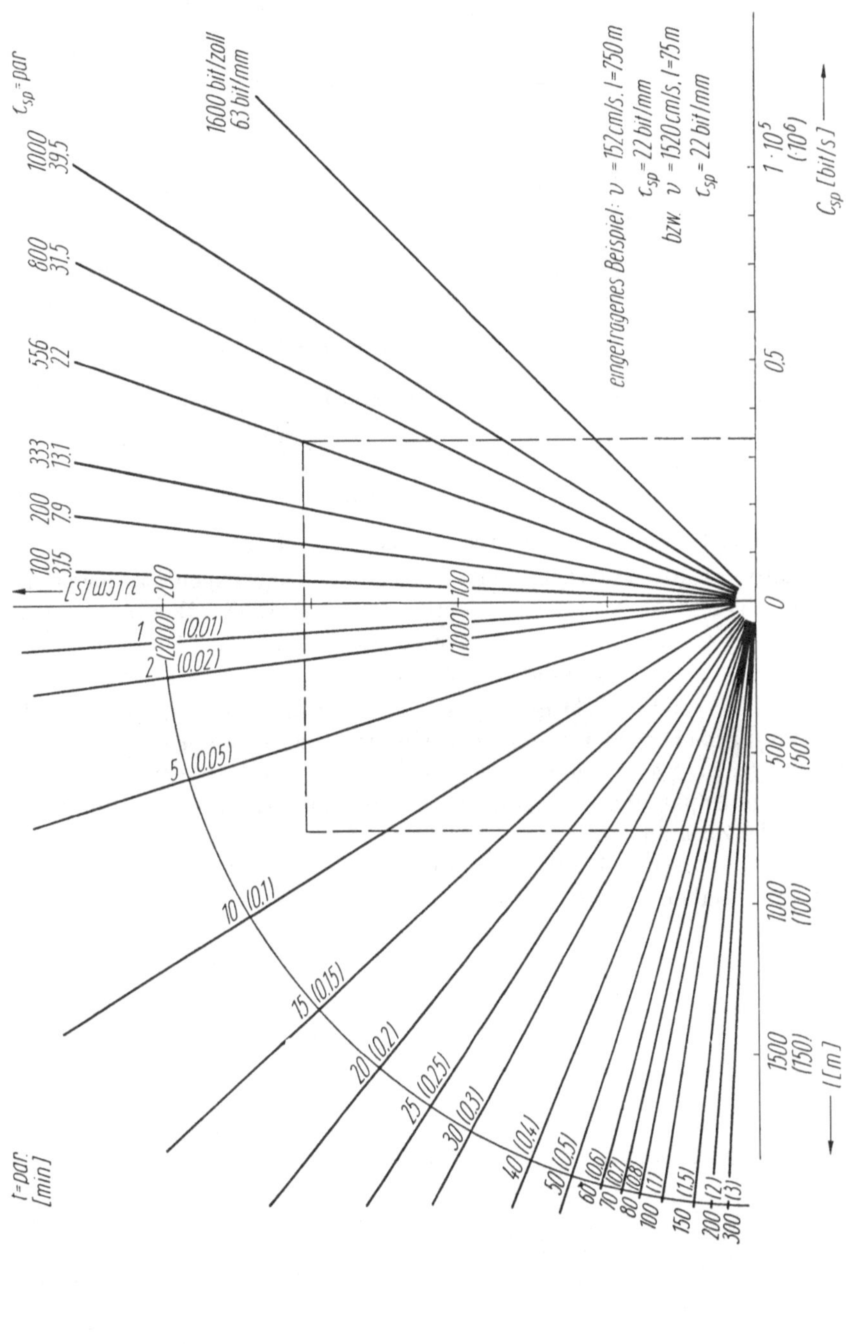

Abb. 13. Zusammenhang zwischen Bandgeschwindigkeit, Speicherdichte, Übertragungsgeschwindigkeit, Übertragungszeit

Eine Sonderform einer Bandkassette ist der in Abb. 12 dargestellte Kassettenrahmen, um den ein relativ straffes endloses Magnetband umläuft.

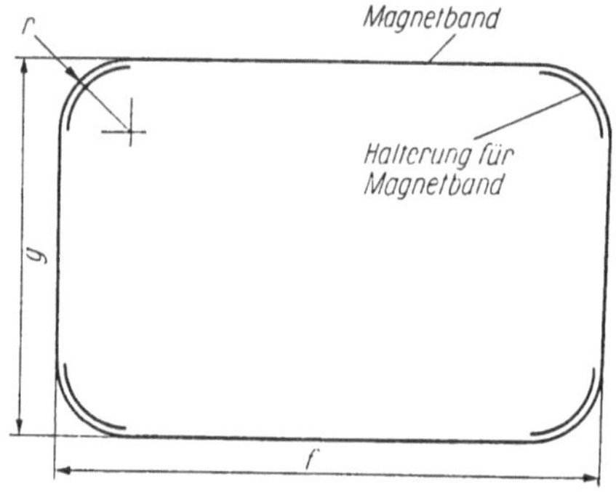

Abb. 12. Kassettenrahmen

Die unterzubringende Bandlänge ist dabei

$$l = 2\,(f + g - 0{,}86\,r) \tag{7}$$

und die Speicherkapazität auf einer Spur wieder $C = l \cdot c_{sp}$.

Der relativ größte Platzbedarf $F_R = f \cdot g$ eines derartigen Rahmens tritt bei $f = g = 2\,r$ auf, d. h. bei kreisförmigem Bandlauf. Das Bandfassungsvermögen eines derartigen Rahmens ist sehr begrenzt und kann bei vernünftigen Geräteabmessungen 5 m kaum überschreiten.

Bandkassetten sind oft wie Bandspulen austauschbar am Transportwerk befestigt. Ihre Formen werden weitgehend von den zur Verbesserung des inneren Bandlaufes (z. B. Kammerunterteilungen) getroffenen Maßnahmen und den mechanischen Anpassungsbedingungen an das Transportwerk bestimmt.

Ein globaler Zusammenhang — gültig für alle Unterbringungsformen des Magnetbandes — zwischen Bandgeschwindigkeit v, Speicherdichte c_{sp}, Übertragungsgeschwindigkeit C_{sp}, Bandlänge l und Übertragungszeit t ist in Abb. 13 dargestellt.

3. Klassifizierung der Bandtransportwerke

3.1. Bandgeschwindigkeit und Zugriffszeit

In vielen Fällen wird das Magnetband zum Aufzeichnen und Wiedergeben mit einer konstanten Geschwindigkeit (Bandgeschwindigkeit v) bewegt. Sie ist von der linearen Speicherdichte c_{sp} und von der Übertragungsgeschwindigkeit C_{sp} abhängig:

$$v = \frac{C_{sp}}{c_{sp}} . \tag{8}$$

Digital-Magnetbandtransportwerke für Meßzwecke weisen zur Anpassung an die von den Meßbedingungen abhängigen Übertragungsgeschwindigkeiten oft mehrere umschaltbare Bandgeschwindigkeitsstufen auf, wobei Werte zwischen einigen Millimetern pro Sekunde und ca. 1,5 Metern pro Sekunde üblich sind.

Digital-Magnetbandtransportwerke an elektronischen Rechnern arbeiten bis auf wenige Ausnahmen mit nur einer Bandgeschwindigkeit, obwohl einige von ihnen aus verkaufs- und fertigungstechnischen Gründen mehrere Geschwindigkeiten (zwei bis drei) ermöglichen. Die Bestrebungen laufen dahin, die Übertragungsgeschwindigkeiten derartiger Rechnerspeicher möglichst groß zu machen, um die nachfolgend erläuterte Zugriffszeit zu verkürzen und um die durch langsame Datenübernahme hervorgerufene Beeinträchtigung der Leistung des Rechners zu reduzieren. Wie auch aus 8.1 hervorgeht, nimmt der technische Aufwand innerhalb des Transportwerkes sehr stark mit der Bandgeschwindigkeit zu, so daß bei seiner Auslegung und Auswahl ein Kompromiß zwischen Kosten und Perfektion getroffen werden muß.

Die derzeitig üblichen Bandgeschwindigkeiten der Digital-Magnetbandtechnik sind in Tabelle 3 aufgetragen. Die mit *) gekennzeichneten Werte verhalten sich untereinander wie 1:2:4:8 usw. und sind den Standard-Bandgeschwindigkeiten der Schallaufzeichnungs- und Meßwertspeichertechnik gleich.

Die mit **) gekennzeichneten Bandgeschwindigkeiten stehen untereinander im Verhältnis 1:2:5:10.

Im angelsächsischen Sprachgebrauch wird bei der Geschwindigkeitsangabe oft an Stelle von Zoll/s (″/s) auch die Abkürzung ips (inch per second) verwendet.

Ein wesentliches Charakterisierungsmerkmal eines jeden Speichers ist seine Zugriffszeit, d.h. die Zeit vom Aufruf einer bestimmten Information bis zu ihrer Ausgabe aus dem Speicher [23].

Prinzipiell kann zwischen Speichern mit wahlfreiem Zugriff (Random-Access-Speicher) und Sequenzspeichern unterschieden werden. Beim wahlfreien Zugriff ist jede eingespeicherte Information unmittelbar nach Anwählen einer bekannten Adresse quasi sofort erreichbar. Bei den Sequenzspeichern müssen alle eingespeicherten Informationen nacheinander auf Zugehörigkeit zur angewählten Adresse untersucht werden.

Tabelle 3

Bandgeschwindigkeiten

übliche Bandgeschwindigkeit		Bemerkungen	übliche Bandgeschwindigkeit		Bemerkungen
Zoll/s	cm/s		Zoll/s	cm/s	
1 7/8	4,7512	*)	75	191	**)
3	7.62		—	200	
3 3/4	9,502	*)	—	250	
7 1/2	19,05	*)	100	254	
15	38,1	*) **)	112 1/2	285	
18 3/4	47,625		120	304,8	*)
21	53,34		133 1/3	339	
24	60,96		150	381	**)
30	76,2	*) **)	200	508	
36	91,44		300	762	**)
37 1/2	95,25		600	1524	
45	114,3		750	1905	**)
60	152,4	*)			

Heute existiert noch kein technisch brauchbares Speicherprinzip, das einen exakten wahlfreien Zugriff gestattet. Die als „Random-Access-Speicher“ bezeichneten Einrichtungen kommen lediglich in ihren Möglichkeiten dieser Definition mehr oder weniger nahe. Um den technischen Gegebenheiten vernünftig Rechnung zu tragen, wird deshalb in [24] festgestellt, daß heute als Random-Access-Speicher auch alle die Einrichtungen bezeichnet werden, die u. a. Zugriffszeiten zwischen 150 ms und 15 s für die unsortierte Einzelinformation aufweisen. Diese Speicher sollten jedoch besser als „Quasi-Random-Access-Speicher“ bezeichnet werden. Der Magnetbandspeicher ist ein Sequenzspeicher. Die maximale Zugriffszeit eines endlichen Magnetbandes könnte seine doppelte Übertragungszeit t sein, dadurch entstanden, daß zufällig mit dem Suchen hinter der ersten am Bandanfang stehenden Information begonnen wird und diese Information die gesuchte war. Durch geeignete Programmierung und Adressierung der eingespeicherten Informationen kann jedoch in den meisten Fällen dieses „Suchen in die falsche Richtung“ vermieden werden.

Bei einem endlosen Magnetband ist die maximale Zugriffszeit gleich der Übertragungszeit.

Aus Abb. 13 kann abgelesen werden, daß sehr erhebliche Zugriffszeiten bei großen Bandlängen trotz hoher Bandgeschwindigkeiten v auftreten können. Eine Verringerung dieser Zugriffszeiten ist durch Gerätekonstruktionen möglich, bei denen die Gesamtbandlänge des Gerätes in mehrere (n meist gleich lange und durch besondere Adressen selektierbare) Teillängen unterteilt ist. Die Reduzierung der Zugriffszeit ist annähernd dem Faktor n umgekehrt proportional zuzüglich einer Positionierungszeit für die Auswahl des Bandteilstückes von einigen Sekunden und evtl. einer Rückspulzeit bei endlichen Teillängen.

Eine weitere Möglichkeit der Verringerung der Zugriffszeit besteht darin, die Bandlänge l gering zu halten und dafür eine sehr große Bandbreite b mit mehreren Informationen parallel auf mehreren Spuren oder Spurengruppen zu verwenden.

Weiterhin kann ein sogenannter Schnellauf des Bandes zur Reduzierung der Zugriffszeiten wesentlich beitragen. Hierzu wird die Geschwindigkeit des Bandes um mindestens den Faktor 2 vergrößert, um in kürzestmöglicher Zeit eine bestimmte — vom derzeitigen Standort weiter entfernte — Stelle des Bandes zu erreichen. Im allgemeinen wird der Schnellauf nur benutzt, um an den Bandanfang zurückzuspulen. Durch geeignete Organisation und Programmierung ist es jedoch auch möglich, im Schnellauf eine ganz bestimmte Stelle des Bandes in beliebiger Richtung zu erreichen; hierzu muß jedoch das Gerät so ausgebildet sein, daß während des Schnellaufes zumindest die Adressen auf dem Band identifiziert werden können.

Ein Schnellauf des Bandes ist in der Praxis nur bei Transportwerken mit Magnetbandspulen vorhanden.

Eine Zusammenfassung der mit den Problemen der Zugriffszeit verbundenen konstruktiven Grundzüge der Bandunterbringung ist in Abb. 14 erfolgt. Weitere ausführliche Untersuchungen zum Problem der Zugriffszeit siehe Band 1.

3.2. Arten des Bandtransportes

Ein weiteres Charakterisierungsmerkmal von Magnetbandtransportwerken ist ihr Prinzip der Informationsübernahme und -abgabe.

Entsprechend der angebotenen oder gewünschten zeitlichen Reihenfolge der zu speichernden oder abzugebenden Zeichen sind drei grundsätzliche Arten des Bandtransportes möglich und üblich (siehe Abb. 14).

3.2.1. Kontinuierlicher Bandtransport (a)

Sofern der Beginn der Datenübertragung voraussehbar ist und die Daten in lang andauernder ununterbrochener Folge mit konstanter Zeichengeschwindigkeit C_{sp} eintreffen bzw. abgegeben werden, muß das Transportwerk ebenfalls eine (oder mehrere umschaltbare) konstante Bandgeschwindigkeiten v besitzen. Besondere Anforderungen an ein beschleunigtes Start- oder Stop-Verhalten

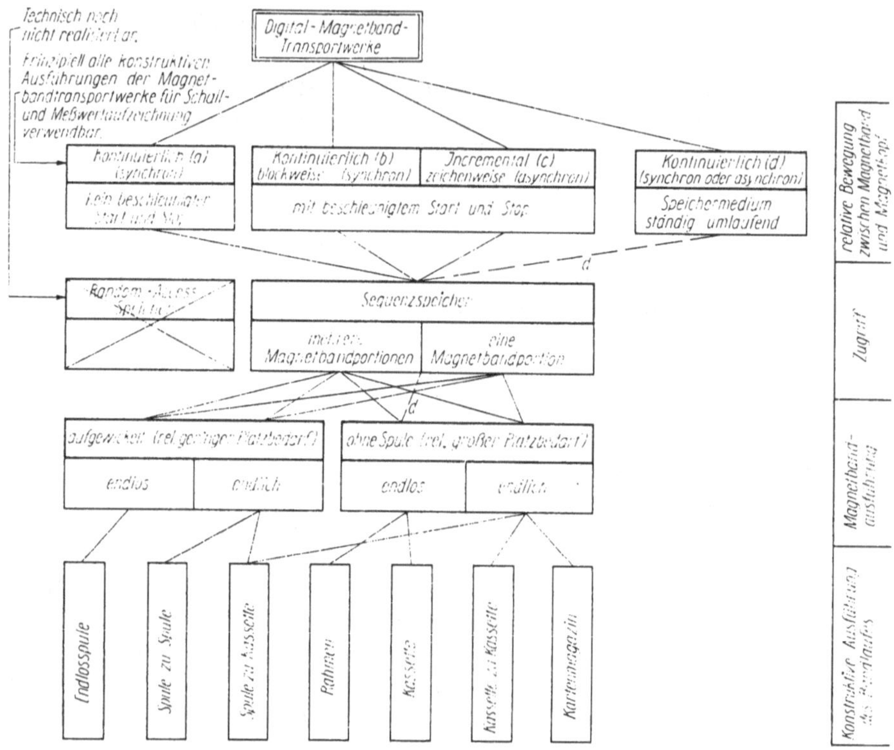

Abb. 14. Grundsätzliche konstruktive Möglichkeiten des Bandtransportes und der Bandunterbringung

werden jedoch nicht gestellt. Einen derartigen Bandtransport bieten im Prinzip die meisten Transportwerke für die Schall- und Schwingungsaufzeichnung. Die für universelle Meßtechnik-Aufgaben ausgelegten sogenannten „Analog-Meßwertspeicher" (Instrumentation-Recorder) vieler Produzenten können mit besonderen Aufzeichnungs- und Wiedergabeelektroniken zur vollwertigen digitalen Datenaufzeichnung ausgerüstet werden [25]. Diese Transportwerke sind in Band 3 behandelt.

Mit derartigen Geräten kann die digitale Aufzeichnung von Analogsignalen auf zwei Arten erfolgen, die vom Anwender selbständig (unter Verwendung der geeigneten Analog/Digitalwandler) gewählt werden kann:

Aufzeichnung der hintereinanderfolgenden Momentanamplituden des Analogsignals mit einem Binärcode (Beispiel Abb. 2), wie auch bei Rechner-Bandgeräten üblich ist.

Aufzeichnung der hintereinanderfolgenden Momentanamplituden des Analogsignals mit proportionalen Impulslängen (PDM-Pulsdauermodulation) oder einer proportionalen Pulslage (PPM – Pulsphasenmodulation).

3.2.2. Kurzzeitiger blockweiser kontinuierlicher Bandtransport bei konstanter Bandgeschwindgkeit v (b)

Ist die zeitliche Folge des Eintreffens bzw. des Abforderns der oft unterschiedlich langen Blocks bzw. Datenwerte nicht voraussehbar, so darf das Magnetband während der Übertragungspausen nicht transportiert werden. Weiterhin müssen ebenfalls zur größtmöglichen Bandausnutzung und Betriebsbereitschaft Start und Stop des Bandes sehr schnell erfolgen. Die dazu verwendeten konstruktiven Mittel (Bandantriebe) sind im Kapitel 7 ausführlich beschrieben. Typische Eigenschaften dieses Gerätetyps sind z.Z. 2 bis 3 ms Start- bzw. Stop bei Bandgeschwindigkeiten um 1,5 bis 2 m/s. Hierbei treten auf dem Magnetband unvermeidliche gerätebedingte Blocklücken l_l zwischen 5 und 30 mm auf. In der englischsprachigen Literatur ist dafür die Bezeichnung „Inter record gap" (IRG) üblich. Die Blockfolgegeschwindigkeit kann bis zu 200 pro Sekunde betragen.

Blocklängen von einigen 10 bis zu einigen 100000 Zeichen sind üblich. Als derzeitig maximale Übertragungsgeschwindigkeit sind 340 k bit/s in jeder Spur in Anwendung.

Ist l_B die Länge des Blocks, so sind auf ihr bei einer Dichte c_{sp}

$$B_B = l_B \cdot c_{sp} \tag{9}$$

bit zu speichern.

Um das Band zwischen den Blocks anhalten zu können, müssen Lücken der Länge l_l freigehalten werden, deren Größe durch das Start- und Stopverhalten des Transportwerkes bestimmt ist (auch als Stop/Start-Lücke bezeichnet). Ohne diese Lücke wären dagegen

$$B_{\max} = (l_B + l_l)\, c_{sp} = B_B + l_l \cdot c_{sp} \tag{10}$$

bit aufzeichenbar.

Damit beträgt die Ausnutzung des Bandes

$$A = \frac{B_B}{B_{\max}} = \frac{B_B}{\left(l_l + \frac{B_B}{c_{sp}}\right) c_{sp}} = \frac{1}{\frac{c_{sp} \cdot l_l}{B_B} + 1}\,. \tag{11}$$

Sie ist somit am größten bei unendlicher Blocklänge B_B bzw. bei Blocklücke $l_l \to 0$.

Sie nimmt mit steigender Dichte c_{sp} (und gleichbleibender Blocklücke l_l) ab. Andererseits nimmt aber die auf eine bestimmte Bandlänge $l \gg l_B + l_l$ speicherbare Anzahl N von Blöcken mit der Speicherdichte zu:

$$N = \frac{l}{l_l + l_B} = \frac{l}{l_l + \frac{B_B}{c_{sp}}}\,. \tag{12}$$

Eine Erhöhung der Speicherdichte c_{sp} bei gleichbleibender Blockgröße B_B und Blocklücke l_l führt also zu einer Verringerung der Bandausnutzung A. Dieser negative Effekt kann nur durch gleichzeitige Verringerung der Blocklücke l_l (d. h. durch Verbesserung der diesbezüglichen technischen Eigenschaften des

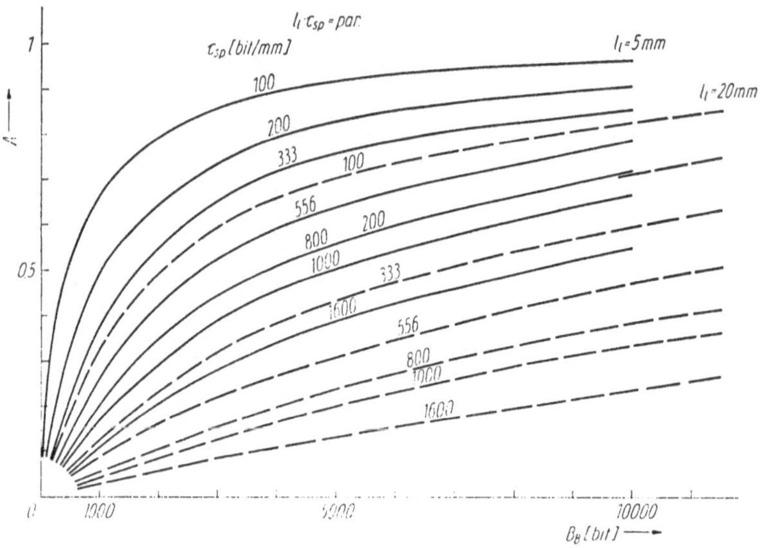

Abb. 15. Bandausnutzung bei blockweisem Bandtransport

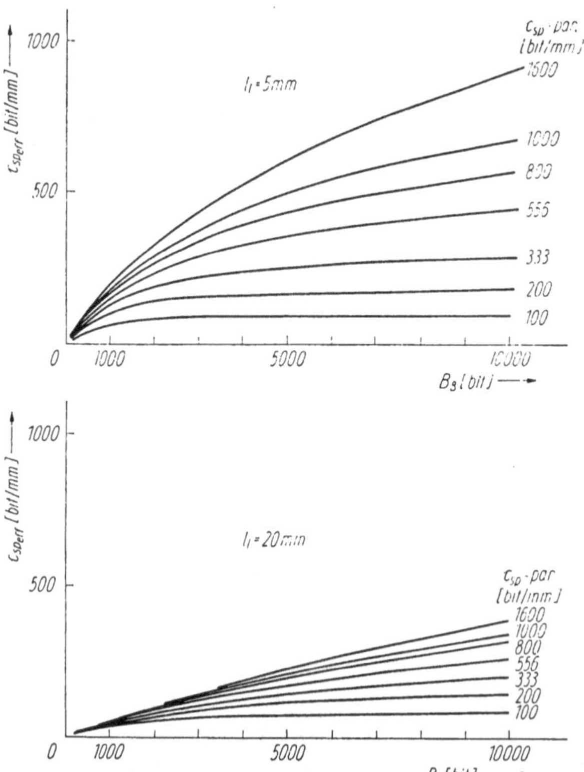

Abb. 16. Effektive lineare Speicherdichte bei blockweisem Bandtransport

Bandantriebs) reduziert werden. Die Auswertung von Gl. (11) mit üblichen Werten für l_l und c_{sp} ist in Abb. 15 dargestellt.

Diese Auswertung gibt noch keine Auskunft über die tatsächlich auf einem Magnetband speicherbare Informationsmenge. Hierüber gibt die effektive lineare Speicherdichte eine Aussage:

$$c_{sp\,\text{eff}} = \frac{B_B}{l_B + l_l} = \frac{1}{\dfrac{l_l}{B_B} + \dfrac{1}{c_{sp}}}. \tag{13}$$

Diese Beziehung ist in Abb. 16 ausgewertet. Es ist zu erkennen, daß bei gleichbleibendem l_l und B_B die effektive lineare Dichte $c_{sp\,\text{eff}}$ (also auch die auf einem Magnetband speicherbare Informationsmenge) um so weniger mit c_{sp} zunimmt, je kleiner B_B und je größer l_l sind.

Es muß beachtet werden, daß sich die tatsächlich auftretende Blocklücke um einen Betrag l_s gegenüber dem durch die reinen Stop/Start-Vorgänge bedingten Wert vergrößern kann, wenn zur Kontrolle während einer Aufzeichnung ein Magnetkopf mit getrennten Aufnahme- und Wiedergabekopfsystemen verwendet wird.

3.2.3. Kurzzeitiger zeichenweiser Bandtransport (c)

Ist die zeitliche Folge des Eintreffens oder Abforderns einzelner gleich langer Datenzeichen nicht voraussehbar, so muß aus den gleichen Gründen, wie in 3.2.2. beschrieben, das Magnetband während der Übertragungspausen stillgesetzt werden. In den meisten Fällen erfolgt die Aufzeichnung und Wiedergabe während des mit unkonstanter Bandgeschwindigkeit erfolgenden Bandschrittes sehr geringer aber konstanter Länge bis herunter zu $\frac{1}{556}'' = 50\,\mu\text{m}$.

Die dafür verwendeten Bandantriebseinrichtungen — beschrieben in Kapitel 6 — unterscheiden sich im allgemeinen von den zu 3.2.2. gehörigen, während die Puffer zum Abfangen der Bandzugstöße während der Beschleunigung und die zugehörigen Wickelantriebe (siehe Kapitel 8) einander ähnlich sind. Die Ausnutzung der Bandlänge ist bei diesen Geräteausführungen 100%, jedoch sind die Übertragungsgeschwindigkeiten bei Aufnahme im Verhältnis zu Geräten der Kategorie a) und b) relativ gering (z. Z. maximal 500 Zeichen/s). Diese sogenannten Incremental-Speicher sind in zwei grundsätzlichen Varianten möglich:

Bandaufzeichnungen kompatibel mit Magnetbandspeichern der Kategorie a) und insbesondere b)

Diese Geräte werden insbesondere für die manuelle Datenerfassung verwendet und ersparen eine elektronische Übertragung auf den Rechner-Speicher mit ihren Fehlermöglichkeiten. Hierbei sind die Bandspulen, Bänder, Spurlagen, Codierungen, Speicherdichten und Wortanordnungen so ausgelegt, daß sie auf den Bandtransportwerken eines bestimmten Rechnertyps ohne weiteres verwendbar sind.

Bandlaufzeichnungen nichtkompatibel

In dieser Art sind besonders einfache und billige Aufzeichnungs- und Wiedergabegeräte für die Datenerfassung bei Verzicht auf hohe Speicherdichte möglich und im Einsatz. Jedoch erfordert dieses Verfahren vor Bearbeitung der Informationen in einem Rechner eine Umspeicherung in einen Rechnerspeicher.

Die Geräte dieser beiden Kategorien (kompatibel und nichtkompatibel) der Incremental-Speicher werden oft als reine Aufnahme- oder als reine Wiedergabegeräte ausgeführt, um den Aufwand auf ein Minimum zu reduzieren. Jedoch muß dadurch beim Aufzeichnungsgerät auf eine Kontrolle der Aufzeichnung (siehe 6.4.2.) verzichtet werden. Durch redundante Aufzeichnung, selbstkorrigierende Codes und andere organisatorische Maßnahmen bei der Datenerfassung kann dieser Nachteil z. T. kompensiert werden.

Andererseits bereitet die unmittelbare Kontrollwiedergabe bei Incremental-Speichern im Gegensatz zum Synchronspeicher grundsätzliche Schwierigkeiten, da ein aufgezeichnetes Zeichen evtl. erst nach Minuten, Stunden oder Tagen das Wiedergabesystem eines üblichen Digital-Magnetkopfes (Abb. 24) erreichen kann.

Folgende Vorkehrungen ermöglichen trotzdem die sofortige Prüfung jedes aufgezeichneten Zeichens:

α) Der Abstand der Arbeitsspalte zwischen Aufzeichnungs- und Wiedergabekopf ist so gering, daß das eben aufgezeichnete Zeichen noch während des zugehörigen Bandtransportschrittes den Wiedergabekopfspalt erreicht. Beispielsweise wurde nach [26] ein Abstand von 0,178 mm realisiert, womit lineare Speicherdichten bis ca. 3···5 bit/mm verarbeitet werden können.

β) Bei geeigneter konstruktiver Ausbildung des Aufzeichnungskopfes und der Elektronik ist es möglich, an der Arbeitswicklung dieses Kopfes ein Wiedergabesignal nach erfolgter Aufzeichnung noch während der zugehörigen Schrittbewegung zu gewinnen.

3.2.4. Ständige Relativbewegung zwischen Informationsträger und Aufnahme/Wiedergabe-Organ (d)

Den Forderungen nach bester Bandausnutzung bei Informationsanlieferung entsprechend der vorstehenden Kategorien b) und c) genügen auch solche Transportwerke sehr gut, bei denen eine *Relativbewegung* zwischen Magnetband und Magnetkopf praktisch *ständig* — ähnlich wie bei der Magnettrommel und der Magnetscheibe — aufrechterhalten wird und eine Aufzeichnung nur dann erfolgt, wenn eine Information eingetroffen ist und der Magnetkopf die gewünschte Stelle des Bandes erreicht hat.

Es bestehen zwei grundsätzliche konstruktive Möglichkeiten:

rotierender Kopf bei stillstehendem Band,
stillstehender Kopf bei umlaufender Bandschleife.

Diese Geräte ermöglichen außerdem sehr hohe Übertragungsfrequenzen, lassen aber auf Grund der ständigen Rotation einen erheblichen Verschleiß erwarten.

Eine diesbezügliche Kompromißlösung bietet das Verfahren der umlaufenden Bandschleife, die in Aufnahme- oder Wiedergabepausen des Speichers auf Grund ihrer geringen Masse leicht stillgesetzt und auch wieder gestartet werden kann. Die Aufzeichnung oder Wiedergabe eines Zeichens oder eines Wortes erfolgt dann erst nach Erreichen der gewünschten Bandstelle. Die maximale Übertragungsgeschwindigkeit bei derartigen Geräteausführungen liegt bei c_{sp} ca. 600 k bit/s in jeder Spur [15].

3.2.5. Ergänzungen

Die Geräte nach vorstehenden Kategorien a) und b) werden auch als „Synchronspeicher" bezeichnet, da die Bandgeschwindigkeit während der Aufzeichnung mit einer externen konstanten Datentaktfrequenz annähernd synchron ist. Die schrittransportierenden Geräte für die Informationsform c) werden als Asynchron- oder „Incremental-Speicher" bezeichnet. Eine Zwischenstellung nehmen die Geräte der Kategorie d) ein. Sie können die Informationen synchron bei einer geeigneten Relativgeschwindgikeit zwischen Kopf und Band aufnehmen, sind aber auch zur Übernahme von im Vergleich zur Relativgeschwindigkeit sehr langsam und auch unregelmäßig eintreffenden Datenfolgen geeignet, indem durch elektronische Mittel dafür gesorgt wird, daß pro Umlauf nur 1 bit oder 1 Zeichen zur Aufzeichnung kommt; dazu ist im allgemeinen eine vorübergehende Zwischenspeicherung dieser Informationen (Pufferung) beispielsweise in einem kleinen Kernspeicher o. ä. erforderlich.

4. Bandlaufeigenschaften und deren Messung

Bei den drei verschiedenen Transportwerkprinzipien gemäß Abb. 14 treten unterschiedliche Kennwerte des mechanischen Bandlaufes in Erscheinung, deren Einfluß auf die Eignung des Transportwerkes zur Digitalspeicherung beachtet und die meßmäßig erfaßt werden müssen. In Tabelle 4 sind die verschiedenen Bandlaufeigenschaften und ihre Zuordnung zu den drei Transportwerktypen dargestellt. Anhand von Abb. 17 für Synchronspeicher und Abb. 18 für Asynchronspeicher werden im folgenden diese einzelnen Charakteristiken diskutiert und ihre Meßmethoden erläutert.

4.1. Geschwindigkeiten

Die *Nennbandgeschwindigkeit* v_N ist der Sollwert der Bandgeschwindigkeit, bei der eine Aufzeichnung oder Wiedergabe erfolgen soll. Diese Geschwindigkeit tritt infolge unvermeidlicher Toleranzen des komplizierten Bandantriebsmechanismus sowie durch Toleranzen der Stromversorgung in der Praxis nur zufällig auf. Aus diesem Grunde wird ein Toleranzbereich $\Delta v_{N\,\mathrm{ges}}$ definiert, innerhalb dessen eine einwandfreie Aufzeichnung und Wiedergabe möglich ist. Die zulässige Breite dieses Toleranzbereiches hängt weitgehend von der Auslegung der die Wiedergabesignale auswertenden Elektronik ab; diese Problematik wird hier nicht behandelt.

Es besteht folgender Zusammenhang mit den nachstehend erläuterten Einzeltoleranzen:

$$\Delta v_{N\,\mathrm{ges}} = 2\,(\Delta v_N + \Delta v_0)\,. \tag{14}$$

Der Faktor 2 rührt daher, daß diese Einflüsse bei zeitlich hintereinanderfolgenden Aufnahme- und Wiedergabevorgängen auch entgegengesetzt auftreten können und dadurch zweimal in Erscheinung treten.

Die tatsächlich auftretende mittlere *Bandgeschwindigkeit* v_0 ist um die *Toleranz* Δv_N von der Nenngeschwindigkeit v_N entfernt. Die Toleranz kann positiv oder negativ sein. Als Grenzwert für die maximal zulässige Abweichung der auftretenden mittleren Geschwindigkeit v_0 von der Nenngeschwindigkeit v_N wird die Toleranzgrenze $\Delta v_{N\,\mathrm{max}}$ definiert. v_0 wird deshalb auch als mittlere Geschwindigkeit bezeichnet, weil ihr bei kontinuierlichem Bandlauf der *Gleichlauffehler* Δv überlagert ist; Δv ist eine grundsätzlich bei jedem Speicher mit bewegtem Medium auftretende unregelmäßige Schwankung der mittleren Bandgeschwindigkeit. Der Gleichlauffehler besitzt ein unregelmäßiges Spektrum am-

Tabelle 4
Bandlaufeigenschaften

Lfd. Nr.	Geräteeigenschaften	Vorkommen bei Transportwerkvariante: Synchr. a	mit schnellem Start und Stop: Synchr. b	mit schnellem Start und Stop: Asynchr. c	Synchr./Asynchr. d	Formelzeichen	Bemerkung
1	Nenn-Bandgeschwindigkeit	×	×	×	×	v_N	Sollwert
2	Mittlere Bandgeschwindigkeit	×	×	×	×	v_0	Istwert
3	Max. zulässige Abweichung der Momentangeschwindigkeit v_M von V_N	(×)	×	×	(×)	$\Delta v_{N\,\mathrm{ges}}$	Innerhalb von $\pm\Delta v_{N\,\mathrm{ges}}$ ist einwandfreie Aufzeichnung und Wiedergabe möglich
4	Abweichung der mittleren Geschwindigkeit V_0 von V_N	×	×	×	×	Δv_N	$\Delta v_{N\,\max}$ = maximal zulässige Abweichung
5	Momentanwert der Bandgeschwindigkeit	(×)	×	×	(×)	v_M	
6	Abweichung der Momentangeschwindigkeit v_M von der mittleren Geschwindigkeit v_0		×	×		Δv_0	$\Delta v_{0\,\max}$ = maximal zulässige Abweichung
7	Gleichlauffehler	×	×		×	Δv	mit Angabe der Bewertung z.B. Spitze/Spitze gemäß Abb. 17 $\Delta v_{\max}$ = max. zulässiger Wert
8	Startlänge		×			l_a	
9	Startzeit		×			t_a	
10	Stoplänge		×			l_e	
11	Stopzeit		×			t_e	
12	Stop-Startlänge		×			l_l	$l_l = l_a + l_e$
13	Schrittlänge		×	×		l_s	insgesamt transportierte Bandlänge als Folge eines Bandlaufkommandos
14	Schrittgeschwindigkeit		×	×		f_s	$f_s = \frac{1}{T_s}$ (T_s = zeitlicher Abstand zwischen zwei Bandlaufkommandos)
15	Zeitverschiebungsfehler	×	×	×	×	t_w	zwischen zwei Spuren einer Parallelaufzeichnung
16	Bandzug	×	×	×	×	P	entfällt bei Magnetkarten auf Trommeln

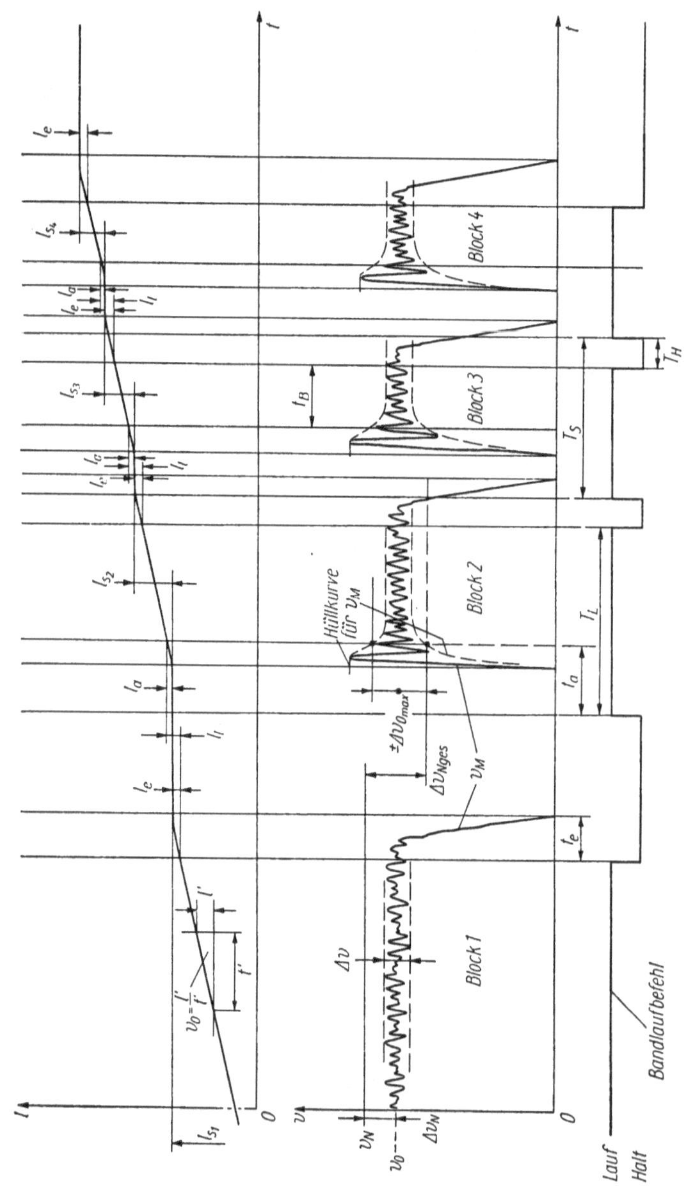

Abb. 17. Bandlaufeigenschaften von Transportwerken mit kontinuierlichem und blockweisem Transport

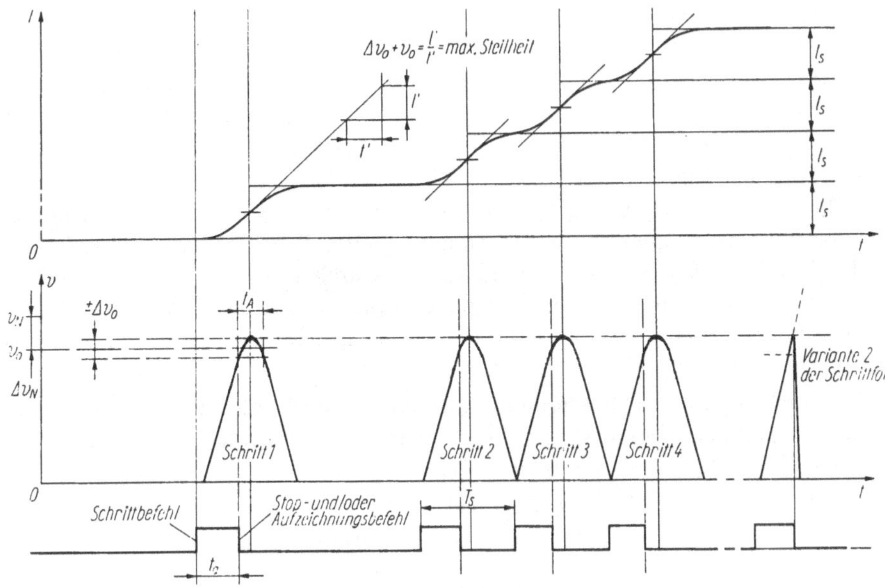

Abb. 18. Bandlaufeigenschaften von Transportwerken mit zeichenweisem Transport

plitudenmodulierter Sinusschwingungen. Durch Frequenzanalyse können in dem Gleichlauffehlerspektrum oft diskrete Störfrequenzen ermittelt werden, aus deren Frequenzlage auf Rundlauffehler, Vibrationsquellen und Bandlängsschwingungen im Transportwerk geschlossen werden kann. Um den Gleichlauffehler eindeutig definieren zu können, muß der betrachtete Frequenzbereich des Spektrums und seine Amplitudenbewertung (Effektivwert, Spitzenwert, Spitze-Spitzenwert) angegeben werden. Eine ausführliche Behandlung des Gleichlauffehlerproblems erfolgt in Band 2.

Zur Zeit sind folgende Richtwerte dieser Bandlaufeigenschaften üblich:

$\Delta v_{N\,\max}$: $\pm$ 0,5 ··· $\pm$2%
Δv : 1 ··· 5% ss im Bereich von ca. 0,1 bis 5000 Hz.

4.2. Start- und Stopverhalten

Bei allen Transportwerken mit schnellem Start und Stop treten zusätzlich folgende Kenngrößen des Bandlaufes auf:

Die *Momentangeschwindigkeit* v_M des Bandes steigt nach dem Start steil an, ist jedoch von Schwingungen infolge der großen Startbeschleunigung überlagert, die im Laufe der Zeit auf den Wert der Gleichlauffehler Δv abklingen. Um diese Zeitfunktion von v_M läßt sich eine Hüllkurve schreiben, die die Zeitabhängigkeit der *Abweichung* Δv_0 der Momentanbandgeschwindigkeit v_M von der mittleren Geschwindigkeit v_0 darstellt. Zur Gewährleistung einer einwandfreien Aufzeichnung und Wiedergabe wird ein *Grenzwert* $\Delta v_{0\,\max}$ für die Abweichung Δv_0 festgelegt. Bei seinem Unterschreiten gilt der Bandstart als beendet, d. h. die zur einwandfreien Aufzeichnung und Wiedergabe erforderliche Geschwindigkeit des Bandes als erreicht. Die vom Beginn des Bandlaufbefehls bis zur Erreichung und Unterschreitung von $\Delta v_{0\,\max}$ vergangene Zeit ist die *Startzeit* t_a. Die während dieser Zeit mit stark variierender Momentangeschwindigkeit transportierte Bandlänge ist die *Startlänge* l_a.

Während der Zeit t_B vom Ende der Startzeit t_a bis zum Anfang des Stopkommandos wäre es möglich, eine Aufzeichnung oder Wiedergabe durchzuführen. In der Praxis muß jedoch auf Grund von Toleranzen der Startzeiten t_e und der Stop/Startlänge l_e eine elektronische Verzögerung des Aufzeichnungsbefehls erfolgen, die mit dem Startkommando beginnt und immer länger als t_a ist, so daß die effektive (nutzbare) Wortlänge kürzer als t_B bzw. l_S ist.

Die vom Beginn des Startsignals bis zum Bandstillstand vergangene Zeit ist die *Stopzeit* t_e; die während dieser Zeit transportierte Bandlänge ist die *Stoplänge* l_e.

Die Summe von Stoplänge l_e und Startlänge l_a ist die *Stop/Startlänge* l_e. Auch bei ihrer Angabe ist als Erläuterung das zugehörige $\Delta v_{0\,\max}$ erforderlich.

4.3. Schrittlänge

Bei *Synchronspeichern* ist die Schrittlänge l_s von der Dauer des Bandlaufbefehls abhängig.

$$l_s \approx l_a + t_B \cdot V_0 + l_e\,. \tag{15}$$

Die Mindestschrittlänge ist demzufolge

$$l_{s\,\min} \approx l_a + l_e\,. \tag{16}$$

Die Schrittfrequenz f_s ist (vgl. Abb. 17)

$$f_s = \frac{1}{T_s} = \frac{1}{T_L + T_H}\,, \tag{17}$$

also von der Qualität der Start- und Stopeinrichtungen abhängig.

Beim *Asynchronspeicher* ist die Schrittlänge l_s unabhängig von der Dauer des Schrittbefehls, da sie durch konstruktive Mittel des Transportwerkes fest eingestellt ist.

Seine Schrittfrequenz f_s stimmt völlig mit der Frequenz der eingegebenen Daten bzw. mit der Abforderungsfrequenz der aufgezeichneten Daten bei Wiedergabe überein. Die maximale Schrittfrequenz ist von der Qualität der Schritt-Transporteinrichtung abhängig.

Die Schrittlänge l_s ist beim Asynchronspeicher wesentlich geringer als beim Synchronspeicher.

4.4. Bandzug

Als *Bandzug P* wird die im Magnetband durch das Transportwerk erzeugte Längszugspannung bezeichnet. Seine Größe hat entscheidenden Einfluß auf die Speichereigenschaften und auf die Zuverlässigkeit des Bandes [27], [28]:

Die am Magnetkopf *anliegende Bandportion* muß einen Mindestbandzug aufweisen, um einen für Aufnahme und Wiedergabe ausreichenden spezifischen Flächendruck auf den Kopf aufrechtzuerhalten bzw. um dem Band in diesem Bereich eine definierte Lage mit Rücksicht auf geringe Zeitverschiebungsfehler zu geben. Ein zu hoher Bandzug beansprucht das Band unnötig, vergrößert den Band- und Kopfverschleiß und beeinflußt im allgemeinen die mittlere und die Momentanbandgeschwindigkeit (v_0 und v_M) und damit Startzeit und Startlänge (t_a und l_a) negativ. Langsame Schwankungen des Bandzuges erzeugen Schwankungen von v_0, t_a, l_a, t_e, l_e und l_l, während schnelle Bandzugvariationen von allem den Gleichlauffehler Δv und die Zeitverschiebungsfehler vergrößern.

Der Bandzug an den Magnetbandspulen soll ebenfalls innerhalb bestimmter Grenzen liegen, um einwandfrei und genügend feste Bandwickel zu erhalten, die aber andererseits noch so lose sind, daß innere Spannungen durch Temperatur- und Feuchtigkeitsvariationen keine Beschädigung des Magnetbandes hervorrufen können [29] (vgl. Band 2).

4.5. Zeitverschiebungsfehler

Der Begriff der *Zeitverschiebungsfehler* t_w tritt nur bei Parallelaufzeichnung — d. h. gleichzeitiger Aufzeichnung der Bits eines Zeichens auf mehreren Spuren des Bandes — auf.

t_w setzt sich aus zwei Summanden zusammen

$$t_w \approx t_s + t_d\,, \tag{18}$$

wobei t_s der statische Zeitverschiebungsfehler und t_d der dynamische Zeitverschiebungsfehler ist.

Der weitgehend rechnerisch erfaßbare statische Zeitverschiebungsfehler t_s rührt von Fertigungstoleranzen und Phasendrehungen der Magnetköpfe sowie von Schräglauffehlern des Magnetbandes durch Ungenauigkeiten der Führungen her. Im allgemeinen wird der Zeitverschiebungsfehler auf eine bestimmte Spur des Bandes bezogen (Taktspur), die auch in der Mitte des Bandes oder in der Nähe der Mitte liegen kann.

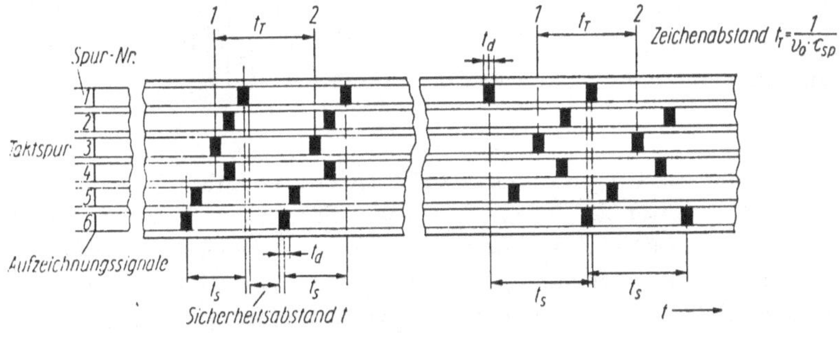

Abb. 19. Zeitverschiebungsfehler

Der nur meßmäßig erfaßbare dynamische Zeitverschiebungsfehler ist die Folge von unregelmäßigen Bandbewegungen und Vibrationen, die z. B. von Gleichlauffehlern [30], Bandkantenwelligkeiten und Querpendelungen des Bandes in den Führungen herrühren können.

Die Zeitverschiebungsfehler äußern sich in der Form, daß die zur gleichen Zeit auf den Spuren des Bandes aufgezeichneten Bits eines Zeichens bei einer darauffolgenden Wiedergabe zu verschiedenen Zeiten erscheinen (wie in Abb. 19 dargestellt). Diese Zeitdifferenzen müssen so klein gehalten werden, daß eine eindeutige Zuordnung der wiedergegebenen Bits zueinander zur Rekonstruktion der einzelnen Zeichen möglich ist.

In Band 2 sind die Probleme der Zeitverschiebung ausführlich behandelt.

4.6. Messung der Bandlaufeigenschaften

4.6.1. Meßbänder

Für die Messung der Synchronspeicher-Bandlaufeigenschaften Pos. Nr. 2 (4), 7, 8, 9, 10, 11, 15 gemäß Tabelle 4 ist die Verwendung von Meßbändern üblich. Diese Meßbänder werden hauptsächlich von den Herstellern der Transportwerke angeboten.

Derartige Meßbänder weisen eine fortlaufende Aufzeichnung mit periodisch abwechselnd 0 und I auf den Spuren auf. Der Sprossenabstand der einzelnen Aufzeichnungselemente in Längsrichtung des Bandes ist in definiertem Abstand mit geringen Toleranzen gehalten. Ein typischer Wert ist: Sprossenabstand 0,1 mm, Toleranz maximal $\pm 0{,}1\%$. Weiterhin sind die zeitlich zueinander gehörigen Sprossen auf allen parallellaufenden Spuren mit einer sehr geringen Abweichung voneinander aufgezeichnet, beispielsweise maximal $\pm 0{,}25\ \mu s$ bei der Nenngeschwindigkeit des zu messenden Transportwerkes.

4.6.2. Bandgeschwindigkeiten

Die Messung von Bandgeschwindigkeiten v ist nach drei Verfahren möglich:

Frequenzmeßmethode

Das Ausgangssignal eines Wiedergabekopfes ist bei der Reproduktion dieser Meßbandaufzeichnung eine Wechselspannung.

$$f_w \sim v\,. \tag{19}$$

Mit Hilfe eines Zählfrequenzmessers läßt sich durch Zählung der während einer bestimmten bekannten Zeit wiedergegebenen Perioden nur die mittlere Bandgeschwindigkeit v_0 ermitteln. Andererseits kann durch Demodulation des Kopfausgangssignals in einer geeigneten Schaltung (Frequenzdiskriminator, Flankendemodulator o.ä.) eine geschwindigkeitsproportionale Spannung

$$u_w \sim v \tag{20}$$

erzeugt werden.

Amplitudenmeßmethode

Eine andere Möglichkeit der Erzeugung einer bandgeschwindigkeitsproportionalen Spannung besteht nur bei Verwendung eines üblichen induktiven Wiedergabe-Magnetkopfes. Bekanntlicherweise differenziert ein derartiger Magnetkopf die Flußänderungen in seinem Arbeitsspalt, die z.B. beim Vorbeilauf eines Meßbandes auftreten. Bei konstanter Magnetisierung und konstantem Sprossenabstand des Magnetbandes ist die Amplitude der Hüllkurve der Magnetkopfausgangsspannung proportional der Bandgeschwindigkeit. Leider ist jedoch die Ausgangsspannung des Magnetkopfes nicht allein von der Bandgeschwindigkeit abhängig. Durch Band- und Kopf-Verunreinigungen, Bandzugschwankungen, Bandentmagnetisierung, Spurversatz usw. können statische oder dynamische Pegelabweichungen in größerem Maße (bis 20 oder 30%) auftreten, so daß eine einwandfreie Messung der Bandgeschwindigkeiten auf diese Weise nicht möglich ist.

Umsetzung in eine Pulsfrequenzmodulation

Ein Ausweg aus dieser Situation ist dadurch möglich, daß die einzelnen Wiedergabeimpulse vom Magnetband lediglich einen monostabilen Multivibrator zum Kippen bringen, was einer Pulsfrequenzmodulation gleichkommt. Die Impulslänge des Multivibrators muß so klein gehalten werden, daß bei der größten vorkommenden Momentanbandgeschwindigkeit mit Sicherheit eine Impulspause bestehen bleibt.

Impulslänge und Amplitude können durch einfache elektronische Mittel in sehr engen Grenzen konstant gehalten werden.

Besondere Bedingungen der Messungen an Schritt-Transpotrwerken

An alle beschriebenen Demodulationseinrichtungen werden besondere Anforderungen gestellt, damit sie zur Messung der bei schrittransportierenden Bandgeräten auftretenden Bandgeschwindigkeitsverhältnisse geeignet sind:

Die Proportionalität soll innerhalb des interessierenden Bereiches von ca. $v_N \pm 30\%$ möglichst gut sein.

Die bei v_N auftretende Ausgangsspannung soll definiert sein.

Die Schaltung soll möglichst schnell ansprechen und aperiodisch sein (d.h., beim Anschalten einer konstanten Testfrequenz – die annähernd v_N entspricht – soll die Modulatorausgangsspannung in kurzer Zeit ihren Endwert erreichen und nicht mehr als einige Prozent überschwingen).

Die Proportionalität zwischen periodischer Pendelamplitude der Bandgeschwindigkeit (Gleichlauffehler) und Ausgangswechselspannung des Demodulators soll von ca. 0 Hz beginnend frequenzmäßig möglichst hoch reichen (beispielsweise bis 500 oder 2000 Hz).

Die Fremdspannung am Demodulatorausgang soll so niedrig liegen, daß eine nur unwesentliche Beeinträchtigung des Gleichlauffehler-Ausgangssignals auftritt (Beispiel: Spitzenwert der Fremdspannung maximal $^1/_{10}$ der beim maximalen Gleichlauffehler des Transportwerkes entstehenden Spitzenausgangsspannung).

Oszillografische Auswertung

Im allgemeinen wird das der Bandgeschwindigkeit proportionale Signal einem Kanal eines Zweistrahloszillografen zugeführt, dessen Vertikalablenkung relativ zu v_N geeicht ist. Die Zeitablenkung wird so eingestellt, daß eine ausreichende Beobachtung des gesamten interessierenden Vorganges (z. B. eines Bandstartes) möglich ist. Zur Messung von v_0 und Δv wird die Zeitablenkung periodisch freilaufend eingestellt und bei konstantem Lauf des Bandes die Abweichung der mittleren Bandgeschwindigkeit v_0 vom Soll-Wert v_N auf der Vertikalachse des Oszillografen ermittelt. Ein großer Teil der Bandtransportwerke zeigt — z. B. beim Antrieb des Bandes durch einen netzfrequenzgespeisten Motor — eine Abhängung des v_0 von der Netzfrequenz. Deshalb wird im allgemeinen v_0 auf die Nenn-Netzfrequenz bezogen; d.h. bei der v_0-Messung muß gleichzeitig die momentane Netzfrequenz beachtet und ermittelt werden.

Weiterhin kann bei gleicher Einstellung der Meßeinrichtung Δv bestimmt werden; die beiden Werte v_0 und Δv werden im allgemeinen während einer bestimmten Zeit (z.B. über 10 s) beobachtet und die Grenzwerte während dieser Zeit festgehalten. Es können bei der Messung bei verschiedenen Füllungszuständen der Bandspulen unterschiedliche Werte von v_0 und Δv auftreten.

Der zeitliche Verlauf v_N ist bei der Bestimmung der Starteigenschaften des Bandes von schrittweise transportierenden Geräten von Interesse. Zu diesem Zweck wird zusätzlich zu der vorstehend beschriebenen Darstellung des bandgeschwindigkeitsproportionalen Signals auf dem Oszillografen in dessen zweitem Kanal ein Zeitimpuls wiedergegeben, der mit dem Bandstartkommando beginnt und eine von Hand einstellbare Zeitdauer besitzt. Die Zeitablenkung des Oszillografen erfolgt zweckmäßigerweise durch das Bandstartkommando getriggert; damit wird bei periodischem Schrittbetrieb des Bandlaufes ein stehendes Bild des Bandgeschwindigkeitsverhaltens dargestellt, das sich leicht auswerten läßt. Die Dauer des Zeitimpulses wird von Hand so eingestellt, daß seine Hinterflanke mit dem Hüllkurvenpunkt der Momentanbandgeschwindigkeitskurve übereinstimmt, bei dem die maximal zulässige Momentanbandgeschwindigkeitsabweichung $\Delta v_{0\,\max}$ unterschritten wird. Die Länge des auf diesen Punkt eingestellten Zeitimpulses ist gleich der Startzeit t_a.

In ähnlicher Weise kann die Stopzeit t_e gemessen werden, indem ein mit dem Stopkommando beginnender Zeitimpuls auf den Punkt eingestellt wird, bei dem die der Bandgeschwindigkeit proportionale Spannung Null wird. Das setzt jedoch voraus, daß der Demodulator bis zu sehr kleinen Bandgeschwindigkeiten (einige Prozent von v_N) einwandfrei arbeitet.

4.6.3. Start- und Stoplängen und -zeiten

Die Messung der Start- und Stoplängen l_a und l_e ist einfach durch Zählung der vom Band wiedergegebenen Impulse während bestimmter Zeiten möglich. Zur Zählung können integrierende Kondensatorladeverfahren verwendet werden.

Größere Genauigkeit wird jedoch mit digitalen Impulszählern erreicht. Die tatsächliche Länge des untersuchten Bandlaufvorganges ist dann

$$l = z \cdot l_m, \tag{21}$$

worin z die Anzahl der angezeigten Impulse und l_m der Sprossenabstand auf dem Meßband bedeutet.

Für eine einwandfreie Längenmessung ist es erforderlich, daß die Zähleinrichtung schon bei niedrigen Bandgeschwindigkeiten (einige Prozent von v_N) einwandfrei auf die wiedergegebenen Impulse anspricht.

Die Startlänge l_a wird dadurch gemessen, daß während der Startzeit t_a durch den Zeitimpuls mit der Dauer t_a ein Tor geöffnet wird, das die währenddessen wiedergegebenen Impulse dem Zähler zuleitet. Zur Messung der Stoplänge l_e wird mit Beginn des Bandstopkommandos das Tor geöffnet. Ein Schließen des Tores ist formal nicht erforderlich. In diesem Zusammenhang soll noch erwähnt werden, daß die Messung der Stopzeit t_e auch derart erfolgen kann, daß – von annähernd 0 beginnend – die Länge der mit dem Bandstopkommando beginnenden Zeitimpulse soweit vergrößert wird, bis sich die Anzahl der registrierten Impulse nicht mehr vergrößert. Die hierbei eingestellte Zeitimpulsdauer ist ebenfalls die Stopzeit t_e.

Es muß erwähnt werden, daß die Werte von t_a, t_e, l_a, l_e von der Schrittfrequenz des Bandlaufes abhängig sein können und auch besonders gerätetypische kritische Schrittfrequenzen auftreten können.

Die zwischen den Worten (Blocks) auf einem Magnetband nicht nutzbare Lücke (Stop–Start-Länge l_l) ist

$$l_l = l_a + l_e. \tag{22}$$

4.6.4. Messung der Bandlaufeigenschaften von Asynchron-Transportwerken

Die Messung der Momentanbandgeschwindigkeit und des Start/Stop-Verhaltens der Incremental-Speicher mit Hilfe der in 4.6.1. bis 4.6.3. zugrunde gelegten Meßbänder und Meßverfahren ist nur dann möglich, wenn deren Wellenlänge wesentlich kleiner als die Schrittlänge ist. Bei den heute möglichen incrementalen linearen Dichten bis 556 bit pro Zoll bzw. 22 bit pro mm müßte die Meßband-Wellenlänge unter 1 μm liegen. Zur Messung des Wiedergabe-Bandtransportes müßte außerdem eine der Spuren des Magnetbandes für die Aufzeichnung von Schritt-Synchronisierimpulsen zur Verfügung stehen, wie aus den Funktionsbeschreibungen derartiger Transportwerke in 7.8.1. und 7.8.3. hervorgeht.

Veröffentlichungen über die Messungen der Bandlaufeigenschaften von Incremental-Transportwerken sind bisher nicht bekannt geworden.

4.6.5. Zeitverschiebungsfehler

Um die Transportwerk-Zeitverschiebungsfehler zu messen, werden jeweils zwei Magnetspuren des Magnetbandes (die gleiche Impulsaufzeichnungen tragen) wiedergegeben. Die zugehörigen Impulsreihen zeigen auf dem Schirm eines Zweistrahloszillographen untereinander einen zeitlichen Versatz. Die Zeitablenkung des Oszillografen ist dabei in µs geeicht. Die Definition des Zeitverschiebungsfehlers kann auf zwei Arten erfolgen.

1. Eine Spur des Magnetbandes wird als Bezugsspur bezeichnet und die Zeitverschiebungen aller anderen Spuren darauf bezogen. Es können gleichzeitig zwei extreme Zeitverschiebungswerte (positiv und negativ) auftreten. Die Synchronisation der Zeitablenkung erfolgt durch das Bezugssignal.
2. Es werden die beiden Spuren ermittelt, an deren Magnetkopfsystemen die größten Zeitverschiebungsdifferenzen auftreten. Die Synchronisation der Zeitablenkung des Oszillografen erfolgt durch eines der beiden Magnetkopfausgangssignale.

Entsprechend der gewählten Meßbedingungen sind verschiedene Zeitverschiebungseigenschaften eines Transportwerkes meßbar:

A. Zeitverschiebungsfehler des *Transportwerkes allein* (ohne Einfluß von Magnetköpfen und Informationselektronik)

Voraussetzungen: Wiedergabemagnetkopf mit geringsten mechanischen und elektrischen Toleranzen,
Meßband mit extremer zeitlicher Übereinstimmung aller zueinander zugehörigen Impulse auf den Spuren.

Es werden die Ausgangssignale der Wiedergabekopfsysteme direkt, d. h. ohne nachgeschaltete Elektronik, bewertet.

B. Zeitverschiebungsfehler der *Wiedergabeseite des Transportwerkes*

Voraussetzungen: Meßband mit extremer zeitlicher Übereinstimmung aller zueinander zugehörigen Impulse auf dem Magnetband.

Es werden die Ausgangssignale des zum Transportwerk gehörigen Wiedergabe-Magnetkopfstapels direkt, d. h. ohne nachgeschaltete Elektronik, bewertet.

C. Zeitverschiebungsfehler des *gesamten Transportwerkes*

Mit Hilfe des zum Transportwerk gehörigen Aufzeichnungsmagnetkopfstapels werden auf allen Spuren des Bandes periodische Impulse aus einer gemeinsamen Quelle aufgezeichnet.

Voraussetzung: Die Stromimpulse in allen Aufzeichnungswicklungen müssen zeitlich übereinstimmen.

Es werden die Wiedergabesignale der Wiedergabekopfsysteme direkt, d. h. ohne nachgeschaltete Elektronik, bewertet.

D. Zeitverschiebungsfehler der *Aufnahmeseite des Transportwerkes*

Die Differenz zwischen den Fehlern B und C stellt den Zeitverschiebungsfehler der Aufzeichnungsseite des Transportwerkes ohne Einfluß von Informationselektroniken dar.

Eine Messung der Zeitverschiebungsfehler der Aufnahmeseite ist auch dadurch möglich, daß die Aufnahmekopfsysteme zur Wiedergabe der Magnetisierung eines Meßbandes benutzt werden. Es treten jedoch hierbei Meßfehler auf, die durch Phasendrehungen der als Wiedergabesysteme verwendeten Aufzeichnungsköpfe sowie durch die Tatsache hervorgerufen werden, daß die Aufzeichnung der Magnetisierungen an der ablaufenden Polkante des Magnetsystems, die Wiedergabe jedoch in der Mitte des Arbeitsspaltes erfolgt.

Die vorstehend genannten Zeitverschiebungsfehler des Transportwerkes stellen nicht die einzig möglichen derartigen Fehler eines Digital-Magnetbandspeichers dar; es treten zusätzliche Fehler durch die Arbeitsweise der an die Magnetköpfe angeschlossenen Aufzeichnungs- und Wiedergabeelektroniken auf. Andererseits besteht jedoch z.B. durch elektronische Mittel die Möglichkeit, mechanisch bedingte Zeitverschiebungsfehler zu reduzieren (Descewing Buffers) [31]. Weiterhin ist zu beachten, daß beim Austausch von Bandaufzeichnungen zwischen Bandtransportwerken nicht die zufälligen Eigenschaften eines gemessenen Geräteexemplars, sondern die auftretenden Grenzwerte des Typs maßgeblich sind.

Ein Meßband, das u. a. auch zur Zeitverschiebungsbestimmung geeignet ist, wird in [32] beschrieben.

4.6.6. Bandzug

Zur *Bandzugmessung* werden elektromechanische Einrichtungen verwendet, die im allgemeinen aus drei Umlenkeinrichtungen (Stift oder Rolle) für das Magnetband bestehen, von denen eine federnd beweglich und mit einem elektrischen Geber (variable Kapazität, Induktivgeber, Dehnmeßstreifen o.ä.) verbunden ist. Die Umlenkungseinrichtungen sind so angeordnet, daß das Magnetband — ohne daß sein Lauf durch das Transportwerk beeinträchtigt wird — einen Umschlingungswinkel um die bewegliche Umlenkeinrichtung und dadurch eine dem Bandzug annähernd proportionale Ortsveränderung ausführt (vgl. Band 2).

Wie in Kapitel 8 erläutert, treten bei schnellen Start- und Stopvorgängen des Magnetbandes sehr kurzzeitige Bandzugspitzen auf, die vom Bandzugmesser mit kleinstmöglichsten Verfälschungen zur Anzeige gebracht werden müssen. Aus diesem Grunde werden die beweglichen Teile der Bandzugmesser für schnellstartende Bandtransportwerke extrem trägheitsarm und mit hochliegender Grenzfrequenz von mindestens 1 bis 2 kHz und aperiodischem Verhalten ausgeführt. Als Umlenkorgane werden vorwiegend Stifte verwendet, da Rollen erhebliche Meßfehler durch Unrundheiten und Trägheitsmomente verursachen können. Das elektrische Ausgangssignal eines derartigen Bandzugmessers wird im allgemeinen oszillografisch ausgewertet; als Triggersignal und Zeitmarke kann auf dem zweiten Kanal des Oszillografen das Bandlaufkommando dargestellt werden.

Für die Messung des mittleren Bandzuges beim Lauf des Bandes mit konstanter Geschwindigkeit genügen oft einfache Bandzugmesser mit mechanischer Anzeige und geringen dynamischen Eigenschaften, wie sie z.B. in der Schallaufzeichnungstechnik üblich sind.

5. Bandführungen und Magnetköpfe

Wie bei jedem Magnetbandgerät ist auch beim Digital-Magnetbandtransportwerk eine exakte Lage und Laufrichtung des Magnetbandes an einem oder mehreren Magnetköpfen äußerst wichtig, um die Zeitverschiebungsfehler (siehe 4.5. und Band 2) sowie Pegelabweichungen bei der Wiedergabe ausreichend klein zu halten. Aus diesen Gründen sind die Vorkehrungen zur „Führung" des Magnetbandes im Magnetkopfbereich besonders kritische Bauelemente: Sie sollen dem Magnetband im Stillstand und im Lauf eine definierte Lage geben, sollen sich zeitlich nicht verändern und das Magnetband nicht merklich beanspruchen.

Charakteristische Schwierigkeiten der Führung des Magnetbandes resultieren daraus, daß die Toleranzen der Breite b des Magnetbandes nicht unter 0,1 mm gehalten werden können und insbesondere die heute vorwiegend verwendeten Plastikmagnetbänder eine geringe Formsteifigkeit aufweisen.

Jedes Bandführungsorgan besteht deshalb aus zwei grundsätzlichen Elementen:

— einer Fläche, die das Magnetband quer zu seiner Laufrichtung planhält oder zur Querversteifung zylindermantelförmig formt,

— zwei Flächen (Flansche), die dem Magnetband quer zu seiner Laufrichtung eine definierte Lage geben.

Die Führungsflansche der Bandführungen werden durch die stark schleifenden Schnittkanten des Magnetbandes, d. h. besonders durch die Magnetitteile, sehr stark beansprucht, und es werden deshalb Materialien verwendet, die ausreichend lange Zeit einen präzisen Lauf des Bandes gewährleisten (Stahl, Plastmaterial, Keramik, Hartmetall). Meist sind die Höhenführungen konstruktiv so ausgeführt, daß ihre Fertigung mit geringen Toleranzen der kritischen Maße möglich ist, ohne daß Justagen erforderlich werden. In einigen Fällen erfolgt jedoch eine Justage durch Unterlegscheiben bei der Montage. [32] beschreibt ein Meßverfahren mit Meßband für Zeitverschiebungen und Pegelabweichungen durch fehlerhaften Lauf des Magnetbandes in den Führungen.

Es ist eine große Anzahl von Bandführungsanordnungen bekannt geworden, die in vier Hauptgruppen unterteilt werden können.

5.1. Arten der Bandführungen an den Magnetköpfen

5.1.1. Kleinflächige Bandführungen (Abb. 20)

Diese Führungen werden immer paarweise angeordnet; in der Mitte zwischen beiden ist der Magnetkopf stationiert. Der Einfluß von Toleranzen dieser Führungen nimmt mit ihrem Abstand ab. Jedoch tritt eine Grenze dadurch auf,

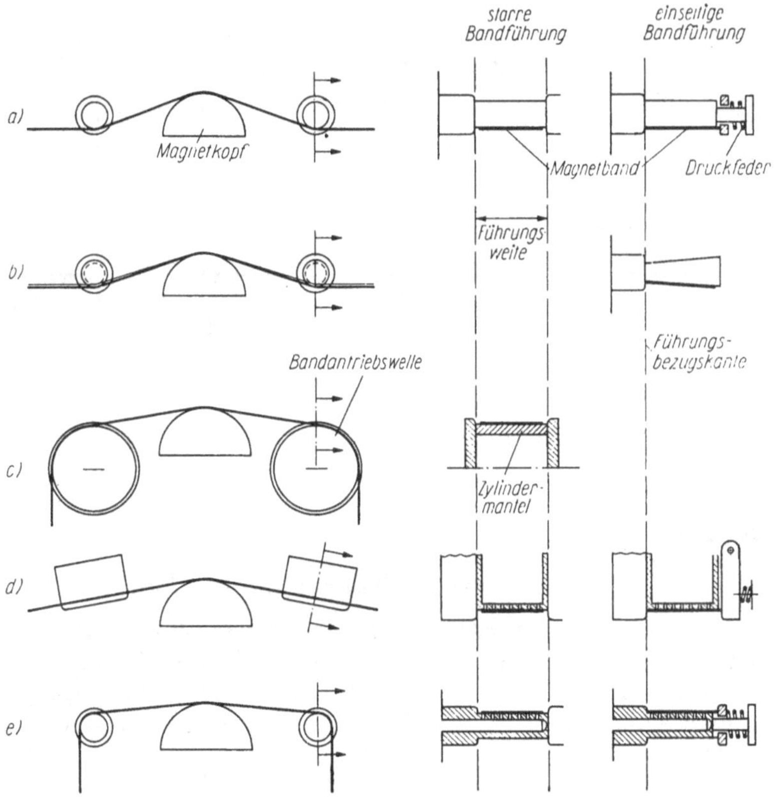

Abb. 20. Kleinflächige Bandführungen

daß das freilaufende Magnetband zwischen diesen Führungen unkontrollierbare Bewegungen ausführen kann, die mit dem Abstand der Führungen zunehmen. Die üblichen Abstände liegen zwischen ca. 50 und ca. 150 mm.

5.1.2. Großflächige Bandführungen (Abb. 21)

Diese Führungen besitzen eine Rinne mit rechteckförmigem Profil, in der das Magnetband großflächig aufliegt und läuft. In der Mitte kann diese Rinne über eine geringe Länge für den Magnetkopf unterbrochen sein. Diese Art der Bandführung verhindert weitgehend unkontrollierte Bandbewegungen, weist aber als Nachteil einen großen Reibungswiderstand auf, sofern dagegen keine besonderen Vorkehrungen (Materialauswahl, Luftlagerung usw.) getroffen sind.

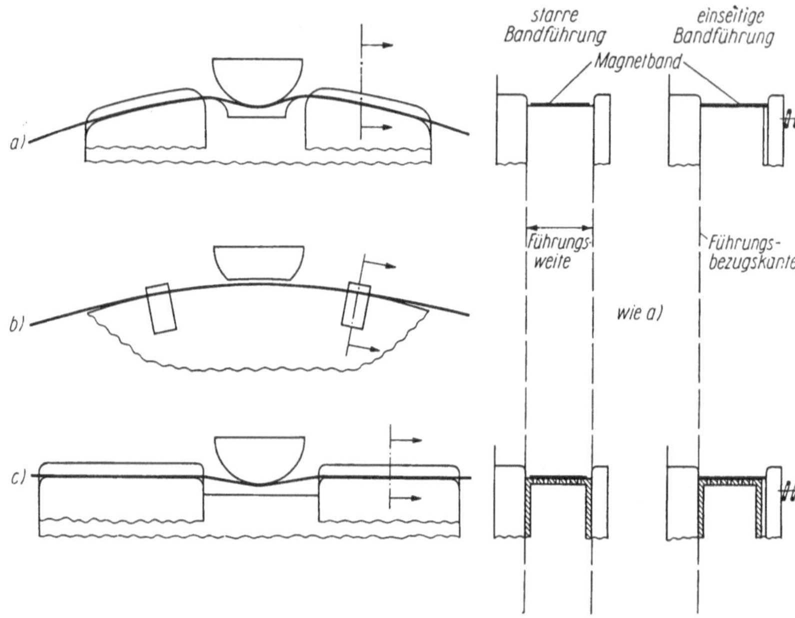

Abb. 21. Großflächige Bandführungen

Beide vorstehend genannten Bandführungsarten lassen sich weiterhin folgendermaßen gestalten:

5.1.3. Mit starren Führungsflanschen

Hierbei muß die Führungsweite so ausgelegt sein, daß ein Magnetband mit dem größtmöglichen Übermaß, ohne zu klemmen, durchlaufen kann. Die Laufgenauigkeit des Bandes in diesen Führungen ist gegenüber der folgenden Ausführung gering und deshalb nur noch bei geringen Speicherdichten üblich.

5.1.4. Einseitige Bandführung

Durch besondere Vorkehrungen ist dafür gesorgt, daß eine bestimmte Kante des Magnetbandes (Bezugskante, referenz-edge) unter allen Umständen und bei allen Bandtoleranzfällen stets an einem bestimmten festen Führungsflansch anliegt. Der gegenüberliegende Führungsflansch wird zu diesem Zweck z.B. beweglich ausgeführt und durch Federkraft gegen die Bandkante gedrückt.

5.2. Beispiele

Anhand von Abb. 20 und 21 werden einige übliche Bandführungskonstruktionen erläutert.

Abb. 20, Ausführung a): Weit verbreitete Ausführung mit einer Umlenkung des Magnetbandes zu seiner Querversteifung.

Ausführung b) : Durch eine konische Ausführung des Umlenkzylinders ergibt sich eine axiale Kraftkomponente aus dem Bandzug, die das Band gegen den Führungsflansch drückt. Es findet jedoch eine über die Bandbreite b ungleichmäßige Banddehnung statt, die zu vorzeitiger Unbrauchbarkeit des Bandes führen kann.

Ausführung c) : Die Bandführungen sind gleichzeitig die Bandantriebswellen für die beiden Bandlaufrichtungen.

Ausführung d) : Im Gegensatz zu den Ausführungen a) bis c) und e) benötigt diese Ausführung keine Bandumschlingung an der Führung, da das Band in Querrichtung durch einen äußeren Überdruck gegen eine ebene Fläche der Bandführung plan gehalten wird. (Dieser Überdruck kann gleichzeitig zur Bandzugerzeugung verwendet werden.)

Ausführung e) : Diese verbreitete Form der Bandführung besitzt einen relativ großen Umschlingungswinkel des Bandes aus gerätekonstruktiven Gründen. Die Reibung an den Umlenkzylindern der Bandführungen kann bei ungünstiger Material- und Oberflächenwahl sehr hohe und den Lauf des Bandes negativ beeinflussende Werte annehmen. Eine Verringerung der Bandreibung kann durch eine Luftlagerung des Magnetbandes erfolgen [33].

Alle Ausführungen a) bis e) können durch Anordnung des Magnetkopfes an der Magnetband-Rückseite (Träger) so ausgeführt werden, daß die Schichtseite nicht berührt wird, d.h. nicht verschleißt. Jedoch findet hierbei eine wesentliche Reduzierung der möglichen linearen Speicherdichte statt.

Weiterhin hat auch die Anordnung der Bandführungen an der Magnetbandträgerseite den Vorteil des geringeren Bandverschleißes, jedoch wird diese einleuchtende Tatsache nur bei wenigen Transportwerken — insbesondere erst bei neueren Konstruktionen — genutzt.

Abb. 21, Ausführung a) : Eine zur Querversteifung des Bandes leicht gewölbte Fläche ist mit einer Rinne versehen und besitzt in der Mitte eine Vertiefung, in die der Magnetkopf das Band eindrückt und dadurch seine Bandumschlingung erhält.

Ausführung b) weist eine ähnliche gewölbte Bandlauffläche auf, der Magnetkopf ist jedoch mit definiertem Abstand von der Bandoberfläche angeordnet. Diese Anordnung ist nur bei Transportwerken möglich, die mit Abstand zwischen Magnetkopf und Magnetband arbeiten.

Ausführung c) : An eine gerade Rinne ist das Magnetband ähnlich wie Ausführung d) von Abb. 20 durch einen äußeren Überdruck angepreßt und dadurch planiert. Der Magnetkopf drückt das Band ähnlich wie bei Ausführung a) von Abb. 20 in eine Aussparung der Rinne. Auch hier wird der äußere Überdruck oft außerdem zur Bandzugerzeugung verwendet.

5.3. Führung des Magnetbandes an Bandspulen

Außer am Magnetkopf — wie vorstehend beschrieben — muß das Magnetband auch in unmittelbarer Nähe von Magnetbandspulen besonders geführt werden; insbesondere um seinen exakten Einlauf zwischen die nur um wenig mehr als Magnetbandbreite voneinander entfernten Spulenflansche zu gewährleisten. Trotzdem ist hier eine wesentlich geringere Präzision der Führungen als an den Magnetköpfen erforderlich. Im allgemeinen sind hier beide Führungsflansche in festem Abstand zueinander angeordnet, der 0,1···0,2 mm breiter als die obere Toleranzgrenze der Bandbreite b ist.

Es sind drei typische Bandführungskonstruktionen an den Bandspulen üblich:

Rotierende Umlenkrolle

(Oft mit dem Tachometergenerator eines Wickel-Regelkreises entsprechend Abschnitt 8.4. gekoppelt). Schwierigkeiten treten bei rotierenden Umlenkrollen vielfach dadurch auf, daß eine der Bandkanten auf ihren Führungsflansch aufläuft und sich dadurch bleibend verformt. Um diesen Effekt zu vermeiden, ist besondere Sorgfalt bei der Auslegung der Führungsflansche (Schräge, Oberflächenqualität usw.) erforderlich. Einige Konstruktionen besitzen deshalb auch feststehende Führungsflansche mit einer zwischen beiden beim Bandlauf rotierenden leichtgängigen Hülse. Es sind auch schon leicht ballige Rollen — bei denen das Band auf der dicksten Stelle zu laufen bestrebt ist — ohne Führungsflansche oder mit von den Bandkanten relativ weit entfernten Flanschen (rotierend oder stillstehend) eingesetzt worden, die dann im wesentlichen nur noch beim Bandeinlegen oder bei ausnahmsweise extrem geringem Bandzug wirksam werden.

Mündung eines pneumatischen Puffers (8.2.1.)

Die Bandlauffläche der Mündungsöffnung ist mit einem genügend großen Radius von mindestens 5 mm versehen und besitzt unter Umständen einen geeigneten Gleitbelag zur Reduzierung der Bandreibung.

Umlenkbolzen mit Führungsflanschen

Er besitzt keine rotierenden Teile und ist ähnlich Abb. 20 aufgebaut.

5.4. Anbringung der Magnetköpfe

5.4.1. Arten der Taumelung

In unmittelbarem konstruktivem Zusammenhang mit den Bandführungen steht die konstruktive Ausführung der Magnetkopfhalterung. Es sind vier grundsätzliche Prinzipien üblich, die anhand von Abb. 22 erläutert werden sollen.

a) Magnetkopf taumelbar auf einer Kopfträgerplatte befestigt.
Dieses Verfahren empfiehlt sich nur bei Transportwerken mit einspurigen Aufzeichnungen, da eine unabhängige Justage der Einzelsysteme eines

Mehrspurmagnetkopfes nicht möglich ist, d. h., ein Mehrspurmagnetkopf muß trotzdem mit einer ausreichenden Präzision zwischen den Systemen gefertigt sein. Nach einem Magnetkopfaustausch ist eine Justage unter Benutzung eines Meßbandes erforderlich.

b) Magnetkopf ohne Taumelung auf der Kopfträgerplatte befestigt.

Gegenüber Ausführung a) ist eine größere mechanische Kopfpräzision erforderlich, und es tritt ein sogenannter „Aufsetzfehler" in Erscheinung, dessen Größe von der Sorgfalt des Monteurs und von der konstruktiven Ausführung abhängt. Jedoch ist nach einem Kopfaustausch keine Neujustage erforderlich.

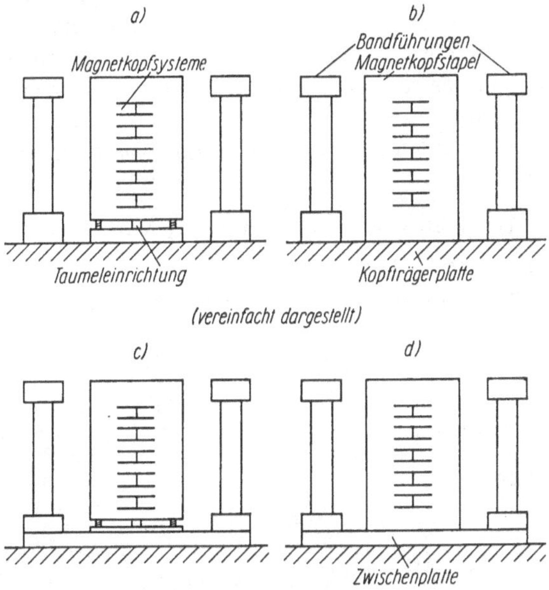

Abb. 22. Anbringung der Magnetköpfe und Bandführungen

c) taumelbarer Magnetkopf als austauschbare konstruktive Einheit mit den Bandführungen.

Hierbei werden bei einem Magnetkopfaustausch zwangweise auch beide Bandführungen mit ausgewechselt, da alle diese Bauelemente auf einer gemeinsamen Zwischenplatte befestigt sind. Beim Kopfaustausch auf dem Transportwerk ist eine Nachjustage nicht erforderlich. Lediglich bei der Fertigung muß mit Hilfe eines Meßbandes oder mit optischen Mitteln der Magnetkopf zu seinen Bandführungen auf geringste Zeitverschiebungen einmalig justiert werden. Durch diese Justagen kann jedoch auch wie bei Ausführung a) nicht auf Einhaltung geringer Toleranzen innerhalb des Vielspurmagnetkopfsatzes verzichtet werden.

d) nicht taumelbarer Magnetkopf als austauschbare konstruktive Einheit mit den Bandführungen.

Bei dieser Variante wird der Magnetkopf zu einer konstruktiven Einheit mit den Bandführungen. Der Magnetkopf ist jedoch nicht taumelbar. Eine Justage ist nicht erforderlich und möglich; die erforderliche Genauigkeit ist wie Ausführung b) bei der Herstellung des Magnetkopfes zu garantieren.

Grundsätzlich ist zu bemerken, daß jede Art der Taumelung von Magnetköpfen einen zusätzlichen konstruktiven Aufwand mit sich bringt, ohne daß die erforderliche Fertigungspräzision von Mehrspurköpfen entscheidend verringert werden darf. Im allgemeinen tendiert aber eine Taumeleinrichtung zu zeitlicher Unkonstanz. Justagearbeiten nach einem Magnetkopfaustausch sind nicht beliebt, da sie den Wartungszeitbedarf erhöhen und erhebliche Meßmittel erfordern. Aus diesen Gründen sind die Varianten c) und d), besonders jedoch b), weit verbreitet.

5.4.2. Lage der Arbeitsspalte von Magnetköpfen

Bei der Mehrspuraufzeichnung sind neben einigen Spezialausführungen zwei charakteristische System- bzw. Arbeitsspaltanordnungen üblich:

	IRIG	EMI-B		
Spurbreite b_s	0,05±0,005	0,026	0,02±0,001	Zoll
Spurmittenabstand a_s	0,07	0,04	0,03	Zoll
Spaltabstand a	1,5 ±0,001	1	1,5 ±0,001	Zoll
Spurzahl	7	24*	31**)	
Bandbreite b	½	1	1	Zoll
	[22]	[23]	[104]	

*) 12 Spuren für Vorlauf, 12 für Rücklauf
**) 16 Spur-System bei Verwendung des Kopfstapel 1 allein

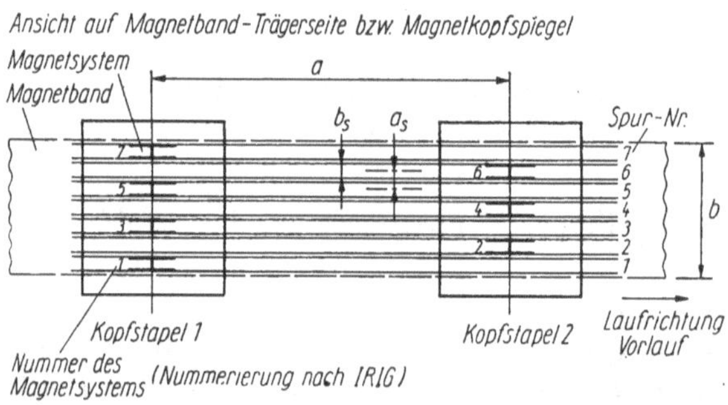

Abb. 23. Abwechselnde Anordnung der Magnetkopf-Systeme

I. Anordnung der zu den auf dem Magnetband nebeneinanderliegenden Spuren zugehörigen Magnetkopfsysteme *abwechselnd in zwei Kopfstapeln* (Abb. 23).

Bei diesem von der IRIG (Inter-Range Instrumentation Group) genormten Verfahren [34] ist es infolge der größeren mechanischen Abstände zwischen den einzelnen Kopfsystemen möglich, den Nebenspureinfluß gering zu halten. Jedoch treten zwischen den erforderlichen zwei Kopfstapeln relativ große Abstandstoleranzen auf, die den Zeitverschiebungsfehler negativ beeinflussen. Diese Kopfausführung wird jetzt fast ausschließlich nur in Magnetbandspeichern für meßtechnische Zwecke benutzt, die universell zur Digital-, Direkt- und Frequenzmodulationsaufzeichnung geeignet sind (sogenannte Analog-Meßwertspeicher).

In älteren Digitalspeicherausführungen kommt diese Magnetkopfanordnung oft vor, wobei ein einziger Kopfsatz umschaltbar zur Aufnahme oder Wiedergabe verwendet werden kann [35].

II. Anordnung der zu den auf dem Magnetband nebeneinanderliegenden Spuren gehörigen Magnetkopfsysteme in einer Reihe *in einem Stapel* (Abb. 24).

Auf Kosten eines geringeren Nebenspureinflusses ist eine hohe Präzision der Lage der Arbeitsspalte in einer Linie möglich, was diese Kopfausführung in erster Linie für digitale Zwecke prädestiniert.

	IBM 729	IBM 2400	Cdc PEN 5 u. 6			
Spurbreite b_s	0,048–0,0007 (0,03 –0,0007)	0,044–0,0007 (0,04 –0,0007)	0,8 (0,6)	**)		Zoll *)
Spurmittenabstand a_s	0,07 ±0,001	0,005±0,001	1,59	**)		Zoll
Spaltabstand l_s	0,3	0,15	4,7±0,2	**)		Zoll
Spurzahl	7	9	7 od. 8	12	16	
Bandbreite b	½	½	½	¾	1	Zoll
	[105]	[105]				

*) Klammerwerte: Spurbreite der Wiedergabeköpfe. — **) Maße in Millimeter

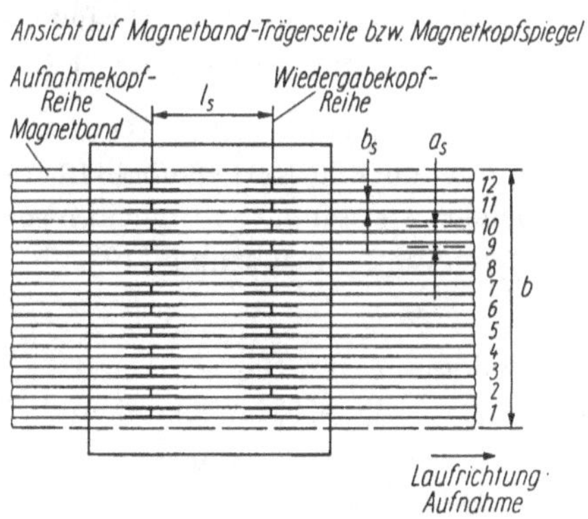

Abb. 24. Anordnung der Magnetkopfsysteme in einer Reihe

Insbesondere die kaufmännische Datenverarbeitung erfordert eine hohe Zuverlässigkeit der Speicherung, eine weitverbreitete Kontrollmethode ist die der Kontroll-Wiedergabe unmittelbar nach der Aufzeichnung. Der Abstand zwischen Aufzeichnungs- und Wiedergabespaltebene muß kleinstmöglich sein. Aus diesem Grunde werden oft Aufzeichnungs- und Wiedergabekopfreihen in einem gemeinsamen Kopfblock untergebracht.

5.4.3. Sonstiges zu den Magnetköpfen

Bei Digital-Magnetbandtransportwerken ist es nicht allgemein üblich, das Magnetband beim Schnellauf vom Magnetkopf zu entfernen. Der durch den Schnellauf hervorgerufene Kopfverschleiß kann jedoch den gleichen Wert wie der durch den normalen Bandlauf bei Aufnahme und Wiedergabe auftretende ausmachen. Mit Verwendung abschliffester Magnetkernmaterialien (Alfenol, Alfesil, Vakodur [36]) und der dazu passenden paramagnetischen Zwischenlagen werden erhebliche Magnetkopf-Betriebszeiten (einige 1000 Stunden) erreicht, die einen Lauf des Bandes über den Magnetkopf auch bei Schnellauf zu lassen. Wird das Band beim Schnellauf vom Kopf entfernt, so erfolgt das oft durch Verschieben oder Schwenken eines mit den Bandführungen zu einer konstruktiven Einheit zusammengefaßten Baugruppe, um keine Vergrößerung der Bandführungsungenauigkeiten zu erhalten.

Die Aufzeichnung und Wiedergabe der binären Informationen erfolgt in den meisten Anwendungsfällen unter Verwendung der klassischen induktiven Magnetkopftechnik mit Longitudinalmagnetisierung, die in Band 6 ausführlich theoretisch behandelt wird. In geringem Maße sind Sonderausführungen üblich, z.B. Wiedergabe der Aufzeichnung mit Oberwellenköpfen, die den magnetischen Bandfluß direkt wiedergeben [37].

Eine weitere Sonderform [38] verwendet eine ähnliche Oberwellensondenwiedergabe, jedoch mit einer Quermagnetisierung des Bandes.

Eine insbesondere für schritttransportierende Bandspeicher für Datenerfassung geeignete Magnetkopfausführung [39] ermöglicht die Aufzeichnung bei stehendem Magnetband ebenso wie eine rein mechanisch bzw. permanent magnetisch arbeitende Aufzeichnungseinrichtung [40], die auch in Abb. 120 näher beschrieben ist.

Zur Aufzeichnung und Wiedergabe von Signalen sind bei der Digitaltechnik zwei Varianten des Kontaktes zwischen Magnetkopf und Magnetband in Anwendung:

ϰ) Verfahren „mit Kontakt“

Die aktive Oberfläche des Magnetbandes (Magnetschicht) berührt die Spiegelfläche der Magnetköpfe ohne einen beabsichtigten Abstand und bildet daran einen Umschlingungswinkel. Dem Vorteil einer großen linearen Speicherdichte steht der Nachteil eines Verschleißes beider gegenüber.

β) Verfahren „ohne Kontakt"

Zwischen aktiver Oberfläche des Magnetbandes (Magnetschicht) und Magnetkopfspiegel wird ein definierter und möglichst geringer Luftspalt aufrechterhalten, wodurch ein Verschleiß völlig vermieden wird.
Jedoch kann die beim Kontaktverfahren unter sonst gleichen Bedingungen mögliche lineare Speicherdichte nicht erreicht werden [41]. Es ist bis heute nicht gelungen, mit vertretbaren Mitteln einen ausreichend stabilen Luftspalt aufrechtzuerhalten, so daß Abstandsweiten von mindestens 10 μm verwendet werden müssen. Hierbei rufen die noch unvermeidlichen Abstandsschwankungen von einigen Mikron keine störenden Pegelschwankungen hervor.

Ein brauchbarer Kompromiß zwischen Verschleißarmut und Speicherdichte wird mit den sogenannten „Schutzschicht" — oder „Sandwich"-Magnetbändern erzielt, die in 2.1. und Band 2 näher erläutert sind. Sie besitzen auf der aktiven Magnetschichtoberfläche einen fest anhaftenden Belag aus einem verschleißarmen Plastmaterial von nur ca. 1 bis 1,5 μm Dicke. Er beeinflußt die lineare Speicherdichte nur unwesentlich, hält aber den Magnetkopf von dem stark schleifend wirkenden Magnetit der Magnetschicht fern, und auch die Magnetschicht selbst wird gegen Abrieb geschützt.

Eine den Kopfverschleiß ebenfalls vermeidende Wirkung wurde bei einem älteren Digital-Magnetbandtransportwerk durch eine um den Magnetkopfspiegel herumgelegte stillstehende Metallfolie von ca. 6 μm Dicke erreicht, die von Zeit zu Zeit entsprechend ihrem Verschleiß gewechselt werden mußte. Dieses Transportwerk verwendet Metallmagnetbänder.

Weitere Angaben zum Einfluß des Abstandes zwischen Magnetkopfspiegel und aktiver Magnetschichtoberfläche sind in [41] enthalten.

5.4.4. Löschköpfe

Alle in Abb. 3 dargestellten digitalen Bandmagnetisierungsverfahren außer RZ sind dadurch gekennzeichnet, daß in der Wicklung jedes Aufnahmekopfsystems während des Aufzeichnungsvorganges ein Dauerstrom fließt; lediglich seine Polarität wechselt in Abhängigkeit vom momentan aufgezeichneten Datenelement. Da im allgemeinen durch diesen Aufzeichnungsstrom das Magnetband bis in die magnetische Sättigung ausgesteuert wird, wird damit gleichzeitig eine evtl. noch auf dem Band befindliche alte Aufzeichnung gelöscht. Damit erübrigt sich bei Verwendung der RB- und NRZ-Magnetisierungsverfahren ein Löschkopf.

Einige Transportwerke weichen jedoch von dieser Regel ab und besitzen Löschköpfe, beispielsweise zur einwandfreien Beseitigung alter Aufzeichnungen in der Blocklücke l_e. Das gilt besonders für viele universelle Meßwertspeicher.

6. Drop-out-Problematik und Bandreinigung

6.1. Bedeutung der Störungen

Die magnetische Aufzeichnung insbesondere auf Magnetband weist eine gewisse Fehlerhäufigkeit auf. Sie ist trotz besonders sorgfältiger Fertigung, Prüfverfahren für die speziellen Computer-Bänder und sorgfältig ausgelegter Transportwerke nicht völlig zu unterdrücken. Auch die immer weiter zunehmenden Speicherdichten begünstigen dies. Ein derartiger Fehler äußert sich als vorübergehender oder ständiger Verlust eines oder mehrerer Informations-Bits. Aus der Art der schon erwähnten Codierungen (Kapitel 1) ist leicht zu erkennen, daß auch nur ein einzelnes verlorengegangenes oder zusätzlich entstandenes Bit den ursprünglichen Zahlenwert um Größenordnungen verfälschen kann.

Es ist weiterhin einleuchtend, daß insbesondere bei der Verarbeitung kaufmännischer Informationen derartige Fehler nicht unerkannt auftreten dürfen. Bei der digitalen Verarbeitung kontinuierlicher oder quasikontinuierlicher Vorgänge (z.B. Schwingungsvorgänge) tritt dagegen keine oder eine bei der Auswertung eliminierbare Beeinträchtigung der Informationen bei nicht zu großer Fehlerhäufigkeit auf.

6.2. Einteilung der Störungen

Reproduktionsfehler der Magnetbandspeichertechnik können in folgende Gruppen unterteilt werden :

1. Störimpulse durch nichtlöschbare hartmagnetische Teile der Magnetschicht des Bandes oder durch von Band zufällig mitgerissene remanent magnetisierte Teilchen („*Drop-in*“).

2. Vorübergehender Impulsverlust an einer bestimmten Bandstelle, der nach einem oder mehreren Banddurchläufen wieder verschwindet, hervorgerufen durch momentane Lauffehler des Bandes, lose aufliegende oder nur lose haftende Verunreinigungen des Magnetbandes („*nichtstationäres Drop-out*“).

3. Impulsverlust an einer bestimmten Bandstelle, der durch keine Maßnahme zu beseitigen ist, hervorgerufen durch Fertigungsfehler des Bandes, Bandbeschädigungen durch Handhabung oder Mängel des Transportwerkes, Bandalterung oder fest in die Magnetschicht eingelagerte Fremdpartikel („*stationäres Drop-out*“) (siehe auch 9.2).

6.3. Häufigkeit der Störstellen

Für die Verarbeitung kaufmännischer und wissenschaftlicher Daten auf Magnetbandgeräten von Datenverarbeitungsanlagen werden im allgemeinen Spezial-Magnetbänder verwendet, die als Computer- oder Kalkulationsbänder bezeichnet und von den Herstellern besonderen Fertigungs- und Prüfverfahren unterworfen werden, die eine größtmögliche Zuverlässigkeit der Datenwiedergabe gewährleisten sollen. Beispielsweise wird angegeben, daß ein fabrikneues Computer-Band von 730 m Länge und $^1/_2''$ Breite bei einer linearen Speicherdichte von 8 bit/mm und sieben Spuren insgesamt nicht mehr als ein fehlerhaftes Datenelement (stationäres Drop-out) aufweist; das entspricht einer Fehlerhäufigkeit von ca. $0{,}2 \cdot 10^{-7}$.

Im Laufe der Benutzung des Magnetbandes vergrößert sich die Anzahl der stationären Drop-outs. Beim Überschreiten einer bestimmten Anzahl von stationären Drop-outs gilt das Band als verbraucht, vorausgesetzt, daß es sich um echte stationäre Drop-outs handelt, die also durch keine Reinigungsmaßnahmen beseitigt werden können. Die Lebensdauer des Magnetbandes hängt demzufolge weitgehend davon ab, wie geschickt das Magnetbandtransportwerk konstruktiv aufgebaut ist und wie stark das Band von ihm beansprucht wird.

Außerdem ist der sogenannte Drop-out-Erkennungspegel von wesentlichem Einfluß auf die auftretende Drop-out-Häufigkeit. Als Drop-out-Erkennungspegel wird im allgemeinen die eingestellte Empfindlichkeitsschwelle der Wiedergabeelektronik bezeichnet. Unterschreitet ein vom Band wiedergegebenes Impulssignal eines Datenelements diese Schwelle, so wird ein Drop-out registriert. Diese Schwelle wird normalerweise als Relativwert zum mitteren Wiedergabespitzenwert angegeben. Bei Veränderung des Erkennungspegels in Richtung 100% nimmt die Drop-out-Häufigkeit zu, während durch Veränderung in die andere Richtung zwar die Droup-out-Häufigkeit erheblich abnimmt, dafür steigt die Empfindlichkeit gegenüber Fremdimpulsen (Drop-ins usw.), und die Anforderungen an die Störspannungsfreiheit des gesamten Systems nehmen zu. Drop-out-Erkennungspegel zwischen 30 und 60% sind weit verbreitet. Der typische Verlauf der Abhängigkeit der Drop-out-Häufigkeit vom Erkennungspegel ist in Abb. 25 dargestellt.

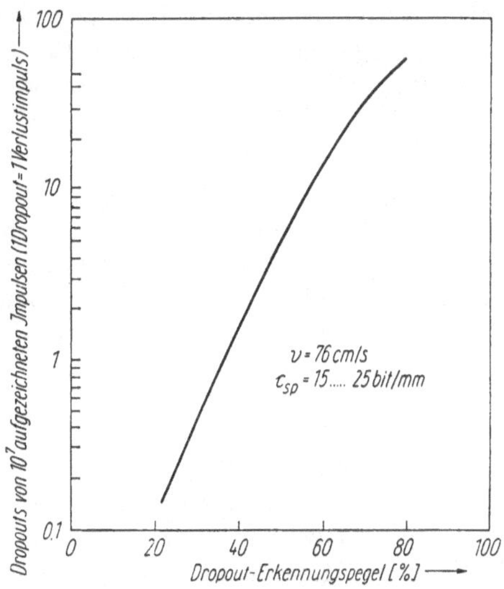

Abb. 25. Typischer Zusammenhang zwischen Drop-out-Erkennungspegel und Drop-out-Häufigkeit

Im einfachsten Fall kann die Anzahl der bis zur Unbrauchbarkeit eines Magnetbandes möglichen Durchläufe auf einem bestimmten Transportwerktyp die Qualität beider charakterisieren. Bei Transportwerken mit schnellem Start und Stop ist auf Grund der kurzzeitig sehr hohen Beanspruchung des Bandes auf sehr kurzen Längen diese einfache Definition nicht mehr möglich; die Bandlebensdauer läßt sich hier nur unter ganz bestimmten Rechner- bzw. programmtypischen und meist sehr komplizierten Verhältnissen als Mittelwert angeben.

Drop-out-Meßverfahren, typische Meßergebnisse und deren Auslegung sind in [42] und [43] sehr ausführlich behandelt.

6.4. Maßnahmen gegen Störungen

Zur Vermeidung, Entdeckung und möglicherweisen Beseitigung von Reproduktionsfehlern werden mehrere Methoden — teilweise auch gleichzeitig — bei der digitalen Magnetbandspeicherung verwendet:

6.4.1. Redundante Aufzeichnung

Wie schon erwähnt, erfolgt die Aufzeichnung digitaler Informationen in codierter Form. Es sind Code-Verfahren ausgearbeitet worden, die beim Auftreten von bestimmten Fehlerkonstellationen nach einer Übertragung (d. h. auch Speicherung) eine Korrektur oder zumindest Erkennung dieser Fehler zulassen. Allen fehlererkennenden und korrigierenden Codes ist gemeinsam, daß zur Übertragung jedes Zeichens mehr Datenelemente (Informationsschritte, Bits) verwendet werden als für eine unterscheidbare Übertragung von n verschiedenen Zeichen erforderlich sind. Diese Überbestimmung des zu übertragenden Zeichens darf als Redundanz bezeichnet werden. (Daß schon die Verwendung eines Codes mit gleicher Elementezahl für jedes unterscheidbare Zeichen redundant sein kann, soll hier nicht betrachtet werden.) Kein fehlererkennendes oder fehlerkorrigierendes Sicherungsverfahren kann alle Übertragungsfehler erkennen, jedoch vermindert sich die Fehlerzahl mit Zunahme der Redundanz. Ausführliche vergleichende Betrachtungen und mathematische Behandlungen geeigneter Codes sind in [44] und [45] enthalten. Es sind verschiedene fehlererkennende und korrigierende Codes bei der digitalen Magnetbandspeicherung in Gebrauch, die sich nach ihren Anpassungsmöglichkeiten an die Belange der Speicherung und Übertragung in drei wesentliche Gruppen unterteilen lassen:

Paritätskontrolle (Parity-check)

Im einfachsten Falle wird vor der Übertragung zu einer fortlaufenden Bit-Folge (Informations-Bits) mit festgelegter Bit-Anzahl — z. B. zu einem Zeichen — ein Ergänzungs-Bit (Paritäts-Bit, Kontrollschritt) so gebildet und mit übertragen, daß es die Summe aller dieser Informationsschritte auf Geradzahligkeit (oder Ungeradzahligkeit, je nach Verfahren) ergänzt. Diese Maßnahme wird bei jedem zu übertragenden Zeichen durchgeführt. Nach der Übertragung muß diese Geradzahligkeit (oder Ungeradzahligkeit) von Informationsschrittfolge + Paritäts-Bit wieder auftreten; anderenfalls ist ein Übertragungsfehler vorhanden. Treten gleichzeitig zwei oder vielfache von zwei Fehlern auf, so ist eine Fehlererkennung nicht möglich. Aus diesen Gründen werden meist zu jeder zu übertragenden Informationsschrittfolge mehrere Paritäts-Bits nach verschiedenen Verfahren gebildet und übertragen (gerade, ungerade, über ein und mehrere Zeichen, bei Mehrspuraufzeichnungen auch längs, quer und diagonal zur Bandlänge l).

Das Verfahren der Paritäts-Bit-Bildung hat den entscheidenden Vorteil, daß die Kontrollschritte nachträglich mit nur geringem elektronischem Aufwand aus bereits codiert vorliegenden Informationen abgeleitet und leicht diesen Informationen zugesetzt oder auch selbständig übertragen werden können. Ebenso leicht ist es möglich, die Kontrollschritte von den Informationsschritten nach der Übertragung zu trennen. Das Paritäts-Kontrollverfahren ist deshalb bei der digitalen Magnetbandspeicherung weit verbreitet.

Fehlererkennende und fehlerkorrigierende Codes ohne selbständige Kontrollschritte

Bei diesen Codes wird bereits bei der Umcodierung aus der nichtbinären in die binäre Form mit Hilfe eines geeigneten Schlüssels eine redundante Binärform der Information erzeugt, die auf Grund ihrer Weitschweifigkeit eine Erkennung oder Korrektur von Fehlern nach einer Übertragung ermöglicht. In dieser Binärform der Informationen können Kontroll- und Informationsschritte nicht mehr gegeneinander abgegrenzt oder als bestimmten Plätzen zugeordnet erkannt werden. Demzufolge ist die Umwandlung der einfachen Binärform in eine fehlererkennende oder fehlerkorrigierende dieser Art und auch die entsprechende Rückverwandlung nur mit sehr großem elektronischem Aufwand realisierbar.

Mehrfachaufzeichnung

Dieselbe Information wird (z. B. parallel auf mehreren Spuren oder Spurgruppen oder hintereinander in Form mehrerer gleicher Wörter) mehrmals aufgezeichnet. Bei der Wiedergabe werden die zwei oder mehr Ergebnisse miteinander verglichen, und nur mindestens zwei übereinstimmende können als richtig gewertet werden. Die Mehrfachaufzeichnung ist ebenfalls ein Redundanzverfahren.

6.4.2. Kontrolle während der Aufzeichnung

Unmittelbar nach erfolgter Aufzeichnung wird die Ausgangsinformation des oder der Wiedergabeköpfe auf Richtigkeit nach einem der vorgenannten Verfahren kontrolliert und beim Erkennen eines Fehlers die Neuaufzeichnung derselben Information automatisch veranlaßt. Im allgemeinen erfolgt diese Aufzeichnungskontrolle mit gegenüber dem normalen Wiedergabevorgang vermindertem Drop-out-Erkennungspegel, um auch pegelmäßig bereits an der unteren Grenze der Erkennbarkeit liegende Impulse auszuscheiden und damit die Sicherheit weiter zu erhöhen. Oft wird eine derartig bereits als permanent fehlerhaft festgestellte Bandstelle besonders gekennzeichnet, so daß sie auch für spätere Aufzeichnungen blockiert ist.

Die unmittelbare Kontrollwiedergabe fordert, daß jedem Aufzeichnungskopfsystem unmittelbar ein Wiedergabesystem in sehr geringem Abstand folgt, wie prinzipiell in Abb. 24 dargestellt ist. Dieser Spaltabstand l_s zwischen beiden beeinflußt bei blockweisem Bandtransport die Bandausnutzung, da nach Aufzeichnung eines Datenblockes das Band erst nach seinem völligen Vorbeilauf auch an den Wiedergabekopfsystemen gestoppt werden darf, d. h., die tatsächlich auftretende Blocklücke $l_{l\,\text{ges.}}$ ist mindestens gleich der Summe von l_l (durch die Bandantriebsaggregate für Start und Stop des Bandes beanspruchte Bandlänge) und l_s (s. Abschnitt 3.2.2.).

Weiterhin kann der elektronische Aufwand von diesem Abstand abhängig sein, wenn beispielsweise die eingegebenen Zeichen gleichzeitig in einem Pufferspeicher (Kernspeicher) festgehalten werden, um sie mit den von den Wiedergabeköpfen zeitlich verzögert reproduzierten vergleichen zu können.

Die heute üblichen Abstände l_s betragen bis herunter zu 4 mm, während für Sonderzwecke auch schon ca. 0,2 mm realisiert werden konnten bzw. spezielle Kontrollwiedergabeverfahren entwickelt wurden, die keinen Wiedergabekopf für die Kontrollwiedergabe erfordern (siehe Abschnitt 3.2.3.).

Bei Magnetbandspeichern für Rechenzwecke wurde früher vielfach die Magnetkopfausführung nach Abb. 23 verwendet, wobei zu jeder Magnetspur des Bandes nur ein einziges Kopfsystem elektrisch umschaltbar für Aufnahme und Wiedergabe angeordnet wurde. Die Kontrollwiedergabe eines aufgezeichneten Datenblockes erfordert hierbei ein „Zurücksetzen" des Bandes um mindestens die Länge dieses Blockes, um mit Hilfe der nun als Wiedergabekopf arbeitenden Magnetsysteme die Kontrollwiedergabe vornehmen zu können. Dieses Verfahren ist sehr zeitaufwendig und erfordert außerdem, daß der gesamte eingegebene Informationsblock nach Abschluß des Aufzeichnungsvorganges noch für den Vergleich mit den zeitlich stark verzögerten Kontrollwiedergabeinformationen bereitsteht.

6.4.3. Wiederholung des Wiedergabevorganges

Ein großer Teil von auftretenden Impulsfehlern der Magnetbandspeicherung rührt von nicht stationären Drop-outs- und Drop-ins her, die bei nachfolgenden Banddurchläufen durch das Gerät selbsttätig verschwinden können. Aus diesem Grunde wird oft beim Erkennen eines Fehlers dieselbe Stelle des Bandes automatisch wiederholt. Verschwindet hierdurch der Fehler jedoch nicht, so wird nach einer voreingestellten Zahl von automatischen Wiederholungen (z. B. 7) ein Alarmsignal gegeben.

6.4.4. Sauberhaltung des Magnetbandes

Einen großen Einfluß auf die Fehlerhäufigkeit hat der Grad der Verstaubung des Magnetbandes und des Bandlaufraumes von außen her durch Bandabrieb und durch gerätebedingte Fremdkörper. Aus diesem Grunde werden am Magnetband teilweise besondere Bandreiniger angeordnet, der Bandlaufraum nach außen hin weitgehend abgeschlossen, die Luft der Geräteumgebung und des Bandlaufraumes gefiltert und die Bandlauforgane des Transportwerkes mindestens täglich nach einem vorgeschriebenen Programm gereinigt.

Eingebaute Bandreiniger

Diese eingebauten Bandreiniger sind beim Lauf des Bandes ständig wirksam und müssen deshalb so ausgeführt sein, daß sie bei möglichst guter Bandreinigung einen nur unbedeutenden zusätzlichen Verschleiß des Magnetbandes verursachen. Sie können aus diesem Grunde die in 6.5. beschriebenen externen Bandreinigungen oft nicht völlig ersetzen.

Abb. 26 zeigt ein endloses Reinigungsband, das über ein System ortsfester Umlenkrollen *1* bis *3* geführt und von der gefederten Spannrolle gestrafft wird. Die Umlenkrolle *1* kann auch mit einem geeigneten Antrieb versehen sein, der einen automatischen kontinuierlichen Weitertransport des verunreinigten Reinigungsbandes besorgt. Die Transportgeschwindigkeit kann beispielsweise ca. 5 mm pro Stunde betragen.

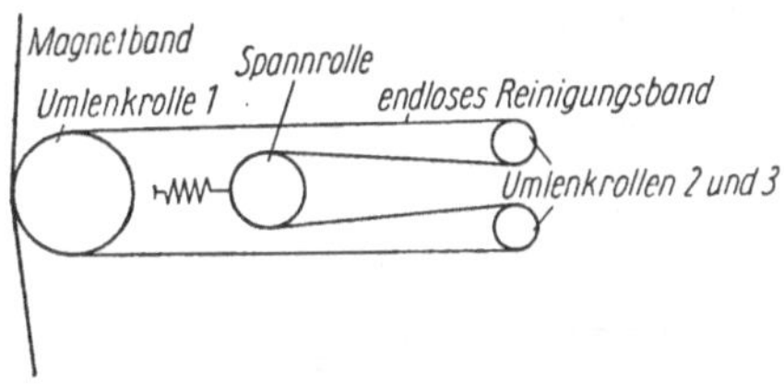

Abb. 26. Endloses Reinigungsband

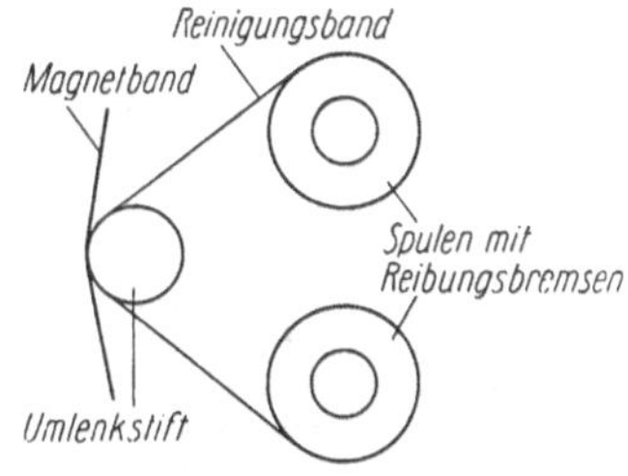

Abb. 27. Reinigungsband auf Spulen

Eine ähnliche Reinigerausführung, Abb. 27, verwendet ein Reinigerband von wenigen Meter Länge, das von Hand bei Bedarf von einer Spule zur anderen weitertransportiert werden kann.

Für die Bandreiniger nach Abb. 26 und 27 kommen verschiedenartige Reinigungsbänder zur Anwendung; sie müssen eine gute Staubaufnahmefähigkeit besitzen und dürfen selbst das Band nicht verunreinigen. Folgende Materialien sind üblich:

Seidenplüsch mit ca. 1 mm Borstenlänge,
Plastmaterialfilz mit ca. 05 bis 0,1 mm Dicke.

Das Reinigungsband ist stets etwas breiter als das Magnetband und wird an der Umlenkstelle vom Magnetband an der aktiven Seite berührt; der für die Reinigung erforderliche Andruck ist vom Umschlingungswinkel des Bandes und vom Bandzug abhängig. Reinigungsbänder müssen von Zeit zu Zeit ausgetauscht werden.

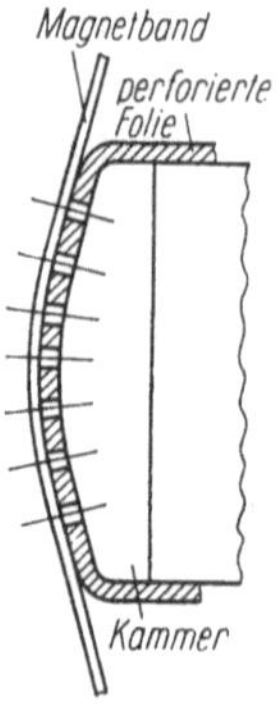

Abb. 28. Perforierter Bandreiniger

Eine weitverbreitete und sehr einfache Bandreinigerausführung zeigt Abb. 28. Das Magnetband-Umlenkorgan ist eine ortsfeste Metallfolie mit derartig auf der Bandbreite verteilten und gegeneinander versetzten Bohrungen, daß die gesamte Bandbreite oder die den Magnetbandspuren entsprechenden Zonen mit den Lochkanten in Berührung kommen. Die bandseitigen Rundungen der Lochkanten sind von entscheidender Bedeutung für die Reinigungswirkung. Sie weisen definierte Radien von einigen Mikron auf. Die vom Magnetband abgeschabten Verunreinigungen setzen sich in den Bohrungen und der Kammer ab, die regelmäßig gereinigt werden müssen. Verschiedentlich wird das Magnetband über derartige Bandreiniger in gerader Linie geführt. Den erforderlichen Andruck an den Reiniger erzeugt ein durch ein Gebläse erzeugter Unterdruck in der Kammer. Oft werden derartige Unterdruckeinrichtungen in erster Linie zur Bandzugerzeugung benutzt und die Bandreinigungswirkung ist ein Sekundäreffekt.

Eine außergewöhnliche Reinigungseinrichtung ist in Abb. 29 dargestellt [46]. Sie besteht aus zwei Streifen radioaktiven Poloniums, deren Ionenstrahlung —

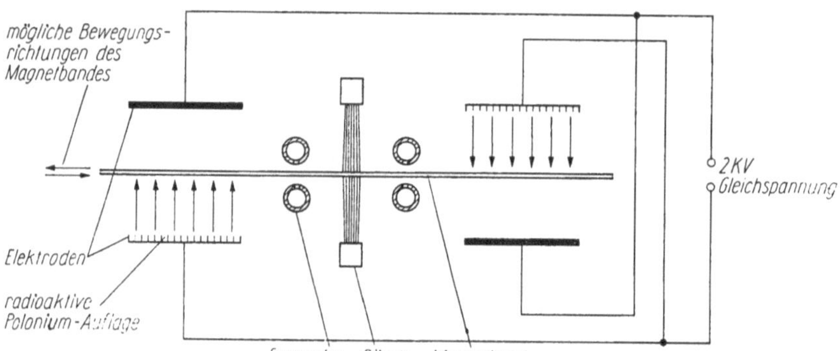

Abb. 29. Radioaktiver Bandreiniger

beschleunigt durch 2000 V Gleichspannung — eine eventuelle elektrostatische Aufladung des Magnetbandes völlig beseitigt. Damit verringert sich die Haftfähigkeit des größten Teils der vom Magnetband mittransportierten Verunreinigungen. Die Bürsten lösen diese Verunreinigungen vom Band ab, und die Saugrohre entfernen den Schmutz ähnlich wie Staubsauger. Durch den symmetrischen Aufbau dieser Einrichtung ist eine gleichbleibende Reinigung des Bandes auf beiden Seiten und in beiden Laufrichtungen möglich.

6.4.5. Datenrekonstruktion durch die Datenverarbeitungsanlage

Mit Hilfe einer geeigneten Organisation im Rechenzentrum ist es möglich, eine bei der Übertragung auf Magnetband verlorengegangene Information durch Wiederholung der vorausgegangenen Rechenoperation zu rekonstruieren. Hierzu ist es erforderlich, daß die der fehlerhaften Magnetbandaufzeichnung („Sohn“) vorhergegangenen Bandaufzeichnungen („Vater“ und „Großvater“) zur Verfügung gehalten werden.

6.4.6. Verhinderung unerwünschter Einflüsse auf die Bandmagnetisierung

Durch remanentmagnetisierte mechanische Bauelemente des Bandlaufes (Magnetkopf, Umlenkorgane, Bandführungen, Bandantriebswellen, Bandspulen usw.) kann eine vollständige oder teilweise Löschung, oder auch eine Verstümmelung einer Bandaufzeichnung erfolgen. Um diesen Effekt zu vermeiden, werden diese Bauelemente vielfach aus einem paramagnetischen Material (Aluminium, Plaste, Messing, Bronze) hergestellt. Wo jedoch diese Materialien — z. B. aus Festigkeits-, Toleranz- oder Verschleißgründen — nicht brauchbar sind, werden rostfreie Stähle mit sehr geringer Remanenz, Hartmetall oder Keramik verwendet. Teilweise ist auch die Hartverchromung derartiger Teile üblich. Besonders typisch sind dafür die Bandantriebswellen und die Bandführungen.

Beim Magnetkopf lassen sich diese Maßnahmen nicht realisieren, da die in den meisten Fällen das Magnetband berührenden Magnetsysteme aus diamagnetischen Teilen bestehen *müssen.* Durch zweckmäßige Materialauswahl und Konstruktion können jedoch seine das Band beeinflussenden remanenten Magnetisierungen ausreichend klein gehalten werden; jedoch kann auch durch Fehler in den angeschlossenen Elektroniken, insbesondere durch Restströme in den Kopfwicklungen, eine remanente Magnetisierung des Kopfes vorgetäuscht werden.

Es ist allgemein üblich, die mit dem Magnetband in Berührung kommenden Bauelemente des Transportwerkes in periodischen Abständen mit einem Entmagnetisierungsgerät von evtl. doch entstandenen remanenten Magnetisierungen zu befreien, wie sie z. B. durch die Berührung mit ungeeigneten Werkzeugen entstehen können. In der einfachsten Form besteht dieses Gerät aus einer aus dem Wechselstromnetz gespeisten Spule, deren magnetischer Kreis durch einen Eisenkern mit Luftspalt gebildet ist. Der Luftspalt und die zugehörigen Pole sind so ausgebildet, daß sie gut an die zu entmagnetisierenden Teile herangebracht werden können, um den Magnetfluß möglichst vollständig durch sie hindurchzuleiten.

Weiterhin wird bei der Konstruktion von Transportwerken besonders darauf geachtet, daß während des Bandwechselns das Magnetband mit keinem Elektro- oder Dauermagnetbauteil in unzulässige Berührung kommen kann.

Eine weitere Ursache für Bandentmagnetisierungen geringen Grades können Bandumlenkorgane mit sehr geringen Radien oder mit scharfen Kanten sein [116]. Es wurde auch festgestellt, daß durch starke Entladungsfunken als Folge von elektrostatischen Aufladungen des Magnetbandes örtliche Bandmagnetisierungen entstehen können: dieser Effekt ist jedoch bei den modernen Magnetbändern durch eine bewußt hervorgerufene Oberflächenleitfähigkeit weitestgehend unterdrückt.

6.5. Externe Bandreinigung und -prüfung

Tritt trotz der vorstehend beschriebenen Maßnahmen ein nichtkorrigierbarer Fehler auf, so kann durch Behandlung dieses Magnetbandes mit einem speziellen Bandreinigungsgerät eine besonders intensive Reinigung vorgenommen werden, wobei meist auch die auf dem Band relativ fest eingelagerten Verunreinigungen beseitigt werden. Umfangreichere Geräte dieser Art besitzen außerdem Einrichtungen zur mikroskopischen Untersuchung und manuellen Beseitigung von besonders hartnäckigen Fremdkörpern und elektronische Einrichtungen zur Bandprüfung.

Im folgenden werden zwei Beispiele von speziellen Bandreinigungsgeräten vorgestellt.

Das Gerät nach Abb. 30 ermöglicht eine Prüfung des Magnetbandes unter praxisnahen Bedingungen und eine Reinigung. Der Aufbau des Transportwerkes entspricht im wesentlichen einem Digital-Synchronmagnetbandspeicher

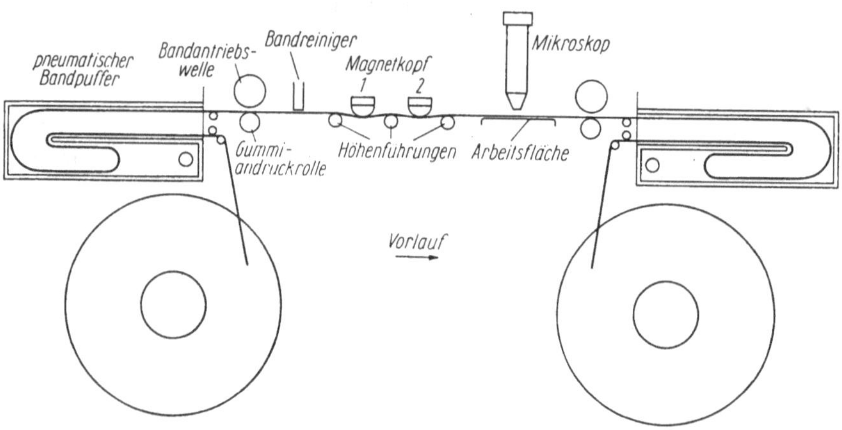

Abb. 30. Magnetband-Prüf- und Reinigungsgerät

mit wortweisem Bandtransport, also mit kurzen Start- und Stopzeiten und hoher Übertragungsgeschwindigkeit. Im Gegensatz dazu weist dieses Prüf- und Reinigungsgerät zwei voneinander unabhängige Aufnahme- und Wiedergabekopfpaare sowie eine Einrichtung zur mikroskopischen Untersuchung von elektrisch erkannten Fehlerstellen des Bandes auf. Mit dem ersten Aufnahmekopfsatz erfolgt die Aufzeichnung von Rechteckschwingungen auf allen Spuren des Bandes mit der gewünschten linearen Speicherdichte; bei der sofort anschließenden Wiedergabe mit dem dazugehörigen Magnetkopfsatz und Prüfung bei dem gewünschten Drop-out-Erkennungspegel werden die entstehenden Drop-outs registriert. Der zweite Aufzeichnungskopfsatz löscht die vorherige Aufzeichnung völlig und sättigt das Band in einer Richtung. Der zugehörige Wiedergabekopfsatz gibt die bei dem gewünschten Drop-out-Erkennungspegel auftretenden Drop-ins wieder.

Die elektrischen Drop-out- und Drop-in-Auswerteeinrichtungen sind mit der Steuerelektronik für den Bandlauf so zusammengeschaltet, daß eine Fehlerstelle des Magnetbandes automatisch mehrmals kurz hintereinander geprüft wird. Beim Überschreiten eines vorher eingestellten Grenzwertes der Wiederholungen (d. h. bei Verdacht eines stationären Drop-outs) läuft die fehlerhafte Bandstelle automatisch unter das Mikroskop und kann hier visuell untersucht und in vielen Fällen manuell von sehr fest anhaftenden Verunreinigungen befreit werden.

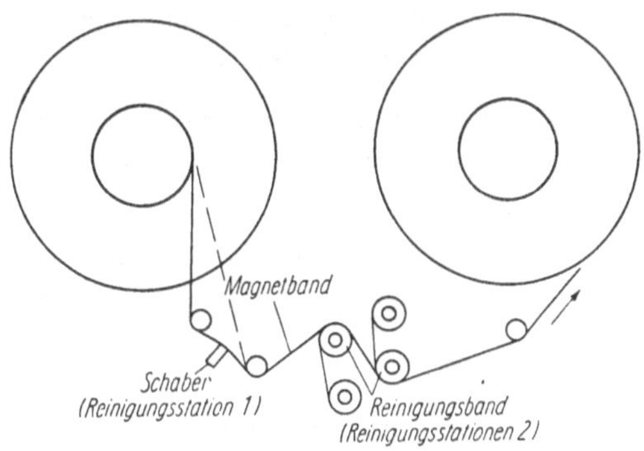

Abb. 31. Bandreinigungsgerät

Ein wesentlich einfacheres Bandreinigungsgerät ist in Abb. 31 dargestellt. Das zu reinigende Magnetband wird durch einen an der Aufwickelspule befindlichen Motor mit annähernd konstanter Drehzahl über zwei unterschiedliche Reinigungsstationen gezogen. Den erforderlichen Bandzug erzeugt der Rückspulmotor an der Abwickelspule. Die Reinigungsstation *1* schabt mit der relativ scharfen Kante eines Wolframcarbid-Quaders fest anhaftende Verunreinigungen vom Band ab bzw. lockert sie. Von den beiden gleichartigen an Vorder- und Rückseite des Bandes angeordneten Reinigungsstationen *2* wird noch lose anhaftender Schmutz beseitigt. (Diese Stationen *2* entsprechen weitgehend den in Abb. 27 dargestellten und erläuterten Einrichtungen.) Da die Beanspruchung des Bandes insbesondere an der Reinigungsstation *1* sehr groß ist, darf diese Art der Reinigung nur in relativ großen Zeitabständen durchgeführt werden. Es besteht die Möglichkeit, die Station *1* zu umgehen und nur mit den Stationen *2* das Band zu reinigen. Eine Prüfung des Magnetbandes ist auf diesem Gerät nicht möglich.

Um den Benutzer von Digital-Magnetbandspeichern bei geringem gerätetechnischem Aufwand die Möglichkeit der selbständigen Bandprüfung zu geben, wurden rein elektronische Bandprüfgeräte entwickelt; hierbei wird das zu prüfende Magnetband auf einem normalen einwandfrei justierten Magnetbandtransportwerk bewegt und das Prüfgerät an einer geeigneten oder speziell dafür vorgesehenen Steckverbindung mit den Magnetköpfen verbunden [47].

7. Bandantriebe, Bandbremsen und Bandzugerzeuger

Um eine Aufzeichnung oder Wiedergabe eines Magnetbandes vornehmen zu können, ist es in geeigneter Form an dem Magnetkopf vorbeizutransportieren. Wie schon früher anhand von Abb. 14 und Abschnitt 1.5. erläutert, kommen bei der Digitalspeicherung drei grundsätzliche Bewegungsformen des Magnetbandes an den Magnetköpfen vor:

a) Kontinuierlich mit konstanter Bandgeschwindigkeit, ohne besondere Start- und Stopeigenschaften (siehe auch Band 2 und 3).

b) Kontinuierlich mit beschleunigtem Start und Stop (blockweiser Bandtransport mit unterschiedlicher Schrittlänge, jedoch konstanter Geschwindigkeit).

c) Incremental-Transport (zeichenweiser Bandtransport mit konstanter Schrittlänge).

Zur Erzeugung dieser Bandbewegungen dient eine als Bandantrieb oder Bandantriebsaggregat bezeichnete Baugruppe. Es sind bisher jedoch zwei Ausnahmen bekannt geworden; ein Gerät mit ständig rotierenden Magnetköpfen (Abb. 121) und ein Gerät, bei dem die Bandbewegung am Magnetband durch die Wickelmotore erzeugt und die Geschwindigkeit durch einen Synchronisiertakt auf dem Band bestimmt wird [48].

7.1. Einteilung der Bandantriebe

Jeder normale Bandantrieb besteht aus zwei wesentlichen Baugruppen:

1. Einrichtung zur *Ankopplung* des Magnetbandes an ein Bauelement (siehe 2), das ihm die gewünschte Geschwindigkeit v oder den Transportschritt vermittelt.

2. Einrichtung zur *Erzeugung* der gewünschten Geschwindigkeit oder der *Schrittbewegung* des Magnetbandes.

   Bei der Digital-Magnetbandtechnik ist diese Einrichtung bis auf die erwähnten Ausnahmen eine Welle, als Bandantriebswelle (Capstan) bezeichnet.
   Unter der Annahme einer schlupffreien Ankopplung des Magnetbandes an die Bandantriebswelle ist die Bandgeschwindigkeit v gleich der Umfangsgeschwindigkeit dieser Welle.

$$v \approx D_A \cdot \pi \cdot n_A \,. \tag{23}$$

Hierin ist D_A der Durchmesser der Bandantriebswelle und n_A ihre Drehzahl. Die in der Praxis üblichen Werte für D_A liegen zwischen 5 und 100 mm. Besonders weit verbreitet sind Werte um 20 mm. Bei Transportwerken mit ständig umlaufenden Bandantriebswellen erfolgt deren Antrieb über Getriebe. Ein typisches Getriebe mit zwei entgegengesetzt ständig umlaufenden Bandantriebswellen für die beiden möglichen Bandlaufrichtungen ist in

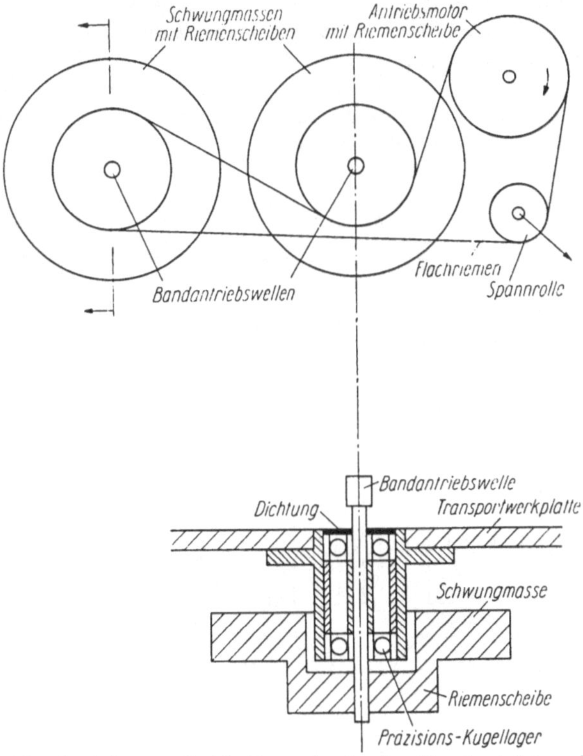

Abb. 32. Getriebe mit 2 ständig umlaufenden Bandantriebswellen

Abb. 32 schematisch dargestellt. Ausführlich sind die Getriebe in Band 5 behandelt. Die Antriebe mit schrittweise rotierenden Bandantriebswellen werden in 7.8. behandelt.

Die verschiedenen üblichen Ausführungsformen dieser beiden Baugruppen und ihre Kombinationsmöglichkeiten sind in Abb. 33 für schritttransportierende Bandgeräte der Kategorie d) und c) dargestellt. Die physikalischen Gesetzmäßigkeiten der Bandankopplungseinrichtungen sind in Band 2 ausführlich behandelt.

7.2. Bedeutung der Verlustzeiten und Gerätevarianten

Diese schritttransportierenden Bandantriebe müssen die wesentliche Forderung nach extrem kurzen Start- und Stopzeiten des Magnetbandes aus verschiedenen Gründen erfüllen:

α) Die Verlustzeit (Startzeit) zwischen Bandlaufbefehl und möglicher Datenübernahme muß kleinstmöglich sein, um die Arbeitsgeschwindigkeit einer angeschlossenen Datenverarbeitungsanlage so wenig wie möglich zu beeinträchtigen.

β) Große Verlustzeiten (Start- und Stopzeiten) bringen zwangsläufig große Verlust-Bandlängen (Start- und Stoplänge) mit sich, die für eine Speicherung nicht nutzbar sind und den Ausnutzungsgrad des Bandvorrats entscheidend beeinflussen können (Abb. 16).

γ) Bei Incremental-Speichern begrenzen die Start- und Stopzeiten die mögliche Datenübertragungsgeschwindigkeit.

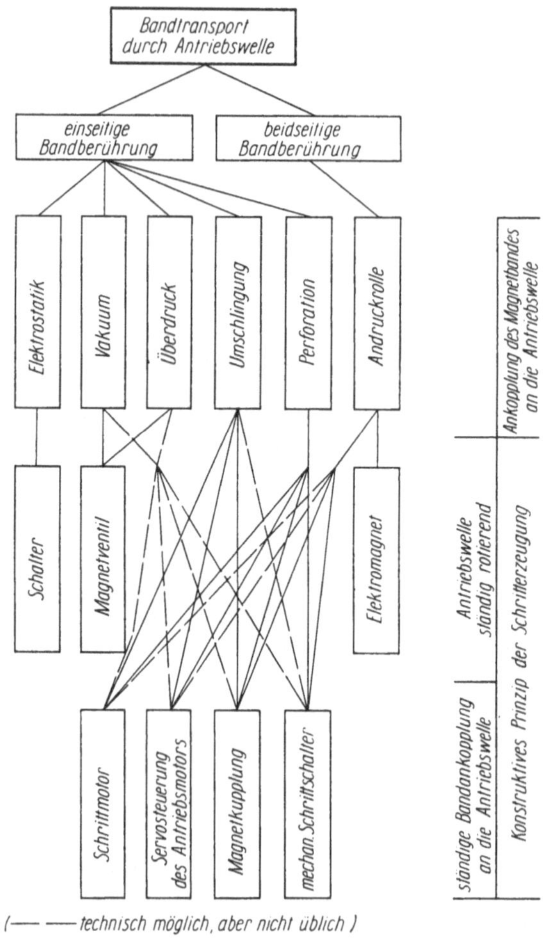

Abb. 33. Systematik der Bandantriebseinrichtungen

In vielen Fällen – insbesondere in Zusammenarbeit mit elektronischen Datenverarbeitungsanlagen – ist es zur Zeitersparnis üblich, eine Wiedergabe der aufgezeichneten Informationen in den beiden möglichen Laufrichtungen des Bandes durchführen zu können. Zu diesem Zweck haben sich zwei Varianten der Bandantriebsanordnungen eingebürgert:

α) Verwendung von zwei gleichartig aufgebauten Bandantriebsaggregaten mit entgegengesetzten Laufrichtungen links und rechts des Magnetkopfes, die wechselweise das Band antreiben können.

β) Verwendung eines Bandantriebsaggregates mit umkehrbarer Drehrichtung.

Dementsprechend ergeben sich auch zwei Varianten für die Bandzugerzeugung.

7.2.1. Zwei gleichartige Antriebsaggregate

Die Gerätevariante mit zwei gleichartig aufgebauten Bandantriebsaggregaten zeigt Abb. 34.

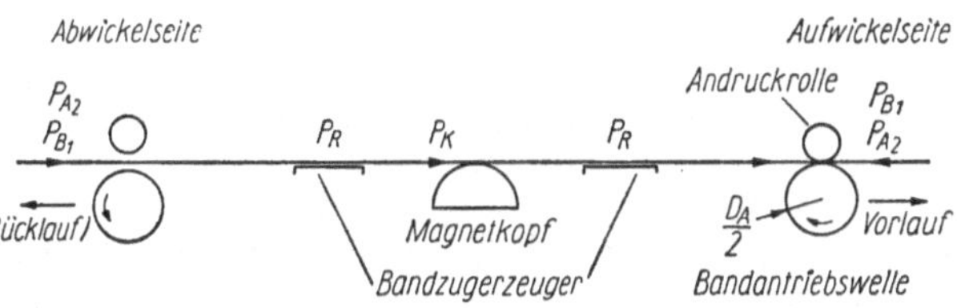

Abb. 34. Schematische Darstellung der Bandlaufanordnung mit 2 gegenläufigen Bandantrieben

Diese zum Magnetkopf symmetrisch ausführbare Variante läßt die Erzeugung des zur einwandfreien Aufzeichnung und Wiedergabe am Magnetkopf erforderlichen Bandzuges P_K durch spezielle Bandzugerzeuger P_R zu. Diese Art der Bandzugerzeugung wird besonders dann angewandt, wenn der von der Abwickelseite hervorgerufene Bandzug P_A bzw. P_B – z. B. verursacht durch die Bandpuffer – sehr undefiniert ist.

Grundsätzlich würde zur Erzeugung des erforderlichen Bandzuges P_K am Magnetkopf der in Bandlaufrichtung vor diesem angeordnete Bandzugerzeuger völlig ausreichen.

Der in Laufrichtung hinter dem Magnetkopf angeordnete Bandzugerzeuger liefert also nur eine den Bandstart negativ beeinflussende Zunahme des Bandzuges P an der Antriebswelle. Es ist jedoch sehr aufwendig und unzuverlässig, die jeweils nicht am Magnetkopf wirkenden Bandzugerzeuger auszuschalten, so daß darauf allgemein verzichtet wird. Es muß jedoch erwähnt werden, daß durch die gleichzeitige Wirkung beider Bandzugerzeuger der Stopvorgang gegenüber nur einem beschleunigt erfolgt.

Das beim konstanten Lauf des Bandes von der Antriebswelle aufzubringende Drehmoment ist annähernd

$$M_{A0} \approx \frac{D_A}{2} \cdot 2\, P_R\,, \tag{24}$$

da $P_{A1} = P_{A2}$ angenommen werden darf.

Der Bandzug am Magnetkopf ist hierbei

$$P_{K0} \approx P_R + P_A\,. \tag{25}$$

Beim Bandstart kann der Bandzug P_{A2} – u. a. durch die zu beschleunigenden Bandmassen verursacht – im ungünstigsten Fall zu Null werden. Dagegen addiert sich zu P_{A1} eine Bandzugspitze P_B mit positivem Vorzeichen. Die Entstehung von P_B ist in Kapitel 8 näher behandelt.

Damit steigt kurzzeitig das erforderliche Antriebsmoment M_A an:

$$\hat{M}_A \approx \frac{D_A}{2}(P_{A1} + P_{B1} + 2\, P_R); \tag{26}$$

dasselbe gilt auch für den Bandzug am Magnetkopf

$$\hat{P}_K \approx P_{A1} + P_{B1} + P_R\,. \tag{27}$$

Bei der entgegengesetzten Laufrichtung des Bandes treten sinngemäß die gleichen Verhältnisse auf.

7.2.2. Antriebsaggregate mit Umschaltung der Drehrichtung

Die Variante mit einem drehrichtungsumschaltbaren Antriebsaggregat zeigt schematisch Abb. 35.

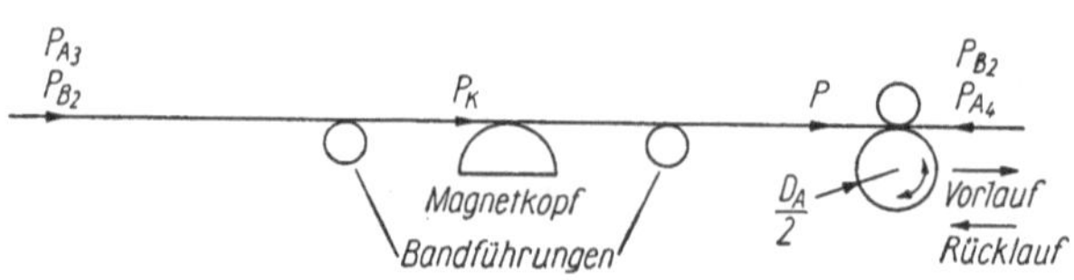

Abb. 35. Schematische Darstellung der Bandlaufanordnung mit einem drehrichtungsumschaltbaren Bandantrieb

Diese zum Magnetkopf unsymmetrische Ausführung ist nur dann anwendbar, wenn der von der Abwickelseite gelieferte Bandzug P_{A3} genügend stabil und ausreichend groß zur einwandfreien Aufzeichnung und Wiedergabe am Magnetkopf ist. Zusätzliche Bandzugerzeuger ähnlich Abb. 34 sind nicht einsetzbar, da sonst beim Lauf des Bandes in Rückwärtsrichtung unzulässig niedrige Bandzüge P und P_K entstehen könnten. Lediglich relativ geringe Bandreibungen P_V am Magnetkopf und den Bandführungen sowie geringe Beschleunigungsbandzugspitzen P_{B2} sind zulässig:

$$P_A \gg P_V + P_B\,. \tag{28}$$

Bei konstantem Bandlauf gilt das von der Antriebswelle aufzubringende Drehmoment

$$M_{A0} \approx \frac{D_A}{2} P_V \qquad \text{(Vor- und Rücklauf).} \qquad (29)$$

Beim Bandstart folgt entsprechend

$$\hat{M}_A \approx \frac{D_A}{2} (P_V + 2\, P_{B2}) \qquad \text{(Vor- und Rücklauf).} \quad (30)$$

Der Bandzug am Magnetkopf ist in allen Fällen annähernd

$$P_K \approx P_A\,.$$

7.2.3. Vergleich der beiden Verfahren

Beim Start muß die Reibungsmitnahme des Bandes an der Antriebswelle demzufolge mindestens der Summe aller Bandzüge an dieser Stelle entsprechen. Bei einem angenommenen Zug P_K von 150 p, P_{B1} von 300 p und P_{B2} von 50 p ergeben sich beispielsweise folgende mindestens erforderlichen Umfangskräfte an der Bandantriebswelle:

Ausführung nach Abb. 34: mindestens 600 p,
Ausführung nach Abb. 35: mindestens 100 p.

Diese Reibungswerte werden durch geeignete Ausführung der Bandankopplungseinrichtung erzeugt.

Das Verfahren mit einer drehrichtungsumschaltbaren Antriebswelle wird bisher nur bei Transportwerken mit aktiven pneumatischen Puffern verwendet, die gegenüber den Hebelpuffern bei einem Bandstart und -stop wesentlich geringere Bandzugspitzen P_B hervorrufen.

Eine Gegenüberstellung der Vor- und Nachteile beider grundsätzlicher Verfahren zeigt Tabelle 5. Einige charakteristische Konstruktionen (Andruckrolle, pneumatische und elektrostatische Einrichtungen usw.) werden später noch vorgestellt.

7.3. Bandbeanspruchung

Wie schon in Kapitel 5 angedeutet wurde, muß das Magnetband und insbesondere seine Magnetschicht durch geeignete konstruktive Ausführung des Transportwerkes vor übermäßigen mechanischen Beanspruchungen geschützt werden. Bei einem Schritttransport des Magnetbandes ist an der Stelle seiner Ankopplung an die Antriebswelle eine besonders hohe Beanspruchung zu erwarten. Die kleinstmögliche Beanspruchung der Magnetschicht ist nur bei einer einseitigen Bandberührung an der Trägerseite erzielbar. Trotzdem ist das Verfahren der Ankopplung durch Andruckrolle — d. h. mit beidseitiger Bandberührung — noch in sehr großem Umfang in Anwendung, da der konstruktive Aufwand relativ gering ist. Weitere Vorteile des Andruckrollenantriebes sind die, daß er gegenüber den Verfahren mit einseitiger Bandberührung keine zusätz-

Tabelle 5

Vergleich der Bandantriebsverfahren mit einer und zwei Antriebswellen

Anordnung	Vorteile	Nachteile
Zwei gleichartige Bandantriebs-aggregate	Zum Magnetkopf symmetrische Bandlaufanordnung möglich (beide Laufrichtungen gleichwertig) Anforderungen an Bandzugkonstanz der Puffer gering (Bandzug am Magnetkopf kann durch zusätzliche Bandzugerzeuger bestimmt werden). Sehr schnelle Umkehrung der Bandlaufrichtungen möglich	Gefahr der Bandbeschädigung bei gleichzeitigem Ansprechen beider Antriebsaggregate Technischer Aufwand groß Große Bandbeanspruchung bei Verwendung zusätzlicher Bandzugerzeuger (hierbei auch große Reibungsmitnahme des Bandes erforderlich)
Ein drehrichtungs-umschaltbares Bandantriebs-aggregat	Keine Gefahr der Bandbeschädigung gegenüber der Ausführung mit zwei Aggregaten Geringer technischer Aufwand Geringe Bandbeanspruchung	Bandlaufanordnung zum Magnetkopf unsymmetrisch (eine Laufrichtung geringereQualität). Forderung: $P_B \ll P_A$ (sorgfältige Auslegung der Puffer). Zeitbedarf für Laufrichtungsumkehr relativ groß

lichen Einrichtungen zur Entkopplung des Bandes von der ständig rotierenden Bandantriebswelle benötigt. Außerdem ermöglicht er einen völlig geraden Bandlauf.

7.4. Theorie der Start/Stop-Aggregate

In [49], [50] werden ausführliche mathematische Untersuchungen des Start/Stop-Problems des Magnetbandes an einer ständig rotierenden Bandantriebswelle mit verschiedenen Ankopplungsverfahren (Andruckrolle, Pneumatik) und verschiedenen Betätigungseinrichtungen (Elektromagnete) durchgeführt. Als Ergebnis wird festgestellt, daß eine Gleichung, die alle auftretenden Einflüsse berücksichtigt, praktisch nicht verwertbar ist. Die vorgeschlagene stark vereinfachte Berechnung ergibt für die praktischen Bedingungen ausreichende Genauigkeit. Charakteristisch ist, daß Start- und Stop-Vorgang in zwei Teilabschnitte unterteilbar sind:

Ansprechzeit des elektromagnetischen Systems,

Beschleunigungszeit des Bandes.

Beim Stop-Vorgang läuft im Gegensatz zum Startvorgang das Magnetband während der elektromechanischen Ansprechzeit mit unverminderter Geschwindigkeit weiter. Demzufolge unterscheidet sich das Verhalten der Momentanbandgeschwindigkeit bei diesen beiden Vorgängen grundsätzlich. Diese Verhältnisse sind in Abb. 17 für blockweisen Bandtransport graphisch dargestellt. Damit die Ansprechzeiten möglichst gering bleiben, müssen die mechanischen Hübe und die elektrischen Zeitkonstanten der elektromechanischen Aggregate so klein wie möglich ausgeführt werden. Die Hübe werden meist kleiner als

0,5 mm gewählt, während die elektrischen Zeitkonstanten der Elektromagnetsysteme vielfach durch Vorwiderstände oder künstliche Einschaltstromerhöhung reduziert werden [51], [52], [53].

7.5. Andruckrollen

Bei der Ankopplung des Magnetbandes an die Antriebswelle mit Hilfe einer Andruckrolle findet grundsätzlich eine beidseitige Bandberührung statt.

7.5.1. Eingriff der Andruckrollen

Die Ankopplung des Magnetbandes kann einmal

bei einer schritttransportierenden Bandantriebswelle *ständig* zur Vergrößerung der Reibungsmitnahme des Bandes

oder

bei einer ständig rotierenden Bandantriebswelle *zeitweise* nur zur Erzeugung des Schritttransportes

erfolgen.

Ständig angedrückte Rolle

In diesem Falle wird die Andruckrolle lediglich durch eine Feder o. ä. gegen die Antriebswelle gepreßt. Zwischen beiden befindet sich das Magnetband. Der Start und Stop des Bandes muß durch eine Drehzahl- und Drehrichtungssteuerung der Antriebswelle erfolgen. Diese Ausführung der Andruckrolle ist – abgesehen von der genauen Justage – relativ problemlos (vgl. Band 2). Bei der Paarung Antriebsrolle/Antriebswelle ist eines der beiden Elemente formstabil (Metall, Plastik) ausgeführt, während das andere üblicherweise einen Gummibelag mit einer Härte von ca. 70 bis 90 Sh-A aufweist. Bei weitem die größte Verbreitung besitzt die gummibelegte Andruckrolle.

Für eine optimale Bandmitnahme wäre eine Berührungslänge zwischen Andruckrolle und Bandantriebswelle von der doppelten Breite des Magnetbandes erforderlich [54], [55]. In der Praxis wird jedoch der ca. 1,2 bis 1,7fache Wert verwendet.

Die Antriebswellen mit Schrittverhalten werden in 7.8. ausführlich behandelt.

Zeitweilig angedrückte Rolle

Zum Bandstart muß die Andruckrolle zwei Beschleunigungen erhalten:

α) Sie muß gegen die Antriebswelle geschwenkt werden. Diese Bewegung besorgt ein ausreichend schneller Elektromagnet, dessen gesamtes bewegliches System einschließlich Andruckrolle trägheitsarm ausgeführt ist und der eine geringe elektrische Zeitkonstante aufweist.

β) Ihr muß eine Umfangsgeschwindigkeit erteilt werden, die gleich der der Bandantriebswelle ist. Vielfach wird der Andruckrolle diese Umfangsgeschwindigkeit durch Reibungsmitnahme im Moment der Berührung mit der ständig rotierenden Bandantriebswelle erteilt. Die hierbei auftretende Beschleunigungszeit ist proportional der Umfangskraft und beeinträchtigt das Bandstartverhalten. Da Drehzahl und Trägheitsmoment einer Rolle bei konstanter Umfangsgeschwindigkeit und Variation des Durchmessers entgegengesetzte Tendenzen aufweisen, läßt sich rechnerisch ein Optimum für den Durchmesser für minimale Beschleunigungszeit finden, das zwischen 10 und 15 mm liegt. Die Andruckrollen der meisten Digitaltransportwerke liegen innerhalb dieses Optimums.

Weiterhin ist es verschiedentlich üblich, die Andruckrolle auch im Stillstand des Bandes in ständiger Rotation zu halten. Dadurch tritt die vorstehend erwähnte Beeinträchtigung des Bandstartvorgangs nicht auf, da keine Umfangskraft zur Drehbeschleunigung im Startmoment aufgebracht werden muß.

Das in Abb. 108 dargestellte Transportwerk besitzt ständig rotierende Andruckrollen.

7.5.2. Einfache Ausführung eines Andrucksystems mit Arbeitsstromsteuerung

Abb. 36 zeigt die einfachste Form eines schnellen Andruckrollensystems. An einem zweiarmigen trägheitsarmen stabilen Hebel sind die Gummiandruckrolle und der Anker eines Elektromagneten angeordnet. Die Drehachse des Hebels ist beidseitig in einem Lagerbock gelagert und eine Seite davon in zwei Richtun-

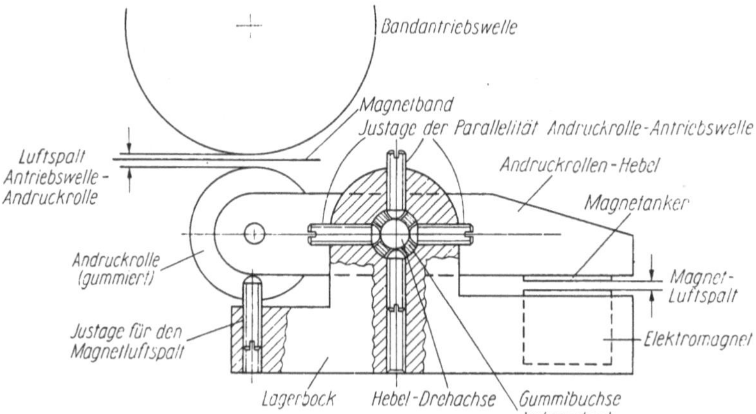

Abb. 36. Einfaches Andrucksystem mit Arbeitsstromsteuerung

gen taumelbar. Hiermit wird die Gummirolle so zur Antriebswelle eingestellt, daß ein exakter Bandlauf auftritt. Weiterhin ist an dem Lagerbock der Elektromagnet selbst befestigt, dessen Luftspalt ebenfalls einstellbar ist. Eine ausreichend dimensionierte Rückholfeder (nicht dargestellt) sorgt für ein genügend schnelles Zurückklappen der Andruckrolle nach Ausschalten des Magneten. Auch der Luftspalt zwischen Antriebswelle und Andruckrolle ist durch Verschieben der gesamten vorjustierten Andruckrolleneinrichtung einstellbar.

7.5.3. Trägheitsarmes Andrucksystem mit Arbeitsstromsteuerung

Ein verbessertes Andruckrollensystem mit der zugehörigen transistorisierten elektronischen Ansteuerschaltung ist in Abb. 37 und 38 dargestellt. Der bewegliche Teil des mechanischen Systems ist mit sehr geringem Trägheitsmoment ausgeführt, und Justagen sind weitgehend vermieden. Außerdem konnte ein relativ kräftiger Elektromagnet verwendet werden, dessen Magnetpole gleichzeitig die Stellungsfixierung der Gummirolle übernehmen. Das gesamte bewegliche System (Gummirolle, Magnetanker und Haltegabel) ist an vier Blatt-

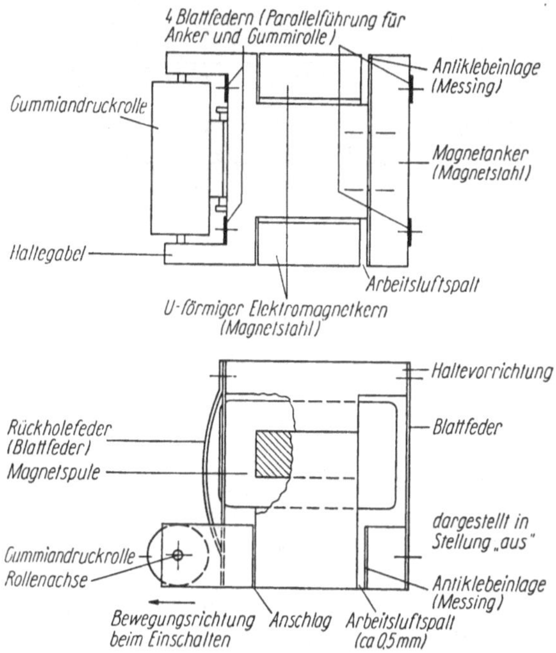

Abb. 37. Trägheitsarmes Antriebssystem mit Arbeitsstromsteuerung

federn aufgehängt, die als richtkraftarme Parallelführung wirken. Als Rückzugfeder dient eine einfach geformte kräftige Blattfeder, die gegenüber Schraubenfedern keine schädlichen Eigenresonanzen zeigt. Eine diamagnetische Einlage im Arbeitsspalt des Magneten verhindert auf bekannte Weise ein Kleben und ist eine Voraussetzung dafür, daß der Abschaltvorgang schnell verlaufen kann. Die elektrische Speisung der Magnetspule erfolgt beim Einschalten mit hohem Strom gleichzeitig über zwei parallele Transistorschalter, von denen einer nach einer fest eingestellten Zeit von wenigen ms ausschaltet und dadurch die Spule von der großen Anzugerregung auf einen geringen Haltestrom umschaltet. Mit einer Betriebsspannung von 24 V und einem Einschaltstrom von ca. 3,8 A werden Anzugs- und Abfallzeit von je ca. 2,5 ms erreicht. Der Ruhestrom liegt bei ca. 2 A.

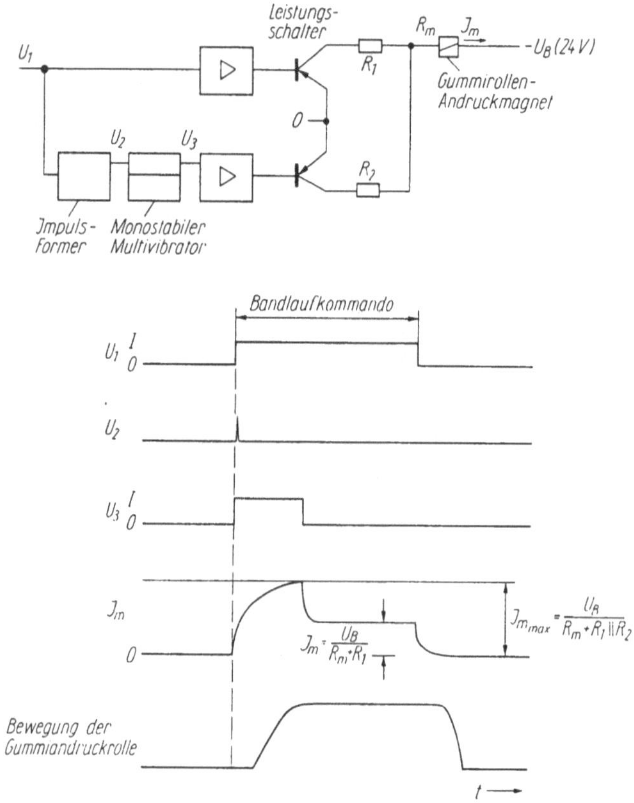

Abb. 38. Elektronische Ansteuerschaltung f. Dauerstromsteuerung, transistorisiert

In Abb. 39 ist eine als Vorgänger der Schaltung Abb. 38 aufzufassende Thyratron-bestückte Ansteuerschaltung für das Magnetsystem Abb. 37 dargestellt. Durch die Anfangsflanke des Bandlaufkommandos (beispielsweise ,,Vorlauf") wird das Thyratron *Rö 1* gezündet, wodurch der Andruckmagnet für Vorlauf einschließlich seines Vorwiderstandes an die Betriebsspannung von ca. 450 V gelegt wird. Der an der Verbindungsstelle zwischen Magnet und Vorwiderstand liegende Kondensator erzeugt eine kurzzeitige Stromspitze beim Einschalten. Nach Abschluß der Kondensator-Entladung (einige Millisekunden) bestimmt der Vorwiderstand den Ruhestrom. Das Thyratron *Rö 1* kann durch Einschalten der Bandbremsmagnete mittels *Rö 2* über den Koppelkondensator zwischen den Anoden der beiden Thyratrons gelöscht werden, der eine kurzzeitige negative Anodenspannungsspitze am zu löschenden Thyratron erzeugt. Eine gleiche Wirkung tritt beim Schließen des *rs*-Kontaktes ein, der bei Einschaltung des Schnellaufes geschlossen wird. Die Ansteuerschaltung für den Rücklaufmagneten ist gleichartig aufgebaut. Als Magneten zur Bandbremsung können z. B. die Andruckeinrichtungen nach Abb. 37 unverändert verwendet werden. Ihre

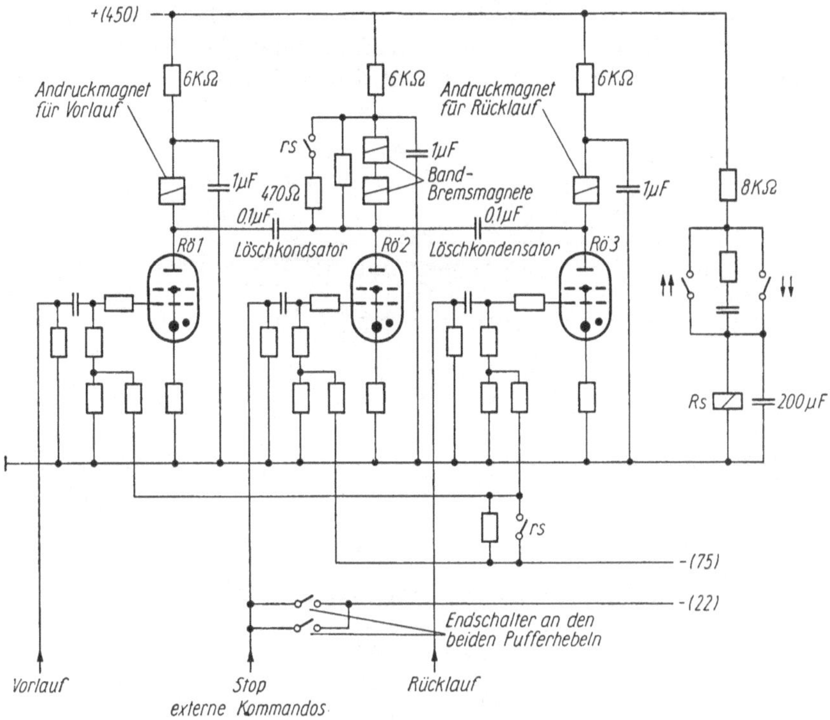

Abb. 39. Elektronische Ansteuerschaltung f. Dauerstromsteuerung, thyratronbestückt

Gummirollen pressen das Magnetband hierzu selbstverständlich gegen stillstehende Bremsklötze.

7.5.4. Andrucksystem mit Impulsstromsteuerung und Bandbremse

In Abb. 40 ist ein Andruckrollensystem dargestellt, das ein Magnetsystem verwendet, das einem polarisierten Relais ähnelt. Am Ende einer Drehachse ist der Anker in Form einer Blattfeder aus magnetisierbarem Material zwischen zwei Permanentmagneten angeordnet. Der durch den Anker verlaufende Magnetfluß ist bestrebt, den Anker in einer der beiden möglichen Lagen permanent festzuhalten. Zwei um den Anker herumgelegten Formspulen (für jede der beiden möglichen Ankerstellungen eine) können mittels kurzer ausreichender Stromstöße den Anker sättigen und so seine Verdrehung bewirken. An dem einen Schenkel des zweiarmigen Hebels ist die Gummirolle angeordnet. Durch Verdrehen der Hebeldrehachse wird sie an die Antriebswelle angedrückt. Am anderen Hebelende befindet sich die Bremsmasse. Sie ist auf einer Blattfeder angebracht und kann das Magnetband gegen die justierbare Bremssäule drücken.

Dies erfolgt nach jedem Ausschaltvorgang der Gummiandruckrolle. Infolge ihrer Masse schwingt sie über die Ruhelage hinaus und klemmt so kurzzeitig das Magnetband fest. Dadurch wird der Stop des Bandes beschleunigt. Anschließend federt diese Masse durch die Wirkung ihrer Haltefeder wieder in die gezeichnete Ruhelage zurück, d. h., sie legt sich an den Hebel an. Die Ansteue-

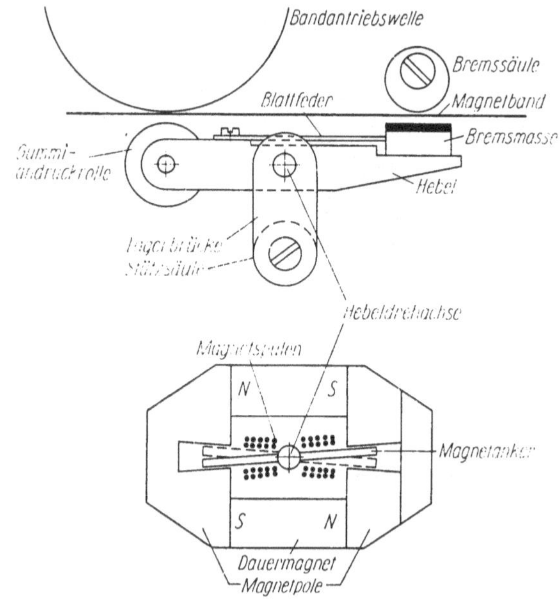

Abb. 40. Andrucksystem mit Impulsstromsteuerung

rung der beiden Magnetspulen erfolgt durch eine Thyratronschaltung (Abb. 41). Durch die Anfangsflanke des Vorlaufsteuersignals wird über den Impulsübertrager am Gitter des „Ein"-Thyratrons *Rö 1* ein positiver Steuerimpuls erzeugt, der das Thyratron zündet. Diese Wirkung kann auch durch einen direkt dem Gitter zugeführten Impuls — z. B. von einer Handsteuerung — erzielt werden. In beiden Fällen wird der auf ca. 500 V Gleichspannung aufgeladene Speicherkondensator über die Magnetspule entladen. Durch den Differenzierkondensator am Gitter des Thyratron *Rö 3* der Verzögerungsschaltung wird verhindert, daß schon während der Entleerung des Speicherkondensators das Stromversorgungsteil über *Rö 3* vorzeitig an den Speicherkondensator geschaltet wird; dadurch würde eine Bedämpfung der Entladestromspitze auftreten. Wenn der Magnetanker anschlägt, wird in der Magnetspule eine negative Spannungsspitze induziert, die das Thyratron *Rö 1* löscht. Annähernd zur gleichen Zeit hat sich die Sperrspannung am Gitter von *Rö 3* soweit verringert, daß das Thyratron zünden und den Speicherkondensator wieder aufladen kann. Durch den Ladestromverlauf in der Löschinduktivität an der Anode von *Rö 3* wird am Ende des Ladevorganges ein kurzzeitiger negativer Anodenspannungsstoß erzeugt, der das Thyratron *Rö 3* löscht und damit den Ladevorgang beendet.

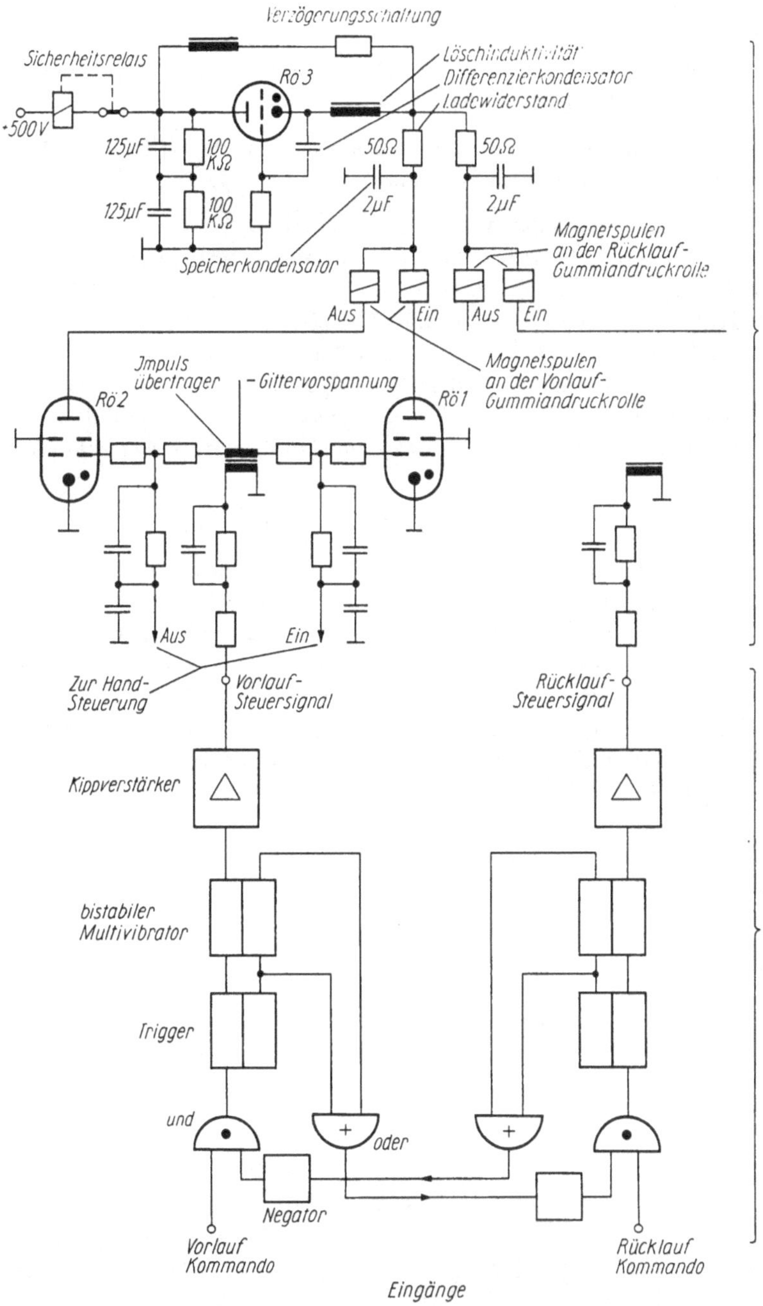

Abb. 41. Elektronische Impulsstrom-Ansteuerschaltung

Um die Gummiandruckrolle wieder auszuschalten, wird von der Endflanke des Vorlauf-Steuersignals (Stop-Kommando) ein positiver Steuerimpuls am Thyratron vom Impulsübertrager erzeugt, wodurch sinngemäß die gleichen Vorgänge, wie bei der Einschaltung beschrieben, ablaufen.

Folgende wesentlichen technischen Daten weist eine derartige Einrichtung auf (bezogen auf den Beginn des Kommandos):

maximaler Spulenstrom 3 A nach 0,4 ms,
nach 200 bis 250 μs ist Sättigung des Magnetankers erreicht,
Zeitdauer der Ankerbewegung ca. 800 μs bis zum Anschlag,
Hub des Magnetankers an den Polspitzen ca. 0,1 mm,
Entladestrom nach ca. 1,2 ms auf Null abgefallen (gleichzeitig Beginn des Ladevorganges). (Ladezeit des Speicherkondensators ca. 160 μs),
maximaler Ladestrom des Speicherkondensators ca. 8,5 A,
nach ca. 1,4 ms Ladung des Speicherkondensators abgeschlossen.

7.5.5. Anordnung mit Dauerstromsteuerung

In Abb. 42 und 42a ist ebenfalls eine Gummiandruckrolleneinrichtung mit zweispuligem Antriebsmagneten gezeigt, bei der jedoch im Gegensatz zu vorstehend beschriebenen Einrichtungen eine Dauerstromsteuerung erfolgt. Der Magnetanker besitzt zwei Endstellungen, in denen er durch das Magnetfeld des zugehörigen Elektromagneten gehalten wird. Hierdurch wird ebenfalls eine Rückholefeder unnötig, und es verringert sich der Kraftbedarf für das Anschwenken der Gummirolle an die Bandantriebswelle gegenüber den Ausführungen in Abb. 36 und 37.

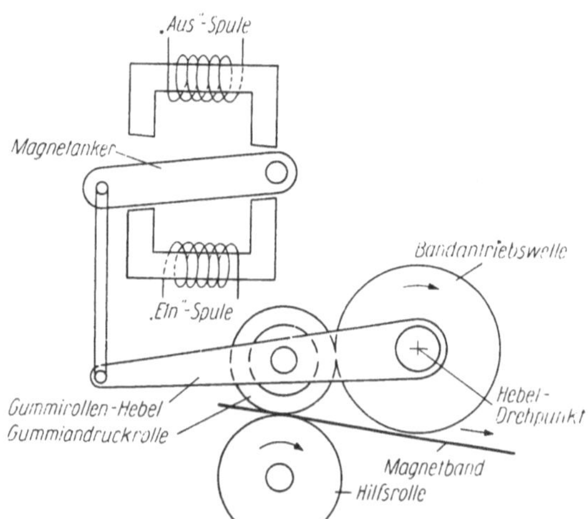

Abb. 42. Andrucksystem mit zweispuliger Dauerstromsteuerung

Die Ansteuerschaltung Abb. 42a für diese Magnetausführung besteht aus einem bistabilen Multivibrator mit zwei den beiden Ausgängen nachgeschalteten Transistor-Leistungsschaltern, die die beiden Magnetspulen speisen. Der Multivibrator gewährleistet, daß jeweils nur einer der beiden Leistungsschalter angesteuert ist. Die Ansteuerung des einen Multivibratoreinganges erfolgt vom Band-

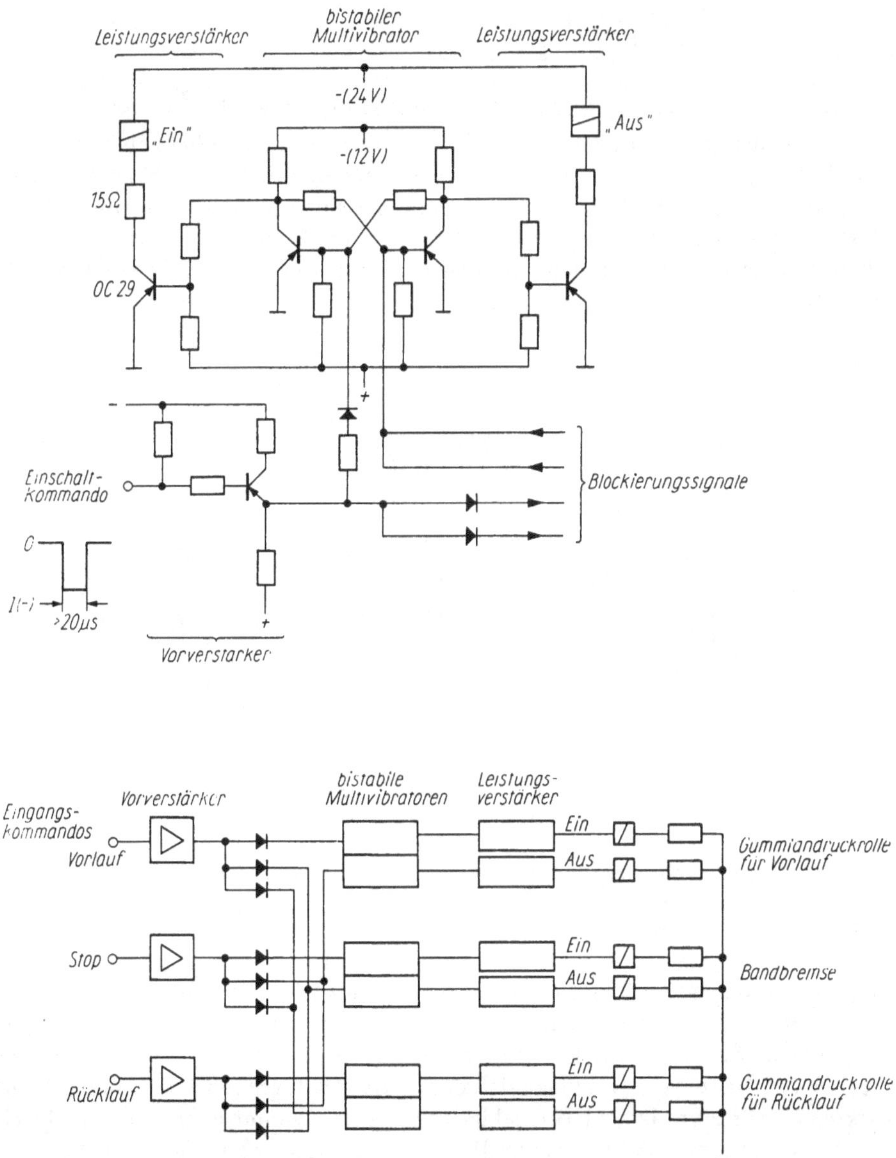

Abb. 42a. Elektronische Ansteuerschaltung (Gegentakt)

laufkommando (Impuls- oder Dauersignal), während der andere Multivibratoreingang dann das Ausschaltkommando erhält, wenn ein Bandlaufkommando in die andere Laufrichtung oder das Stop-Kommando erscheint.

Die Gummiandruckrolle wird bei dieser Konstruktion zwischen die Bandantriebswelle und eine Hilfsrolle gedrückt und durch die Rotation dieser beiden festgekeilt, wodurch eine besonders gute Bandmitnahme erfolgen soll [56].

Zum Lösen der Andruckrolle sind jedoch gegenüber den üblichen Ausführungen Abb. 36 und 37 höhere Kräfte nötig.

7.5.6. Anordnung mit Dauerstromsteuerung und Bandbremse

Das Andrucksystem Bild 43 weist als Besonderheit die Möglichkeit auf, durch elektrische Speisung einer von drei voneinander unabhängigen Magnetspulengruppen drei stabile Stellungen einer Gummiandruckrolle hervorzurufen. Hierzu ist ein weichmagnetischer Magnetanker an einem Ende eines im Prinzip wohlbekannten zweiarmigen Hebels um eine in seiner annähernden Mitte angeordneten Drehachse kippbar befestigt.

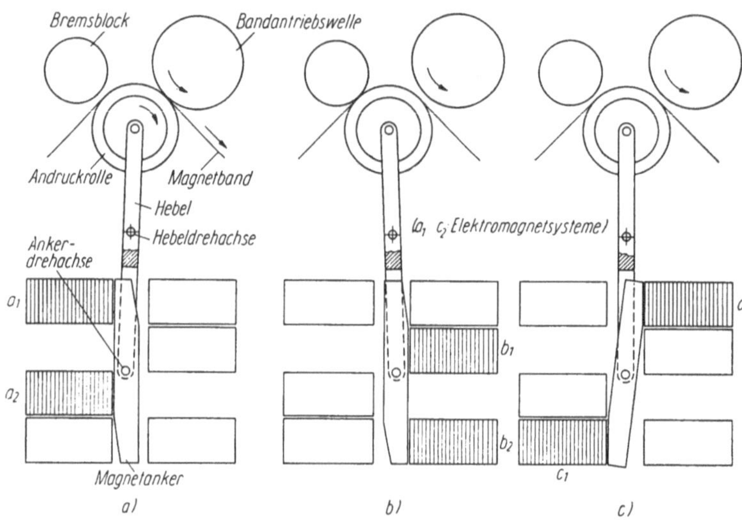

Abb. 43. Andrucksystem mit Dauerstromsteuerung und Bandbremse

Bei Speisung der Magnetspulen a legt sich dieser Anker plan gegen die zugehörigen Magnetpole an, wodurch die am anderen Ende des Hebels angebrachte Gummirolle das Magnetband an die bereits rotierende Bandantriebswelle preßt und damit das Band startet (Bild 43a). Wird die elektrische Speisung von Spulengruppe a auf b umgeschaltet, bewegt sich der Anker parallel in Richtung der zugehörigen Magnetpole und legt sich daran an. Dadurch wird das Magnetband zwischen Andruckrolle und Bremsblock fest eingeklemmt gehalten, was durch eine Umschlingung des Bandes um die Andruckrolle von annähernd 90° ermöglicht wird (Bild 43b). Um das Band einlegen zu können und auch einen von der

Bandantriebswelle unabhängigen Lauf zu ermöglichen (z. B. Schnellauf oder Lauf in die Gegenrichtung), wird die Magnetspulengruppe d allein gespeist, wodurch sich der Anker in die im Bild 43c dargestellte Diagonale bewegt. Dabei nimmt die Gummirolle eine definierte Mittelstellung zwischen a und b ein. Das Magnetband berührt hierbei weder die Antriebswelle noch den Bremsblock; es läßt sich unabhängig von diesen beiden Elementen bewegen, wobei die Andruckrolle lediglich als Umlenkrolle fungiert.

7.6. Pneumatische Antriebssysteme

7.6.1 Vakuum-Antriebsaggregat mit einseitiger Bandberührung

In Abb. 44 ist ein schnellschaltendes Vakuum-Antriebssystem dargestellt [35]. Die am Umfang perforierte hülsenförmige und ständig rotierende Antriebswelle umschließt einen stillstehenden Ventilkörper, der am Rand ein kolbenförmiges Ventil trägt (Länge ca. 25 mm, Durchmesser ca. 8,3 mm). Der Ventilkolben

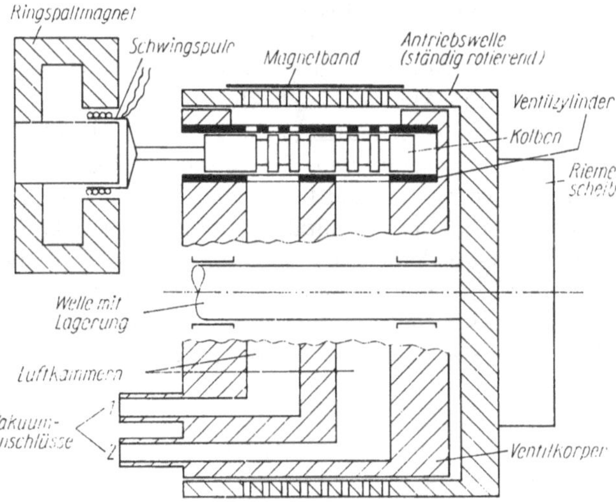

Abb. 44. Vakuum-Antriebsaggregat mit Kolbenventil

wird durch einen polarisierten Elektromagneten — ähnlich einem permanentdynamischen Lautsprecher — um ca. 1,6 mm bewegt. In der einen Kolbenstellung ist das am Anschluß *1* stehende Vakuum über mehrere zur Verringerung des Luftwiderstandes parallele Kanäle im Ventil in die vom Band abgedeckten Bohrungen der Antriebswelle geleitet, so daß die Bandmitnahme erfolgt. In der zweiten Kolbenstellung (in Abb. 44 dargestellt) ist der Vakuumanschluß *1* durch den Ventilkolben geschlossen und das Band an Vakuumanschluß *2* geschaltet. Gemäß [35] ist an Anschluß *2* ein gegenüber *1* geringeres

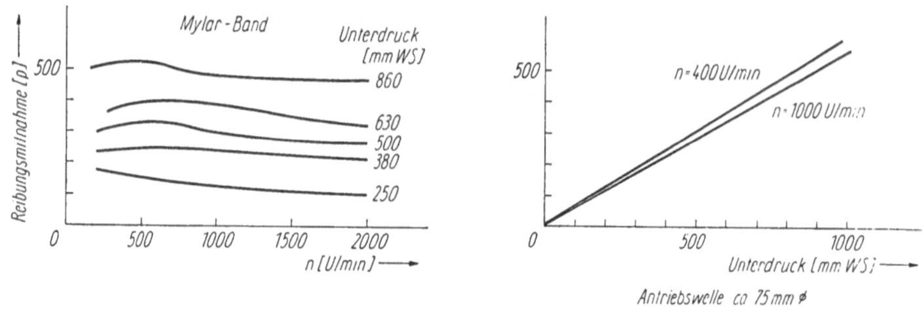

Abb. 45. Kennlinien des Vakuum- Antriebsaggregats gemäß Abb. 44

Vakuum vorhanden, wodurch an dieser Bandantriebswelle bei Bandstillstand und beim Lauf in die entgegengesetzte Richtung der am Magnetkopf erforderliche Bandzug erzeugt wird.

Prinzipiell ist es jedoch auch möglich,an Anschluß *2* einen Überdruck aufrechtzuerhalten, der in der entsprechenden Stellung des Ventils ein Luftpolster zwischen Magnetband und Antriebswelle erzeugt und dadurch das Band völlig von der Antriebswelle trennt.

Die Kennlinien einer derartigen pneumatischen Einrichtung als Antrieb und Bandzugerzeuger sind in Abb. 45 dargestellt.

Die zugehörige Magnet-Ansteuerschaltung zeigt Abb. 46. Zwei in Serie geschaltete Leistungstransistoren sind abwechselnd durchgesteuert und erzeugen dadurch die zur Bewegung des Ventilkolbens erforderliche elektrische Umpolung der Magnetspule. Der zweite Anschluß der Spule ist an einen festen Spannungsteiler *R 1* und *R 2* angeschlossen, der den Ruhestrom von ca. 0,5 A erzeugt. Ein zum Widerstand *R 2* parallel liegender Kondensator *C* verursacht im Moment des Umpolens einen kurzzeitigen Stromimpuls von ca. 3,5 A. Die Zeitdauer der Kolbenbewegung von einer Endstellung in die andere beträgt ca. 2 ms.

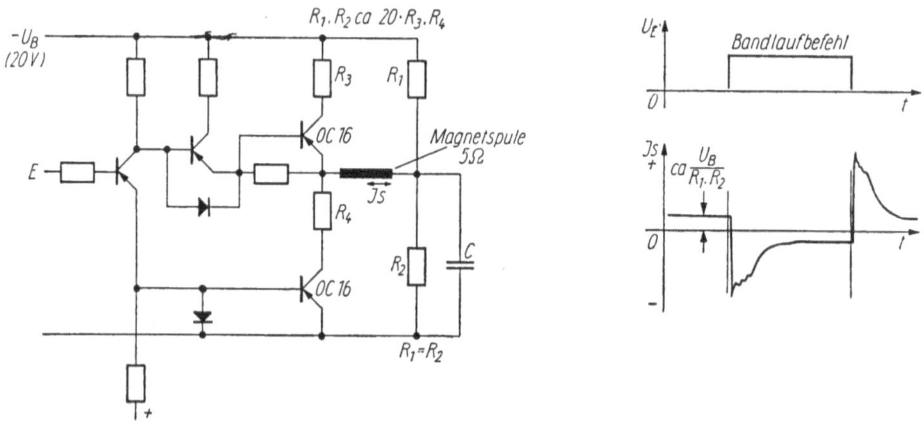

Abb. 46. Elektronische Ansteuerschaltung für zwei Stromrichtungen

Die Luftkammern im Ventilkörper dienen zur Verringerung des dynamischen Innenwiderstandes der Luftversorgung.

7.6.2. Verbessertes Vakuum-Aggregat

Eine neuere pneumatische Antriebseinrichtung [57] zeigt Abb. 47. Hierbei ist die Masse der bewegten Teile des Ventils auf ein Minimum – eine Stahlscheibe von ca. 25 mm Durchmesser und 0,6 mm Dicke – reduziert. Außerdem konnten pneumatische Nebenschlüsse durch eine Graphitdichtung weitgehend beseitigt werden.

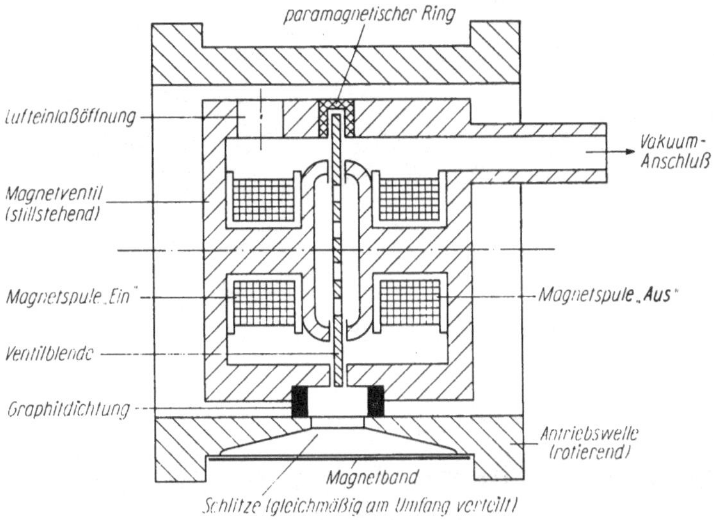

Abb. 47. Vakuum-Antriebsaggregat mit Scheibenventil

In der „Aus"-Stellung schließt die Blende das Ventil derart, daß der Unterdruck im Ventilinneren aufrechterhalten bleibt, ohne mit dem um die ständig rotierende Antriebswelle herumgelegten Magnetband in Berührung zu kommen. Zum Ankoppeln des Magnetbandes an diese Welle wird der Strom in der „Aus"-Spule unterbrochen und die „Ein"-Spule erregt. (Die Ansteuerschaltung hierfür ist ähnlich Abb. 42a.) Dadurch bewegt sich die Blende um ca. 0,12 mm, deckt das Ventil nach außen ab, und der Unterdruck breitet sich durch die Öffnung der Graphitdichtung und die Schlitze bis unter das Band aus. Nach Zurückschalten in den „Aus"-Zustand dringt wieder Luft atmosphärischen Druckes in die Öffnung der Graphitdichtung und unter das Band.

Mit dieser Einrichtung werden Bewegungszeiten von 1 bis 1,5 ms mit Einschaltströmen von 8 A (Dauer 1 ms) an 60 Windungen erreicht. Der Ruhestrom liegt bei 0,75 A. Es sind dabei bis 200 Schritte pro Sekunde möglich.

Die Kennlinien eines derartigen pneumatischen Bandantriebes sind in Abb. 48 angegeben.

7.6.3. Antriebsaggregat mit Überdruck

Die vorstehend erwähnten pneumatischen Bandantriebe arbeiten ausnahmslos mit Unterdruck. Nachfolgend wird eine Ausführung beschrieben, die einen Überdruck zur Ankopplung des Bandes an die Bandantriebswelle verwendet [58], [59].

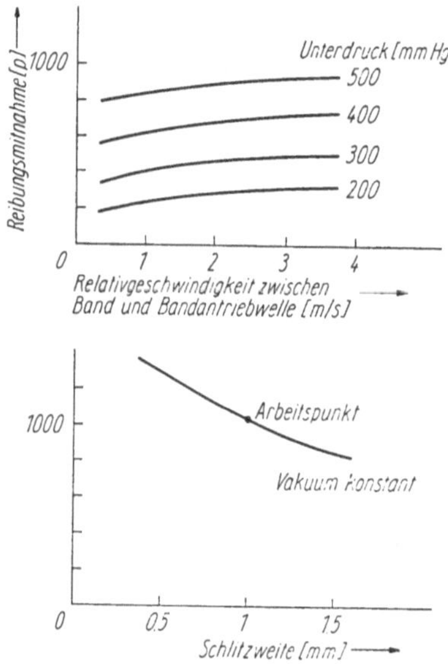

Abb. 48. Kennlinien des Vakuum-Antriebsaggregats gemäß Abb. 47

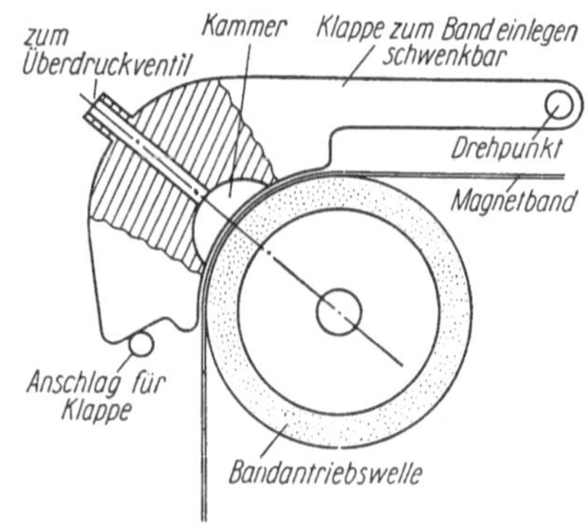

Abb. 49. Überdruck-Antriebsaggregat

Gemäß Abb. 49 umschlingt das Magnetband wie üblich eine Bandantriebswelle. Auf Grund physikalischer Gesetze bildet sich bei Rotation einer glatten Welle unter einem Magnetband ein Luftpolster zwischen beiden, das eine ausreichende Reibungsmitnahme verhindert. Aus diesem Grunde wird in der über dem Magnetband angeordneten Kammer ein Überdruck erzeugt, der das Band kräftig gegen die Antriebswelle preßt. Um die Luftverluste gering zu halten, muß die Abdeckung dieser Kammer gegen das Band großflächig und eng ausgeführt werden, ohne jedoch das Band zu berühren. Ein weiteres Mittel zur Reduzierung des schädlichen Luftpolsters unter dem Magnetband ist durch poröse Ausführung der Bandantriebswelle möglich. Zum Stop des Bandes wird der Überdruck von der Kammer in die Bandantriebswelle umgeschaltet; dadurch hebt sich das Band von der Welle ab und legt sich gegen die Kammerwände. Selbstverständlich sind die Anforderungen an die hier zu benutzenden Magnetventile die gleichen wie beim Unterdruckantrieb.

7.7. Elektrostatisches Antriebssystem mit einseitiger Bandberührung

Eine elektrostatische Ankopplung des Magnetbandes an die Bandantriebswelle zeigt Abb. 50 [60], [61].

Eine runde Bandantriebswelle ist am Umfang in gleichmäßigen Winkelabständen mit Elektroden besetzt, die der Reihe nach über Schleifringe und einen Schalter mit einer dreiphasigen Wechselspannungswelle verbunden sind. Als Mantel ist um die gesamte Elektrodenanordnung eine dünne Isolierung gelegt. Durch die Wechselspannungsspeisung der Elektroden bildet sich am Umfang ein dreiphasiges elektrisches Feld aus, das mit der Frequenz der Speisespannung umläuft. Wird gleichzeitig die Antriebswelle in entgegengesetzter Richtung von

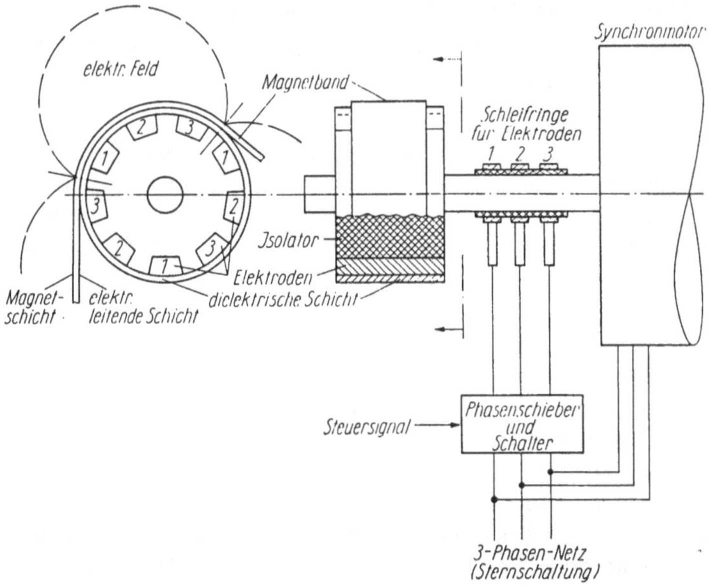

Abb. 50. Elektrostatisches Antriebsaggregat

einem aus der gleichen Speisespannung betriebenen Synchronmotor angetrieben, so steht das elektrische Feld still. Ein diese Antriebswelle umschlingendes elektrisch leitendes Magnetband bildet mit den Elektroden Kondensatoren, deren Beläge sich auf Grund des elektrischen Feldes anziehen, wodurch das Band auf der Isolierschicht der Bandantriebswelle haftet und mitgenommen wird. Die Stellen, an denen das Magnetband die Welle tangiert, müssen in den Nullstellen des elektrischen Feldes liegen. Mit Hilfe des Phasenschiebers können die Nullstellen gemeinsam um einen geringen Betrag verdreht werden, um sie in Übereinstimmung mit dem Magnetband zu bringen, sofern der Umschlingungswinkel 120 oder 240° beträgt. Zum Stop des Bandes wird das elektrische Feld durch einen elektronischen Schalter ausgeschaltet und unter das Band evtl. ein Luftfilm gebracht, was jedoch in Abb. 50 nicht dargestellt ist.

Ein praktischer Einsatz dieses interessanten Verfahrens ist jedoch bisher noch nicht bekannt geworden.

7.8. Antriebswellen mit Schrittverhalten

Die nachfolgend beschriebenen Bandantriebsaggregate sind im Gegensatz zu den vorstehend aufgeführten dadurch charakterisiert, daß ihre Bandantriebswellen selbst die zum Transport des Bandes erforderlichen *Dreh-Winkel-Schritte* ausführen. Die hierbei verwendeten Prinzipien der Ankopplung des Bandes werden in Abb. 33 aufgeführt.

Je nach Art des Bandtransportes (Block- oder zeichenweiser Transport) unterscheiden sich diese Einrichtungen:

α) Für *blockweisen* Transport (insbesondere mit unterschiedlichen Blocklängen) werden Einrichtungen verwendet, bei denen die Bandantriebswelle während eines Bandlaufkommandos rotiert.

β) Für *zeichenweisen* Bandtransport kommen Einrichtungen zum Einsatz, bei denen durch jedes Bandlaufkommando (unabhängig von seiner Länge) ein einziger Drehschritt der Bandantriebswelle über einen bestimmten Winkel und damit ein einziger Transportschritt des Magnetbandes mit definierter und gerätetypischer Länge erzeugt wird.

7.8.1. Aggregate für variable Schrittlängen

Abb. 51a zeigt eine ältere Ausführung [62], bei der die unkonstanten Schrittlängen durch Winkelschritte der Bandantriebswelle erzeugt werden. An der Motorwelle ist dazu ein axial verschiebbarer Mitnehmer angebracht, dessen verschiebbares Teil aus einem rotationssymmetrischen Magnetanker *1* und einem Kupplungsteller mit stirnseitigem Reibbelag besteht. Die Mitnehmereinrichtung wird durch eine Druckfeder gespreizt, so daß sich der Reibbelag des Kupplungstellers leicht gegen eine Mitnehmerscheibe legt. Diese Mitnehmerscheibe besitzt ein geringes Trägheitsmoment und ist an einer Welle befestigt, an deren anderem Ende die Bandantriebswelle angebracht ist (in diesem speziellen Fall wird die Bandankupplung durch große Umschlingung erzeugt, wozu der Umfang der Bandantriebswelle mit Kork belegt ist). Die Welle selbst ist durch eine geeignete Lagerung gegen axiales Verschieben gesichert. Durch den Motor angetrieben, rotieren Magnetanker *1* und Teller *1* ständig. In geringem Abstand zum Magnetanker ist ein konzentrischer stillstehender Elektromagnet angeordnet. Wird die Kupplungsmagnetspule *1* eingeschaltet, so tritt eine die Wirkung der Feder unterstützende axiale Kraftwirkung zwischen Reibbelag von Teller *1* und Mitnehmerscheibe auf, wodurch die Mitnehmerscheibe die gleiche Drehzahl wie der Teller *1* mit großem Drehmoment erhält. Auf der linken Seite der Mitnehmerscheibe ist spiegelbildlich ein gleiches System, bestehend aus Mitnahmeeinrichtung, Feder, Magnetanker mit Teller *2* und Reibbelag sowie Magnetspule angeordnet. Dieses System ist jedoch stillstehend und dient als Bremse.

Durch Erregen der Bremsmagnetspule *2* wird der Andruck des Tellers *2* gegen die Mitnehmerscheibe so verstärkt, daß sie kräftig abgebremst wird. Charak-

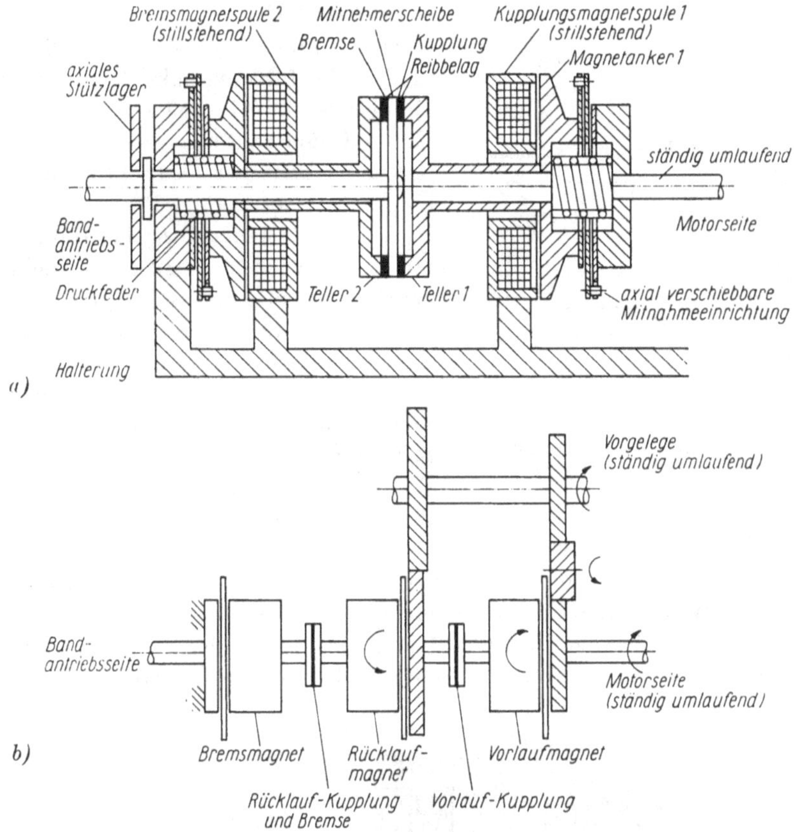

Abb. 51. Antriebsaggregat mit Magnetkupplungen

teristisch für dieses Kupplungs-Brems-System ist die Tatsache, daß bei der Betätigung der Elektromagnete nur extrem geringe mechanische Hübe auftreten, da beide Teller über ihre Reibbeläge — bedingt durch die Druckfeder — ständig mit der Mitnehmerscheibe in Berührung sind. Die beiden Elektromagnete müssen wechselseitig gespeist werden, z. B. durch Schaltungen ähnlich Abb. 39 in sinngemäßer Anordnung oder nach Abb. 42a.

Abb. 52 zeigt den Stromverlauf in der Kupplungsmagnetspule und das Verhalten der Momentanbandgeschwindigkeit bei einem Bandstart.

Die erläuterte Kupplungs-Bremseinrichtung ermöglicht nur den Bandlauf in eine Richtung. Ein Bandlauf in die andere Richtung ist nur durch Umpolen des Antriebsmotors möglich, was eine erhebliche Zeit von einigen Sekunden in Anspruch nehmen kann. Eine schnelle Drehrichtungsumkehr (innerhalb einiger ms) kann durch eine Anordnung von drei Kupplungseinrichtungen gemäß Schema Abb. 51b erzielt werden.

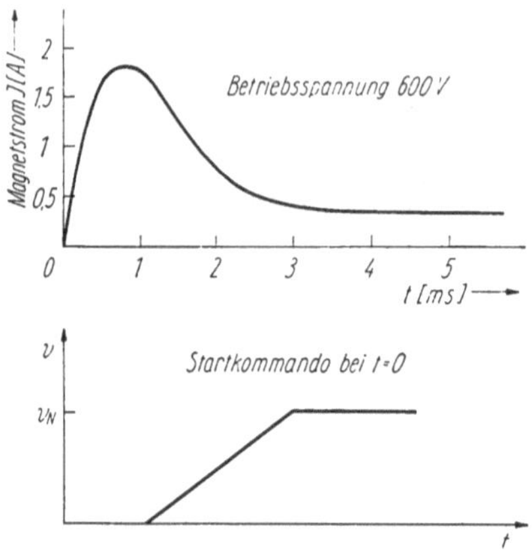

Abb. 52. Kennlinien des Antriebsaggregates gemäß Bild 51

Einfaches System

Eine ähnliche, jedoch wesentlich einfachere Ausführung mit Kupplung und Bremse ist in Abb. 53 dargestellt [63]. Ein mit konstanter Drehzahl umlaufender konzentrischer (Kupplungs)Elektromagnet ist an seinen Polen mit einem Reibbelag versehen, an den durch eine leichte Druckfeder eine Mitnehmerscheibe angedrückt ist. Spiegelbildlich dazu ist als Bremse ein zweites derartiges System angeordnet, jedoch mit stillstehendem Elektromagnet. Die beiden Mitnehmerscheiben sind leicht axial beweglich und verdrehungssicher auf einer Welle angebracht, an deren Ende sich die Bandantriebswelle befindet. (Hier wird eine Bandantriebswelle mit Gummibelag verwendet, an die das Band durch eine federvorgespannte Metall-Andruckrolle ständig angekoppelt ist [64].) Durch wechselweises Speisen der beiden Elektromagnete findet eine Ankopplung der Bandantriebswelle an den umlaufenden oder an den stillstehenden Magneten bei extrem geringen mechanischen Hüben statt. Die Speisung der Magnete erfolgt mit 1 A Dauerstrom bei einer Verlustleistung in jeder Spule von ca. 1,2 W. Es wird eine Startzeit des Bandes von ca. 1,5 ms bei einer Endgeschwindigkeit von 250 cm/s erreicht. Bis 200 Bandschritte pro Sekunde können erzeugt werden.

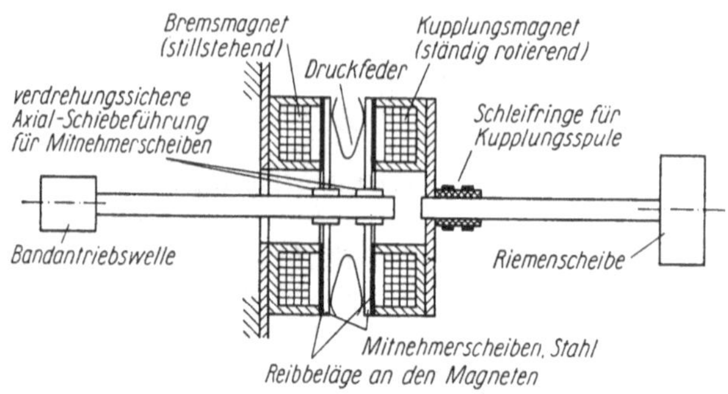

Abb. 53. Einfaches Antriebsaggregat mit Magnetkupplungen

Anordnung mit trägheitsarmem Motor

Eine weitere grundsätzliche, als Servo-Steuerung bezeichnete Möglichkeit der Erzeugung unterschiedlich langer Transportschritte ist im Prinzip in Abb. 54

schematisch dargestellt. Hierbei werden im Gegensatz zu den Bandantriebsverfahren mit aus dem Stromversorgungsnetz direkt gespeisten Antriebsmotoren alle aus Toleranzen der Stromversorgung (Spannung, Frequenz) herrührenden Bandgeschwindigkeitsabweichungen vermieden. Ein mit der Bandantriebswelle im allgemeinen direkt gekuppelter Motor mit extrem geringem Trägheitsmoment — z. B. mit gedrucktem Läufer [65], [66] — ist dazu mit einem Tachogenerator gekuppelt, der ein der Drehzahl proportionales Signal (Spannung oder Frequenz) abgibt. Eingeschaltet wird der Motor durch das Bandlaufkommando über einen Leistungsverstärker. Das Ausgangssignal des Tachometers wird einer Vergleichsschaltung zugeführt, die aus der Differenz zu einem fest vorgegebenen Referenzsignal (Spannung oder Frequenz) ein Fehlersignal erzeugt, das den Verstärkungsfaktor des Leistungsverstärkers rückführend beeinflußt. Teilweise werden auch elektromechanische Zusatzbremsen verwendet, die in Abhängigkeit vom Fehlersignal arbeiten. Ein Vorteil dieses Verfahrens ist, daß die Bandbeschleunigungen beim Start und Stop durch elektrische Mittel im Rückführungskreis so beeinflußt werden können, daß eine größtmögliche Bandschonung auftritt. Auch eine schnelle Umkehrung der Bandlaufrichtung ist bei geeigneter Ausführung eines derartigen Servo-Systems möglich.

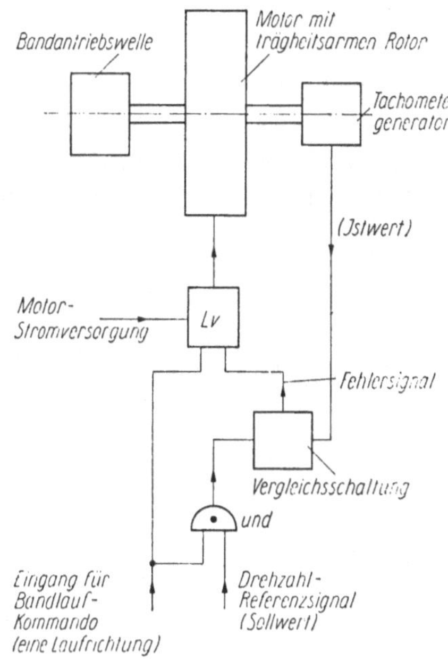

Abb. 54. Servosteuerung des Antriebsaggregates

7.8.2. Aggregate für konstante Schrittlängen

Malteserkreuz-Schalteinrichtung

Die in Abb. 55 dargestellte Malteserkreuz-Schalteinrichtung ist in der Kinotechnik [67] zum schrittweisen Weitertransport des Kinofilmes weit verbreitet und wird auch in der digitalen Magnetbandtechnik vereinzelt verwendet [68]. Durch eine volle Umdrehung der Sperrscheibe mit dem damit gekoppelten Antriebsstift wird das Malteserkreuz mit der daran befestigten Schaltwelle exakt um einen vollen Teilungswinkel weitertransportiert und anschließend in der neuen Stellung fixiert. Charakteristisch ist, daß der Weitertransport eines an die Schaltwelle (z. B. über eine Bandantriebswelle) angekoppelten Magnetbandes in einem weiten Bereich unabhängig von der Ruhestellung des Antriebsstiftes ist. Diese Einrichtung ist für höhere Schrittfrequenzen (z. B. über 50 pro Sekunde) kaum geeignet.

Elektromechanischer Schritthalter

Abb. 56 zeigt einen durch elektrischeImpulse in beiden Drehrichtungen steuerbaren mechanischen Schrittschalter [69] einfachster Bauart.

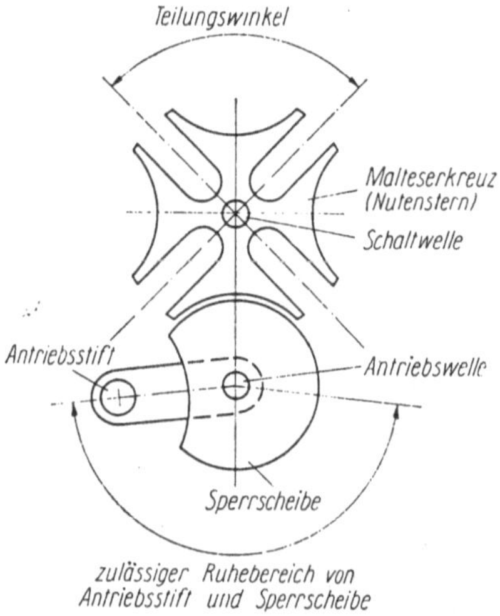

Abb. 55. Malteserkreuz-Schalteinrichtung

An einem Schaltrad mit geeignet geformter Verzahnung sind spiegelbildlich zwei Elektromagnete mit Schaltfedern angeordnet. Bei impulsweiser Erregung eines der beiden Magneten wird seine Schaltfeder und das Schaltrad um eine Zahnteilung weiterbewegt. Beim Abfall des Magnetankers springt seine Schaltfeder auf dem Schaltrad um eine Zahnteilung weiter. Die Schaltfeder des zwei-

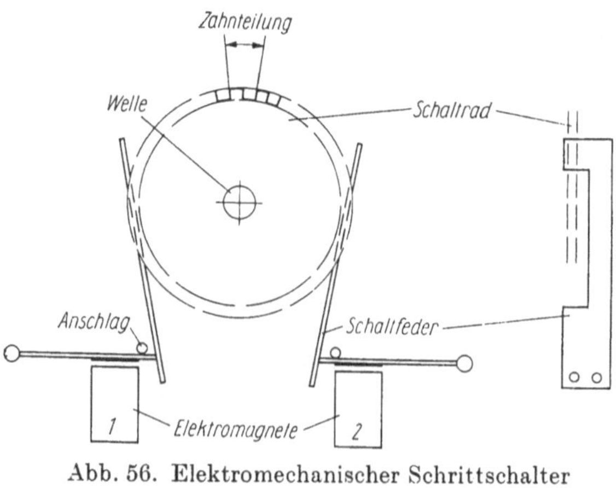

Abb. 56. Elektromechanischer Schrittschalter

ten Magneten für die andere Laufrichtung wirkt hierbei als Rücklaufsperre. Hiermit werden bis zu 100 Schritte/s von je 15° erreicht, das maximale Drehmoment beträgt 70 pcm und die elektrische Steuer-Leistung ca. 15 W.

Schrittmotoren

Ein echter Schrittmotor ist in Abb. 57 im Schnitt dargestellt. Auf einer Welle — mit der direkt oder über ein Getriebe eine Bandantriebswelle verbunden ist — sitzt ein Rotor aus zwei gleichen Permanent-Ringmagneten, die beide am Umfang in 12 Polpaaren magnetisiert sind. Jedem Ringmagnet ist ein Ständer mit ebenfalls 12 Polpaaren zugeordnet. Diese Ständerpolpaare sind aus rohrförmig angeordneten weichmagnetischen Ständerpolstäben gebildet, die abwechselnd den beiden Seiten der zugehörigen Wicklung zugeordnet sind. Die beiden Sta-

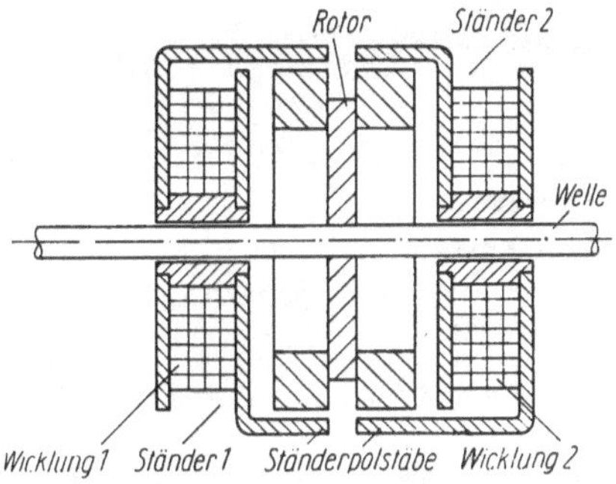

Abb. 57. Schrittmotor

toren sind mit ihren Ständerpolstäben um eine halbe Polbreite gegeneinander versetzt angeordnet. Die Wirkungsweise dieses Schrittmotors wird anhand der vereinfachten Darstellung Abb. 58 erläutert. Bei konstantem Strom in beiden Ständern stellt sich der Rotor so ein, daß alle seine Nordpole auf den Verbindungslinien zwischen zwei Ständer-Südpolen liegen (Abb. 58a).

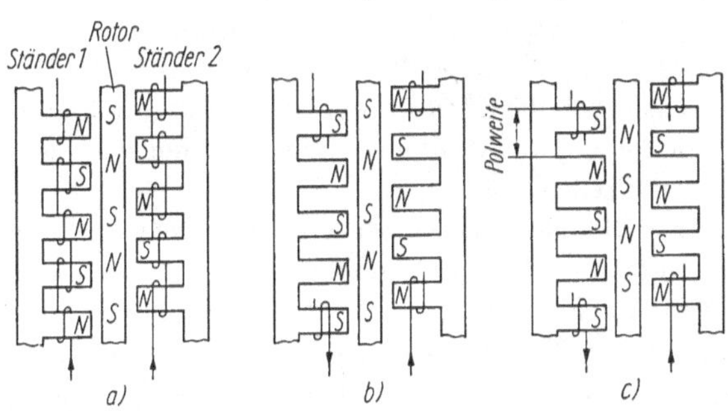

Abb. 58. Funktionsweise des Schrittmotors gemäß Abb. 57

Wird die Stromrichtung in einer der Ständerwicklungen umgepolt (Abb. 58b), so stoßen Nordpole des Ständers die Nordpole des Stators ab, die gleichzeitig von den Südpolen des Ständers angezogen werden. Dadurch springt der Rotor um eine halbe Polbreite weiter in eine neue stabile Lage (Abb. 58c). Bei dieser 12poligen Motorausführung ist eine volle Rotorumdrehung nach 48 Schritten erreicht, was einem Winkelschritt von 7,5° entspricht. Für die Umpolsteuerung der beiden Ständerwicklungen ist eine Zähl- und Codierschaltung erforderlich, die eine Steuerung der beiden Wicklungen gemäß Abb. 59 vornimmt.

Mit derartigen Schrittmotoren sind bis 4000 Schritte pro Sekunde und Winkelschritte bis herunter zu 1,5° möglich [38], [70].

Vereinfachte Schrittantriebe verzichten auf diese zählende und codierende Unterteilung des von der Polpaarzahl vorgegebenen Schrittwinkels. Hiermit werden Schrittfrequenzen bis ca. 300 pro Sekunde und Schrittwinkel bis herunter zu 18° erreicht [71].

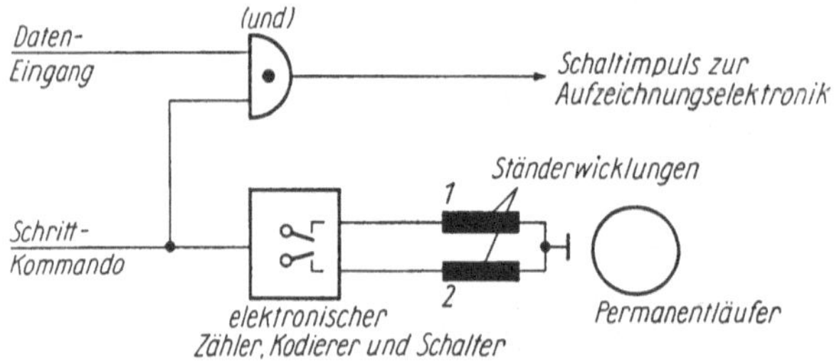

Schritt	Wicklungs-Polarität Ständer 1	Ständer 2
1	+	+
2	-	+
3	-	-
4	+	-
1	+	+

Abb. 59. Zähl- und Codierschaltung für Schrittmotor

7.8.3. Aggregate für schrittweise Wiedergabe

Alle vorstehend beschriebenen Bandantriebsaggregate ermöglichen zwar einen Schritt-Transport des Magnetbandes mit z. T. großer Präzision und auch für Incrementalspeicherung ausreichend kurzen Schrittlängen (die z. T. durch zwischengeschaltete lineare Getriebe erreicht werden), sind aber zur zeichenweisen Incrementalwiedergabe von digitalen Bandaufzeichnungen nicht ohne weiteres geeignet. Hierzu ist es nämlich erforderlich, daß jede auf dem Magnetband impulsförmig aufgezeichnete Information annähernd während der maximalen Geschwindigkeit des Transportschrittes den Spalt des Wiedergabekopfes passiert. Bei den in 7.8.2. beschriebenen Anordnungen bleibt es dem Zufall überlassen, für welchen Ort des Magnetbandes die höchste Geschwindigkeit vor dem Magnetkopf auftritt.

Diese Zufälligkeit läßt sich einmal dadurch verhindern, daß die Magnetbänder eine Perforation besitzen und durch Zackenrollen von mechanisch oder magnetisch arretierten Schrittschaltern oder Schrittmotoren angetrieben werden. Diese sogenannten „Magnet*film*-Transportwerke" sind heute kaum noch üblich. Perforationen an den relativ dünnen Magnetbändern ($d \lesssim 55$ µm) sind nicht bekannt geworden.

Die nachfolgend beschriebenen Antriebssysteme ermöglichen neben einem Schritt-Transport für die zeichenweise (incrementale) Aufzeichnung außerdem einen von der Bandaufzeichnung zeichenweise gesteuerten Schritt-Transport des Bandes für die Wiedergabe.

Impulsgesteuerte Bewegung mit Magnetkupplung

Bei einer einfachen Ausführung Abb. 60 ist mit der Bandantriebswelle eine dünne biegsame Stahlscheibe gekoppelt, die beim Bandstillstand von einem Elektromagneten festgehalten ist. Ein Motor hält ständig eine Drehfeder mit konstantem Moment gespannt, das auf die Stahlscheibe einwirkt. Durch einen Schrittbefehl wird der Elektromagnet schnell ausgeschaltet, so daß die Stahlscheibe mit Bandantriebswelle und Band durch die Feder mit konstantem Moment beschleunigt wird. Nach Verdrehung der Welle um einen bestimmten

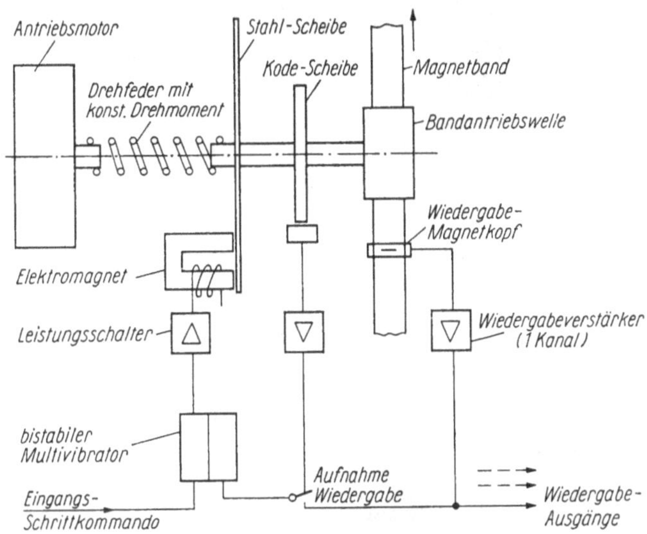

Abb. 60. Impulsgesteuertes Bandantriebsaggregat mit Federantrieb für Incrementaltransport

kleinen Winkel liefert bei der Aufzeichnung der optische oder magnetische Code-Scheibenabtaster ein Impulssignal, das wieder ein Einschalten des Elektromagneten und damit das Abbremsen der Welle zur Folge hat. Bei der Wiedergabe wird an Stelle des Codescheibensignals ein aus den wiedergegebenen Zeichen gebildeter Impuls als Stopsignal benutzt; dadurch findet exakt der Stop des Bandes zwischen den Zeichen statt. Mit dieser Einrichtung sind bis zu 500 Schritte pro Sekunde erreichbar.

Impulsgesteuerte Bewegung mit trägheitsarmem Motor

Eine ähnliche Einrichtung, bei der jedoch ein extrem trägheitsarmer Motor direkt die Welle antreibt, ist in Abb. 61 angegeben [71]. Damit werden bis zu 600 Schritte pro Sekunde erreicht. Charakteristisch ist hierbei, daß durch die Wirkung eines Tachometerausgangssignals eine konstante Beschleunigung und eine definierte Endgeschwindigkeit des Magnetbandes hervorgerufen wird.

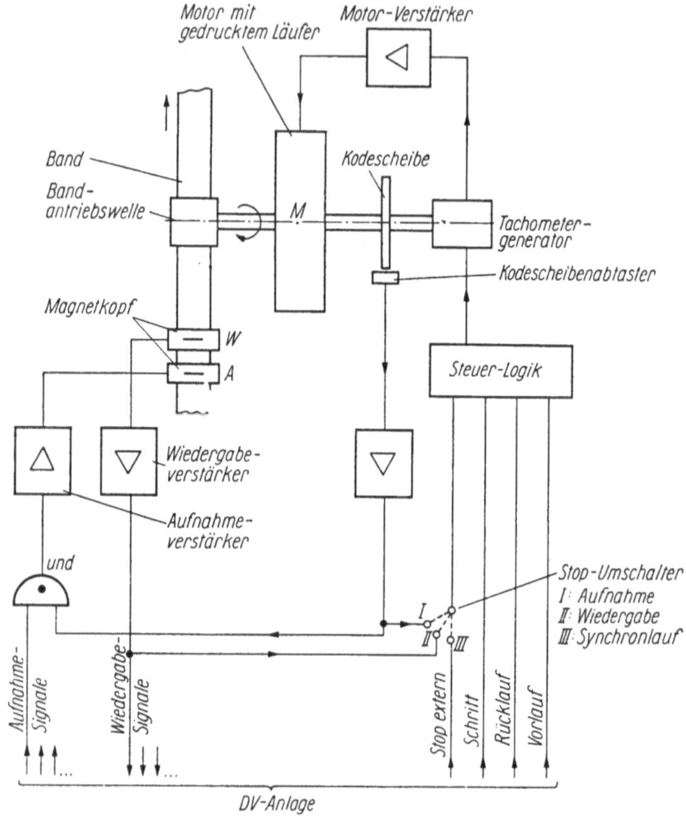

Abb. 61. Impulsgesteuertes Bandantriebsaggregat mit Motorantrieb für Incrementaltransport

In Stellung III des Stop-Umschalters kann durch externe Steuerung von Schritt und Stop ein synchroner Bandtransport mit beliebiger Schrittlänge erzeugt werden. In der Blockschaltung Abb. 61 ist weiterhin vereinfacht dargestellt, wie bei der Incrementalaufzeichnung der Aufzeichnungsvorgang für ein Zeichen vom Stop-Kommando ausgelöst wird.

Kombiniertes Synchron-Incremental-Aggregat

Abb. 62 zeigt ein kombiniertes Synchron/Incremental-Bandantriebsaggregat für Schrittsteuerung mit einem ständig rotierenden Synchronmotor. Der incrementale Start und Stop des Bandes wird durch die Kupplung 1 bzw. durch die Bremse veranlaßt, deren Magnetspulen über schnelle Leistungsschaltverstärker wechselweise aus der Logik in Abhängigkeit vom Schrittbefehl und vom Stopbefehl der Code-Scheiben bzw. vom Wiedergabekanal gesteuert werden. Kupplung und Bremse sind nach dem Magnetpulverprinzip aufgebaut [72]. Ein besonderes Merkmal dieser Einrichtung ist, daß wahlweise eine hohe synchrone Bandgeschwindigkeit mit der Möglichkeit des blockweisen Bandtransportes über

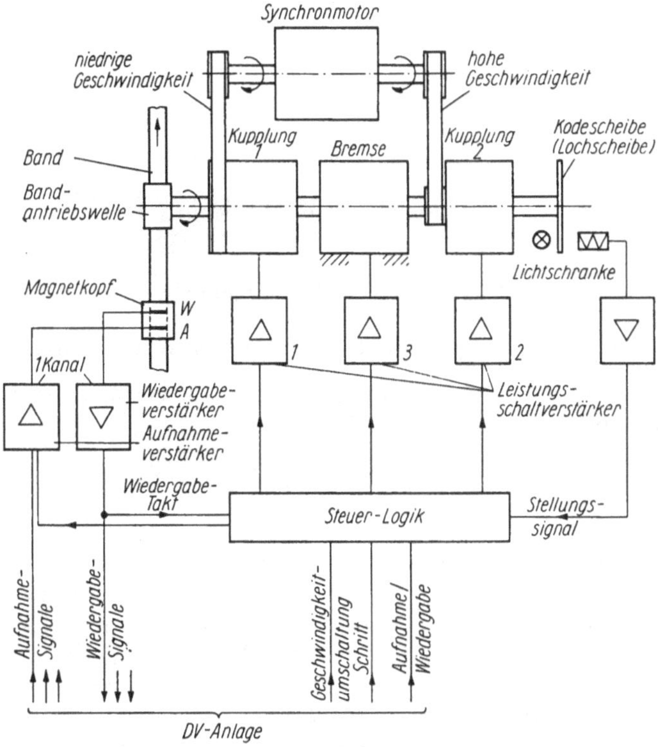

Abb. 62. Kombiniertes Synchron/Incremental-Antriebsaggregat

die Kupplung 2 und den Schaltverstärker 2 eingeschaltet werden kann. Hierbei haben Code-Scheibe und Wiedergabesignale keinen Einfluß auf die Bandgeschwindigkeit [73]. Das Antriebssystem ermöglicht 0,03 bis 400 Schritte pro Sekunde im Asynchronbetrieb und 21''/s Bandgeschwindigkeit im Synchronbetrieb.

Synchrone Wiedergabe von Incrementalaufzeichnungen

Eine besonders einfache Möglichkeit besteht darin, die Wiedergabe von Incrementalaufzeichnungen synchron, d.h. mit konstanter Bandgeschwindigkeit vorzunehmen. Bei der sogenannten kompatiblen Incrementalspeicherung wird nach diesem Verfahren gearbeitet, und die Aufzeichnungsgeräte sind so ausgelegt, daß deren Bandaufzeichnungen auf einem üblichen Synchron-Transportwerk – z.B. bei einer DV-Anlage – wiedergegeben werden können. Hierzu ist es jedoch erforderlich, daß bei der Incrementalaufzeichnung jeweils nach einer bestimmten hintereinanderfolgenden Zeichenzahl auf dem Magnetband automatisch die erforderlichen Start/Stoplücken für den Synchronspeicher freigehalten werden.

Einige Schrittmotorausführungen ähnlich Abb. 57 besitzen die Eigenschaft, bei höheren Steuerfrequenzen der Schrittkommandos eine ausreichend konstante Winkelgeschwindigkeit der Bandantriebswelle zu erzeugen, wodurch eine Synchronwiedergabe durchgeführt werden kann.

8. Puffersysteme und Wickelantriebe

8.1. Theoretische Untersuchungen

8.1.1. Berechnung der bewegten Bandlänge

Beim Start eines Magnetbandes in irgendeine Laufrichtung treten erhebliche Beschleunigungen auf:

$$a = \frac{dv}{dt} = v' \approx \frac{v_N}{t_b}. \tag{32}$$

Hierin bedeutet v_N die Nenngeschwindigkeit des Magnetbandes. Die Beschleunigungszeit t_b kann erheblich kleiner als die schon in Kapitel 4 definierte Startzeit t_a sein, da die auftretende maximale Beschleunigung a des Bandes von der größten Steilheit der Funktion $v = f(t)$ abhängt. Außerdem beginnt bei vielen Bandtransporteinrichtungen die Bandbewegung nicht unmittelbar nach dem Bandstartkommando, sondern, wie auch in Abb. 63 dargestellt, nach einer Zeitdauer t_m (elektromechanische Ansprechzeit). Bei jedem Bandstart muß eine definierte Bandlänge l beschleunigt werden. Sie ist durch die konstruktive Ausführung des Transportwerkes bedingt und besitzt die Masse m_b. Das von der Antriebswelle ablaufende Band kann hierbei vorerst vernachlässigt werden, da es keine Längssteifigkeit besitzt, durch die Beschleunigung gestaucht wird und somit eine lose Schleife bildet. Während der Beschleunigungszeit t_b tritt vor der Bandantriebswelle ein Bandzugstoß P_B auf. Er ist am Magnetkopf dem zur einwandfreien Aufzeichnung und Wiedergabe eingestellten Arbeitsbandzug P_K überlagert.

Der durch die Bandbeschleunigung erzeugte Bandzugstoß hat die Größe

$$P_B = m_b \cdot a \approx m_b \frac{v_N}{t_b}. \tag{33}$$

Für einen einwandfreien Bandlauf, ein optimales Startverhalten (t_a, l_a und Δv_N kleinstmöglich) und eine größtmögliche Bandschonung muß der Quotient

$$K = \frac{P_B}{P_K} \tag{34}$$

möglichst klein sein. Praktisch werden Zahlenwerte von $K \leq 2$ benutzt.

Für die zu beschleunigende Bandmasse gilt dann

$$m_b = \frac{P_K \cdot K \cdot t_b}{v_N}. \quad (35)$$

Vorteilhaft für die Auswertung dieser Gleichung ist, daß sowohl der erforderliche Arbeitsbandzug P_K als auch die Bandmasse m_b etwa proportional der Breite b des Magnetbandes sind. P_K beträgt etwa 150 p pro cm Bandbreite b. Im allgemeinen ist die Masse pro Längeneinheit μ_B bekannt. Sie beträgt bei Plastikband etwa

$$5{,}6 \cdot 10^{-6}\, p \,\frac{s^2}{\text{cm}^2}$$

und bei Metallband ca.

$$28 \cdot 10^{-6}\, p \,\frac{s^2}{\text{cm}^2}.$$

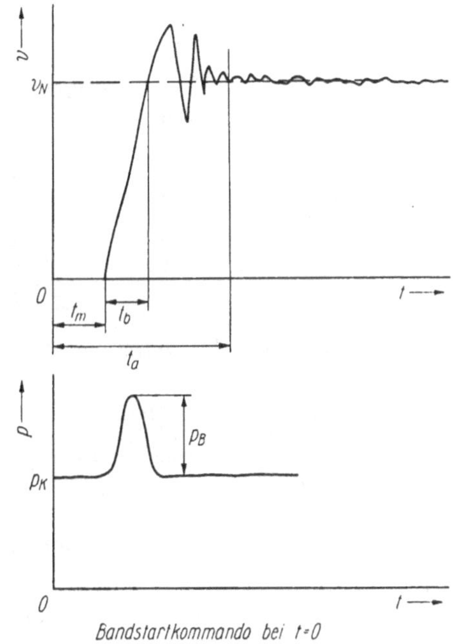

Abb. 63. Bandstart

Hiermit läßt sich die zulässige Länge l_b des zu beschleunigenden Bandes ermitteln:

$$m_b = l_b \cdot \mu_B. \quad (36)$$

Mit Gl. (35) folgt weiter

$$l_b = \frac{P_K \cdot K \cdot t_b}{v_N \cdot \mu_B}. \quad (37)$$

Diese Gleichung gilt für den Start eines geraden Bandstückes in eine Laufrichtung. Sie ist in Tabelle 6 für drei Geräteklassen ausgewertet.

Erfolgt eine unmittelbare Umkehrung der Bandlaufrichtung, so ist v_N mit seinem doppelten Wert einzusetzen.

Die Tabelle 6 zeigt, daß bei Transportwerken der oberen Klassen die für die Beschleunigung zulässigen Bandlängen l_b schon sehr gering werden. Wenn auch in den vorstehenden Untersuchungen die Elastizität des Magnetbandes, die besonders beim Plastikband eine Reduzierung der Bandzugspitzen P_B bewirkt, nicht berücksichtigt ist, so werden dadurch doch die Zahlenwerte nicht wesentlich vergrößert.

Tabelle 6
Zulässige Länge des zu beschleunigenden Magnetbandes

	Transportwerkklasse			
	untere	mittlere	obere	
v_N	76	152	381	[cm/s]
t_b	10	2	0,5	[ms]
$l_{b\,max}$	940	94	9,5	[cm] (Metallband)
$l_{b\,max}$	5100	510	51	[cm] (Plastikband)

K gewählt $= 2$

$\mu_B = 5{,}6 \cdot 10^{-6} \left[\frac{\text{ps}^2}{\text{cm}^2}\right]$ Plastikband

$\mu_B = 28 \cdot 10^{-6} \left[\frac{\text{ps}^2}{\text{cm}^2}\right]$ Metallband

bezogen auf 1 cm Bandlänge ¼'' Breite b bei 50 μm Dicke d

$P_K = 100$ p bei ¼'' Breite b

8.1.2. Notwendigkeit der Puffer

Insgesamt sind mit vorstehender Untersuchung die Grenzen der beschleunigbaren Bandlänge aufgezeigt. Ist der Bandvorrat eines Transportwerkes größer als dieser Grenzwert für l_b, so muß eine geeignete zusätzliche Vorkehrung getroffen werden. Einmal könnte dieser große Bandvorrat unter Zuhilfenahme einer zusätzlichen Antriebsquelle bewegt werden. Ein typisches Beispiel liegt bei Transportwerken mit auf Spulen aufgewickeltem Magnetband vor. Hier ist es üblich, die Spule durch einen sogenannten Wickelantrieb zu bewegen. Es wäre jedoch unzweckmäßig und ist auch praktisch kaum möglich, die Umfangsgeschwindigkeit des Bandwickels in völliger Übereinstimmung mit dem Start oder

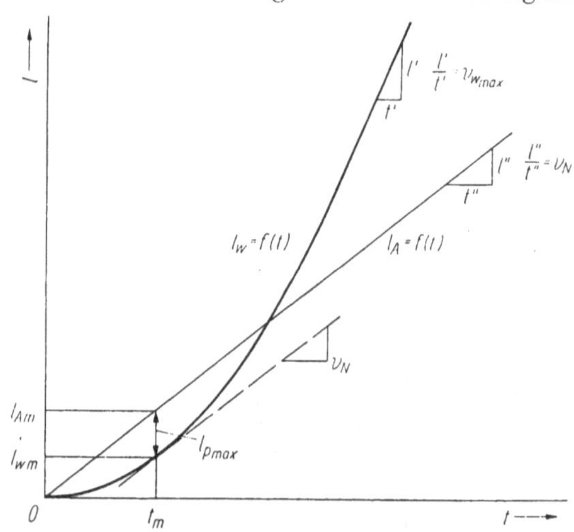

Abb. 64. Bewegungsverhältnisse des Magnetbandes am Puffer

Stop des Bandes zu steuern. Statt dessen wird das Magnetband von der Spule nicht direkt zur Antriebswelle geführt, wie es bei Transportwerken der Schallaufzeichnungstechnik üblich ist, sondern es läuft vorher durch einen sogenannten Puffer (Reservoir, Loop). Der Puffer dient zur Entkopplung des Trägheitsmomentes der Spule. Er besitzt dafür ein für ihn typisches Bandfassungsvermögen, das in l_b von Gl. (37) enthalten ist. Durch die Start- und Stopvorgänge ändert sich beständig die im Puffer enthaltene Bandmenge. Deshalb ist der Bandfüllungsgrad dieses Puffers laufend durch geeignete Einrichtungen zu überwachen und dementsprechend aus dem Füllungsgrad oder dessen Veränderung der Wickelantrieb zu steuern. Diese überwachten und den Wickelantrieb beeinflussenden Puffer werden auch als *aktive* Puffer bezeichnet.

8.1.3. Bandlänge im Puffer

Im Zeitpunkt $t = 0$ werde durch das Bandantriebsaggregat das Magnetband mit der Geschwindigkeit v_N in den Puffer hineingestartet. Gleichzeitig werde der Wickelantrieb mit dem geschwindigkeitsunabhängigen Drehmoment M_M gestartet. Wie in Abb. 64 dargestellt, ist die von der Bandantriebswelle gelieferte Bandlänge

$$l_A = v_N \cdot t \tag{38}$$

proportional t, während die vom Wickelantrieb aufgespulte Bandlänge l_W etwa quadratisch ansteigt.

$$l_W = \frac{b_W}{2} t^2 . \tag{38}$$

Obwohl in der Praxis oft Motore mit linearer Drehzahl-Drehmomentkennlinie zum Einsatz kommen, sollen sie hier nicht berücksichtigt werden. Vielmehr sei ein Motor mit konstantem Drehmoment M_M oder eine entsprechende Kupp-

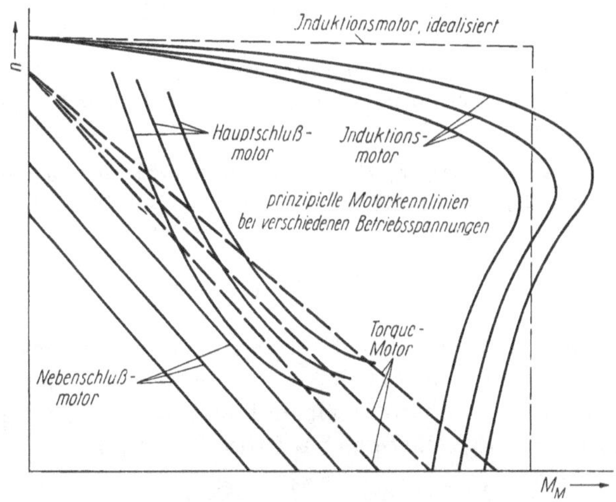

Abb. 65. Motorkennlinien

lung angenommen. Das entspricht z.B. der idealisierten Kennlinie eines Kurzschlußläufermotors mit niederohmigem Läufer (Abb. 65, vgl. auch Band 3). Dann gilt Gl. (38) nahezu exakt.

Mit dem äußeren Radius R des Bandwickels und dem Trägheitsmoment Θ_d von Bandspule, Motor, Kupplung usw. gilt mit dem Drehmoment M_M

$$b_W = \frac{M_M}{\Theta_d} R \,. \tag{39}$$

Bei einem Verhalten nach Gl. (38) gilt

$$t_m = \frac{v_N}{b_W} \tag{40}$$

und somit unter Berücksichtigung von Gl. (39)

$$l_{W\,m} = \frac{v_N^2}{2\,b_W} = \frac{v_N^2\,\Theta_d}{2\,M_M \cdot R} \,. \tag{41}$$

Aus Abb. 64 geht hervor, daß die maximale Differenz

$$l_p = l_A' - l_W \,, \tag{42}$$

die vom Puffer aufzunehmen ist, dann auftritt, wenn $v_W = v_N$ ist. Daher folgt mit Gl. (38) und (41)

$$l_{p\,\max} = v_N \cdot t - \frac{v_N^2\,\Theta_d}{2\,M_M \cdot R} = 0{,}5\,\frac{v_N^2\,\Theta_d}{M_M \cdot R} \,. \tag{43}$$

8.1.4. Leistung des Wickelmotors

Das Trägheitsmoment Θ_d setzt sich aus dem konstanten Anteil $\Theta_{d\,0}$ von Spulen, Motorläufer, Kupplung usw. und dem variablen Anteil $\Theta_{d\,W}$ des aufgespulten Bandes zusammen:

$$\Theta_d = \Theta d_0 + \frac{1}{2g}\pi\,b\,\gamma\,(R' - r') \,. \tag{44}$$

Darin ist wieder b die Breite des Magnetbandes, γ das spezifische Gewicht des Magnetbandes (1,58 p pro cm³ für Polyesterband) und r der Radius des Wickelkörpers.

Werden alle Größen außer Θ_d/R in Gleichung (43) zu einer Konstanten k_1 und entsprechend in Gleichung (44) zu k_2 zusammengefaßt, so folgt der Zusammenhang zwischen l_p und R

$$l_p = k_1 \frac{1}{R}\left[\Theta_{d0} + k_2\,(R' - r')\right] . \tag{45}$$

Eine Auswertung für den möglichen Variationsbereich des R eines ½″-Plastikmagnetbandes auf einer üblichen Spule nach Abb. 8 ist in Abb. 66 dargestellt. Es ist abzulesen, daß bis zu einem bestimmten $\Theta_{d\,0}$ das größte l_p beim größtmöglichen Radius R (volle Spule) auftritt. Damit gilt

$$l_{p\,\max} = 0{,}5\,\frac{v_N^2\,(\Theta_{d\,0} + \Theta_{dw\,\max})}{M_M\,R_{\max}} \,. \tag{46}$$

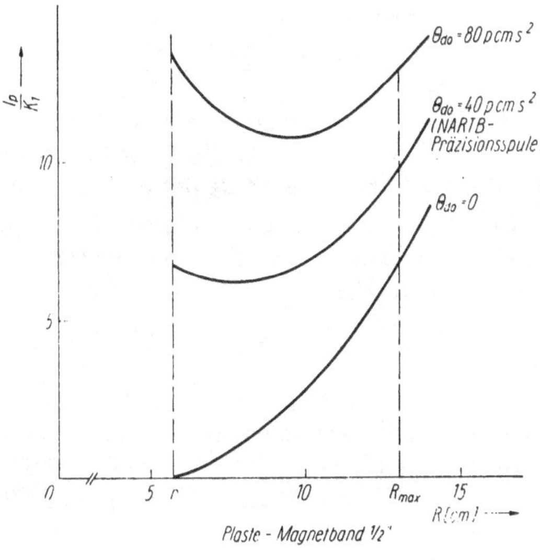

Abb. 66. Einfluß des Trägheitsmomentes des Bandwickels auf die Bandlänge im Puffer

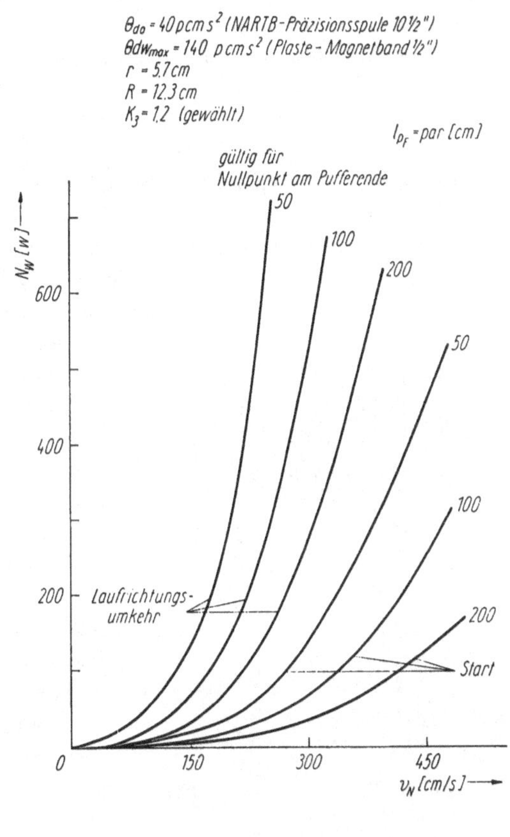

Abb. 67. Leistung des Wickelantriebs

Die erforderliche Leistung des Antriebes ist dann

$$N_W = \frac{M_M}{R} V_N \frac{R}{r} k_3 = \frac{V_N^3 (\Theta_{d0} + \Theta_{dW\max}) k_3}{2 l_{p\max} \cdot r \cdot R}. \tag{47}$$

Hierbei ist berücksichtigt, daß bei der vorausgesetzten Antriebscharakteristik die bei r maximal auftretende Wickelumfangsgeschwindigkeit um einen Faktor k_3 über der Bandgeschwindigkeit v_N liegen muß.

Um eine betriebssichere Arbeitsweise zu garantieren, darf außerdem in der Praxis beim Bandstart das Fassungsvermögen l_{pF} des Puffers nur z.T. durch $l_{p\max}$ ausgenutzt werden. Werte um ca. 60% sind üblich. Damit gilt

$$N_W = \frac{0{,}8\, v_N^3 (\Theta_{d0} + \Theta_{dW\max}) k_3}{l_{pF} \cdot r \cdot R}. \tag{48}$$

Bei einer unmittelbaren Laufrichtungsumkehr vergrößert sich N_W um den Faktor 2^3. Der Zusammenhang $N_W = f(l_{pF})$ ist in Abb. 67 für einen praktischen Anwendungsfall dargestellt. Bei vielen Pufferausführungen ist der Puffer im Bandstillstand und im konstanten Lauf mit Rücksicht auf die Startmöglichkeit in beide Laufrichtungen und auf eine Laufrichtungsumkehr durch das Band nur halb gefüllt. Damit verringert sich das Pufferfassungsvermögen für l_p um die Hälfte, d.h., N_W muß um den weiteren Faktor 2 größer sein.

Es muß erwähnt werden, daß die meisten Hersteller von Transportwerken ihre Wickelantriebe überdimensionieren, um die Sicherheit zu erhöhen.

8.2. Aktive Puffersysteme

8.2.1. Pneumatische Puffer

Gemäß Abb. 68 wird beim pneumatischen Puffer in einem prismatischen Schacht einseitig mit einem besonderen Gebläse ein Unterdruck erzeugt. Er saugt das Magnetband ständig U-förmig an. Das Magnetband wirkt damit gleichzeitig als Abdichtung. Die Größe der Druckdifferenz zwischen den beiden Seiten der Bandschleife und der Schachtquerschnitt bestimmen den auftretenden statischen Bandzug. Durch geeignete konstruktive Ausführung des Schachtes ist es möglich, das Band völlig berührungsfrei zuhalten. Hierzu werden z. B. in die den Magnetbandflächen gegenüberliegenden Schachtwände kleine Bohrungen angebracht, durch die ständig von außen Luft einströmt und so unter dem Band ein Polster bildet. Die Puffer dieser Art bestimmen weitestgehend die Abmessungen des Transportwerkes; um nämlich ausreichende Bandlängen unterbringen zu können, müssen sie sehr lang sein (bis ca. 130 cm). Aus diesem Grund wurden Wege gesucht, die Schachtlänge bei gleichbleibendem

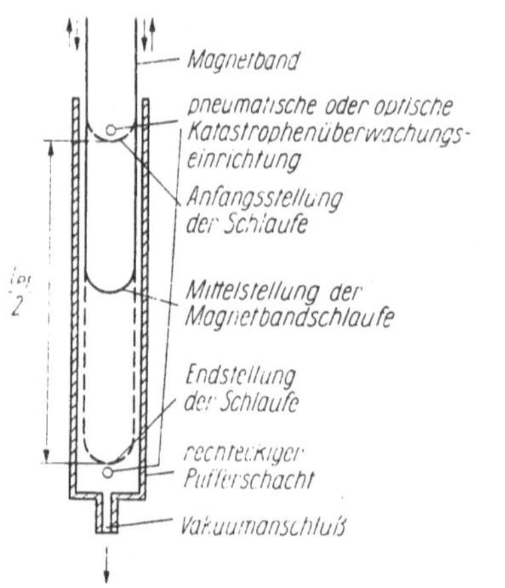

Abb. 68. Pneumatischer Puffer

oder vergrößertem Bandinhalt zu reduzieren. Abb. 69 und 70 zeigen zwei typische Beispiele hierfür. In Abb. 69 ist der Schacht in zwei Hälften aufgeteilt und zusammengefaltet. Damit die Bandschlaufe durch die relativ schroffe Umlenkung in der Schachtmitte nicht in ihrer Beweglichkeit gehindert wird, ist dort

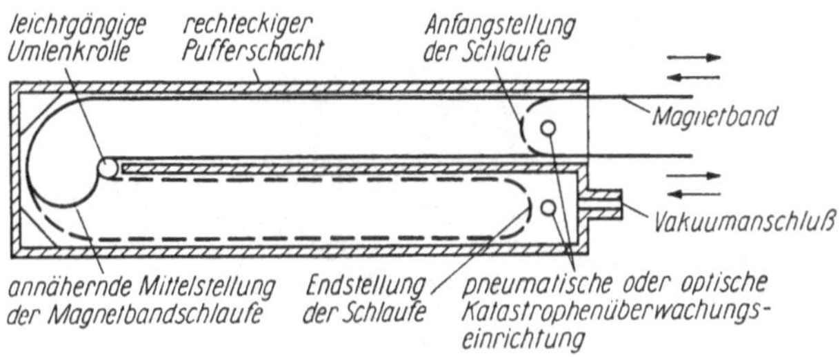

Abb. 69. Pneumatischer Puffer mit gefalteter Bandschleife

eine extrem leichtgängige und trägheitsarme Umlenkrolle oder eine Luftschmierung [33] angeordnet.

Abb. 70 zeigt zwei nebeneinander angeordnete selbständige Schächte. Durch die Konizität beider Schächte wird erreicht, daß beide Bandschleifen annähernd gleich tief eintauchen. Hervorgerufen wird diese Selbststabilisierung durch die von der Eintauchtiefe abhängige Querschnittsfläche der Bandschleife. Diese Zwillingsanordnung ist auch mit gegenüberliegenden Schachtöffnungen üblich.

Eine mathematische Untersuchung des pneumatischen Puffers ist in [74] enthalten.

Der pneumatische Puffer ist sehr weit verbreitet. Sein Inhalt läßt sich relativ gut kontrollieren, das Band wird sehr geschont, und es werden keine Zusatzmassen an das Band angekoppelt, die seine Beweglichkeit behindern könnten. Es ist jedoch ein Gebläse erforderlich, das möglichst geräuscharm und wartungsfrei sein soll, sowie einen von der Luftmenge weitgehend unabhängigen Druck mit geringer überlagerter Welligkeit zu liefern hat.

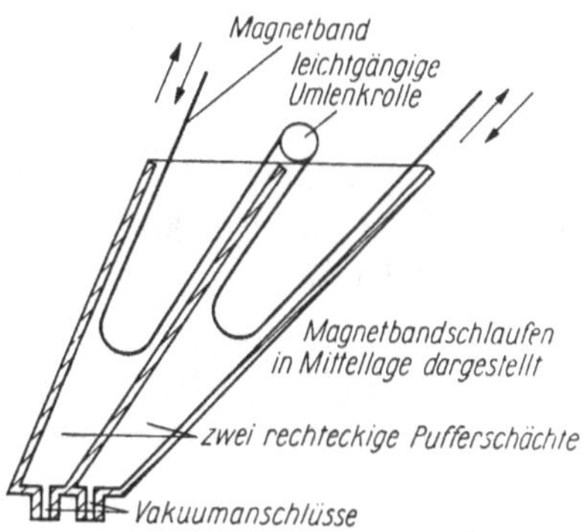

Abb. 70. Pneumatischer Puffer mit 2 Bandschleifen

Grundsätzlich wäre es auch möglich, einen pneumatischen Puffer durch einen Überdruck zu speisen; diese Technik ist jedoch nicht in Anwendung.

8.2.2. Hebelpuffer

Beim Hebelpuffer wird das Magnetband gemäß Abb. 71 abwechselnd über die Umlenkrollen zweier Rollenreihen geführt. Eine dieser Rollenreihen ist am Ende eines drehbar gelagerten und federvorgespannten Hebels angeordnet. Diese Feder bestimmt den statischen Bandzug. Alle beweglichen Teile (Umlenkrollen, Pufferhebel und damit gekoppelte Bauelemente) werden mit kleinstmöglichem Trägheitsmoment ausgeführt, damit bei Bandbeschleunigungen der dynamische Bandzug von dem durch die Feder eingestellten stationären Bandzug möglichst wenig abweicht. Für eine ausreichende Bandlebensdauer ist die konstruktive Ausführung der Umlenkrollen des Hebelpuffers von großer

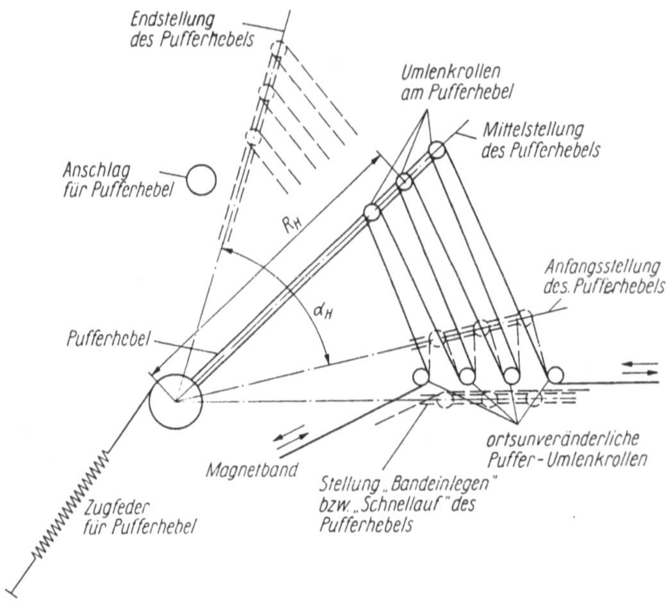

Abb. 71. Hebelpuffer

Bedeutung. Es sind mehrere Varianten bekannt, von denen einige typische erwähnt werden sollen:

α) Die Umlenkrollen können wesentlich breiter (doppelt bis dreifach) als das Magnetband sein oder Führungsflansche besitzen, zuweilen werden auch nur die ortsunveränderlichen Rollen mit Flanschen versehen.

β) Die Umlenkrollen besitzen meist einen Durchmesser von 8 bis 15 mm und bestehen aus Metall (Aluminium) oder Plastmaterial.

γ) Die Lagerung der Rollen besteht aus zwei Miniaturkugellagern, und die Justage der Rollen erfolgt durch Biegen des Lagerzapfens oder unsymmetrisches Unterlagen von Folien unter die Befestigungseinrichtung dieses Lagerzapfens.

δ) Die Lagerung der Rolle besteht aus einem Kugellager oder einem Plastmateriallager in der Bandmitte. Hierbei lassen sich die Rollen selbstjustierend aufbauen.

Von der Anzahl der Umlenkrollen, dem maximalen Ausschlag α_H des Hebels und dem mittleren Abstand R_H der Umlenkrollen vom Hebeldrehpunkt wird das Bandfassungsvermögen bestimmt.

8.2.3. Kassettenpuffer

Beim Kassettenpuffer wird gemäß Abb. 72 das Magnetband in einen Behälter mit rechteckigem Querschnitt eingeführt und füllt in unregelmäßigen losen Schleifen den Innenraum. Dieses Pufferverfahren besitzt gegenüber 8.2.1. und 8.2.2. ein wesentlich größeres Bandfassungsvermögen bei geringem Raumbedarf. Gegenüber 1 bis maximal 2,5 m sind hier beispielsweise ca. 20 m unterzubringen [35]. In der Kassette weist das Band praktisch keinen Bandzug auf. Durch geeignete Antriebs- und Führungseinrichtungen (zusätzliche Hilfsantriebe) muß es deshalb zwangsweise in die Kassette eingeführt werden. An der Ausgangsseite sind Einrichtungen zur Erzeugung eines Bandzuges erforderlich. Die Überwachung des Behälterinhaltes ist nur sehr ungenau und mit großem Aufwand möglich. Schon geringe elektrostatische Aufladungen des Bandes in der Kassette können seinen Lauf behindern. Diese Nachteile verhindern deshalb eine breite Anwendung dieses Verfahrens.

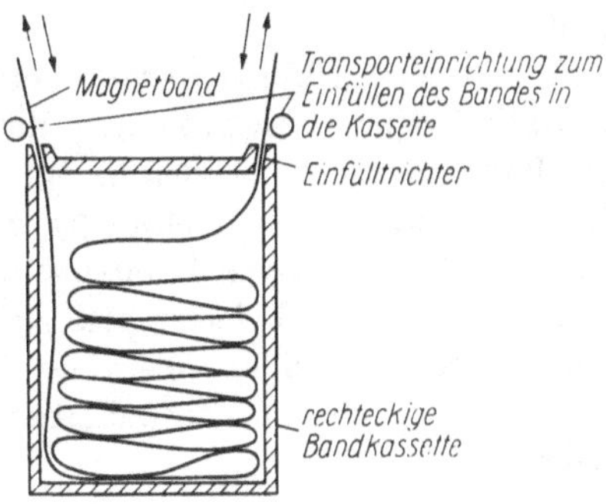

Abb. 72. Kassettenpuffer

8.3. Passive Puffersysteme

8.3.1. Notwendigkeit von passiven Puffern

Beim Start des Bandes in Richtung einer Leerung des Puffers kann der Momentanbandzug über den eingestellten Arbeitsbandzug P_K wesentlich ansteigen Einmal ist die Länge l_p und zum anderen sind auch die mit ihm gekoppelten Massen des aktiven Puffers (z. B. Umlenkrollen) durch den Bandzug zu beschleunigen. Erfolgt der Start des Bandes in Richtung Pufferfüllung, so verringert sich der momentane Bandzug gegenüber dem eingestellten P_K, da die mit dem Band gekoppelten trägen Zusatzmassen nicht durch den Bandzug beschleunigt werden können; diese Beschleunigung muß z.B. durch den Unterdruck im pneumatischen Puffer oder durch die Feder des Hebelpuffers erfolgen. Dadurch kann sich im ungünstigsten Falle beim Start in den Puffer hinein kurzzeitig eine lose Bandschleife bilden, die nach kurzer Zeit (einige Millisekunden) von den inzwi-

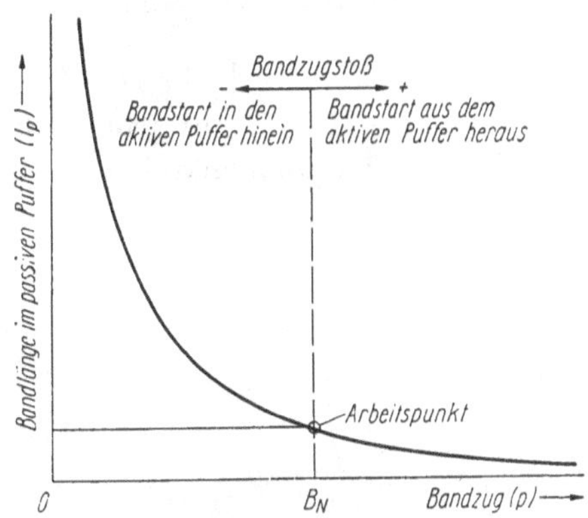

Abb. 73. Charakteristik des passiven Puffers

schen beschleunigten Zusatzmassen oder vom Unterdruck schlagartig straffgezogen wird. Da bei einem Bandstart oder Stop immer zwei aktive Puffersysteme (je einer vor und hinter der Antriebsstelle) mit ihren unterschiedlichen Füllungsrichtungen wirken, können erhebliche Beeinträchtigungen des Start- oder Stop-Vorganges auftreten.

Einige mathematische Untersuchungen zu diesem Problem sind in [74] enthalten.

Aus diesen Gründen werden verschiedentlich zusätzliche sogenannte *passive* Puffer verwendet, die gegenüber den vorhandenen aktiven Puffern ein nur geringes Bandfassungsvermögen haben und deren Bandinhalt nicht überwacht wird. Die Idealcharakteristik eines passiven Puffers ist in Abb. 73 schematisch dargestellt: Ein positiver Bandzugstoß (beim Start des Bandes aus dem aktiven Puffer heraus) soll bei geringem Δl sanft ohne harten Anschlag abgefangen werden, während bei einem negativen Bandzugstoß (Start des Bandes in den Puffer hinein) ein großes Δl aufnehmbar sein soll, ohne daß der Bandzug zu klein wird.

8.3.2. Federnde Umlenkrolle

Die einfachste Ausführung eines passiven Puffers stellt eine federnd angeordnete und mit großem Winkel umschlungene Bandumlenkrolle zwischen aktivem Puffer und Bandantriebsaggregat dar. Die bekannten Ausführungen verwenden eine Gummi- oder Filzfederung und ermöglichen Federwege von wenigen Millimetern, können also nur positive Bandzugstöße dämpfen. Sie sind nicht in der Lage, Bandschlaufen hinter der Antriebsstelle beim Start in den Puffer hinein aufzunehmen.

8.3.3. Federndes Metallrohr

Eine ähnlich wirkende Einrichtung mit einfacherem Aufbau und wesentlich verringerter Masse ist in Abb. 74 angegeben. Die Federwirkung eines dünnwandigen, vom Band umschlungenen Metallrohres wird zur Dämpfung von positiven Bandzugstößen verwendet.

8.3.4. Zwei Rollen auf Drehscheibe

Ein passiver Puffer mit großem Bandfassungsvermögen ist in Abb. 75 dargestellt. Zwei Bandumlenkrollen, wie sie auch im Hebelpuffer verwendet werden,

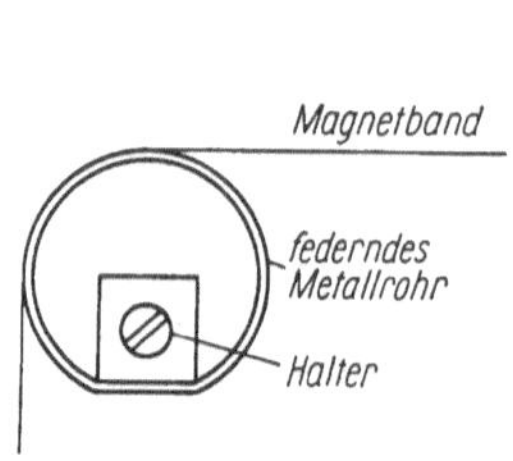

Abb. 74. Federndes Metallrohr als passiver Puffer

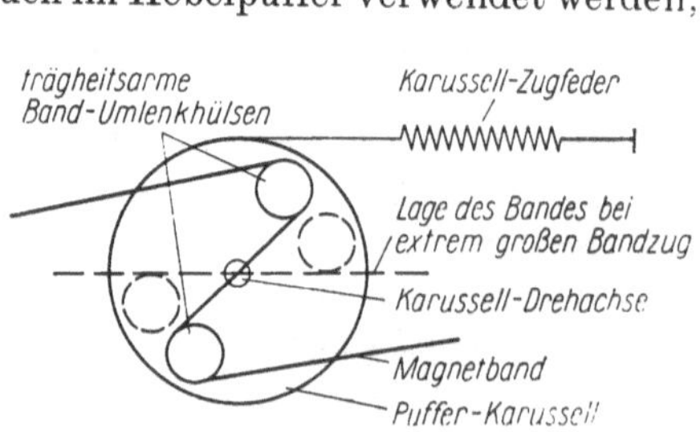

Abb. 75. Zwei Rollen auf Drehscheibe als passiver Puffer

sind auf einer Drehscheibe beiderseits der Mitte angeordnet. Durch eine Zugfeder wird die Drehscheibe verdreht und dadurch das Band gestrafft. Auf Grund der relativ großen Masse dieser Einrichtung und der dadurch sehr tief liegenden Eigenresonanz ist mit dieser Einrichtung eine nur bedingte Reduzierung von Start- und Stop-Bandzugstößen erreichbar. Unter ungünstigen Bedingungen kann sogar eine Verschlechterung infolge Resonanzerscheinungen des mechanisch bewegten Teils mit der Band-Schrittfrequenz auftreten. Diese Einrichtung kann jedoch auch Schlaufenbildungen des Bandes beim Start in den Puffer hinein unter günstigen Umständen verhindern.

8.3.5. Pneumatischer Puffer

Der allen Ansprüchen gerecht werdende passive pneumatische Puffer ist in Abb. 76 dargestellt, bei ihm sind keine wesentlichen Zusatzmassen mit dem Band gekoppelt. Er besteht ähnlich wie der aktive pneumatische Puffer aus einer

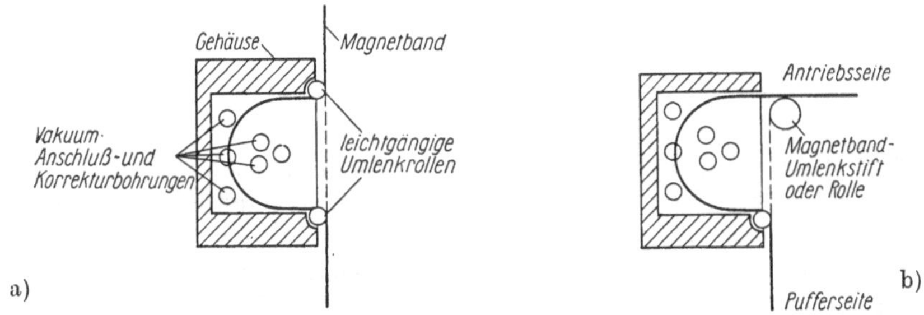

Abb. 76. Pneumatischer passiver Puffer

Kammer mit rechteckförmigem Querschnitt, die von der durch Unterdruck eingesaugten Bandschleife weitgehend abgedeckt wird. Die Luftanschlußbohrungen in der Kammer sind so angeordnet, daß die gewünschte Bandzug/Bandlängen-Charakteristik auftritt. Bei einigen Geräteausführungen ist beim Bandeinlegen und bei Schnellauf das Gebläse ausgeschaltet. Die Bandführung an der Kammeröffnung des passiven Puffers erfolgt deshalb so, daß das Band nach dem Einschalten des Gerätes selbsttätig durch den Unterdruck in die Kammer gesaugt werden kann. Die Bandfassungskapazität der bekannten passiven pneumatischen Puffer liegt zwischen 5 und 30 cm.

Eine große Anzahl von Transportwerken mit aktiven Hebelpuffersystemen ist in ihren weiterentwickelten Ausführungen mit passiven pneumatischen Puffern ausgerüstet worden.

8.4. Regeltechnische Probleme

Transportwerke mit auf Spulen aufgewickeltem Magnetband weisen eine oder zwei spezielle Regelkreise (Servo-Systeme) auf, die das Auf- und Abspulen des von den Bandantriebsaggregaten transportierten Magnetbandes beeinflussen. Ihre grundsätzliche Funktion besteht darin, den Bandinhalt des aktiven Puffers laufend zu überwachen und bei Abweichungen von einem Soll- oder Grenzwert den zugehörigen Wickelantrieb derart in Drehmoment und Drehrichtung zu steuern, daß die Sollwertabweichung oder Grenzwertüberschreitung rückgängig gemacht wird. Das grundsätzliche Schema eines derartigen Regelkreises ist in Abb. 77 dargestellt.

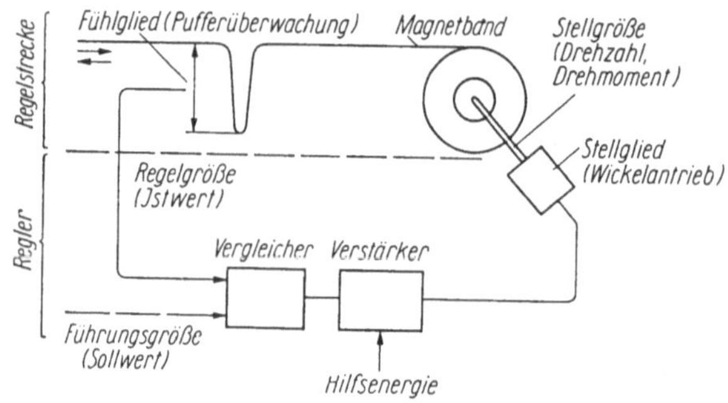

Abb. 77. Regelkreis des Wickelantriebes

Für diese Wickelregelkreise gelten selbstverständlich auch die fundamentalen regelungstechnischen Gesetzmäßigkeiten. Auf ihre Behandlung kann hier verzichtet werden. Sie sind in [75], [76] ausführlich dargestellt. Die folgenden Ausführungen beschränken sich deshalb auf die hier speziellen technischen Ausführungsformen.

Wenn in einem Magnetbandtransportwerk zwei derartige Regelkreise enthalten sind — das ist fast ausschließlich der Fall — dann arbeiten sie völlig unabhängig voneinander. Nur in einigen Ausnahmefällen werden sie auch von den elektrischen Bandlaufkommandos direkt beeinflußt.

8.4.1. Ausführung der Regelkreise

Von der grundsätzlichen Arbeitsweise her gesehen, sind mehrere Regelkreisausführungen möglich und üblich. Eine allgemeine Einteilung zeigt Abb. 78.

Zweipunktregelung

Hierbei wird beim Überschreiten eines Grenzwertes des Pufferinhaltes der Wickelantrieb in die richtige Drehrichtung mit voller Leistung so lange eingeschaltet, wie die Grenzwertüberschreitung anhält. Dieses Verfahren ist technisch mit sehr geringem Aufwand realisierbar [77]. Nachteilig kann hierbei sein, daß auch dann, wenn sich das Magnetband am Magnetkopf mit konstanter Geschwindigkeit vorbeibewegt, das Auf- oder Abspulen des Magnetbandes ruckweise erfolgt. Die Nullage des Bandes im Puffer ist nicht exakt definiert. Zweipunktregler neigen dazu, bei bestimmten Schrittfrequenzen des Bandtransportes in ihrer Eigenfrequenz zu schwingen.

Stetige Regelung

Bei jeder Abweichung vom Sollwert wird ein den Wickelantrieb beeinflussendes Fehlersignal gebildet, dessen Größe proportional der Abweichung ist. Zum Wickelantrieb müssen drehzahlregelbare Einrichtungen (Motore) verwendet werden; die einfacheren Kupplungen sind nicht geeignet. Gegebenenfalls müssen zur Drehzahlregelung wenig geeignete Motorkennlinien und die Auswirkungen von Zeitkonstanten (Wickelträgheit) durch regelungstechnische Maßnahmen, z.B. Rückführung oder D-Verhalten verbessert werden. Bei guter Auslegung ist eine stetige Regelung bei allen Betriebsbedingungen (für Bewegung in

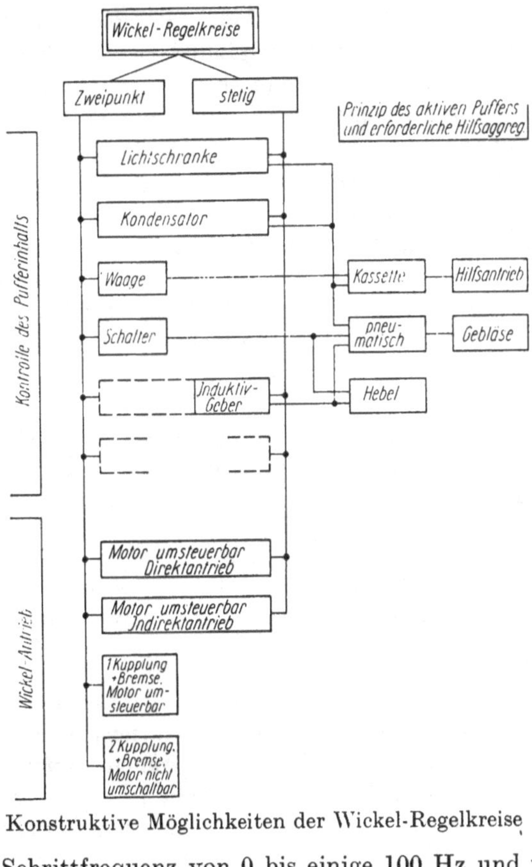

Abb. 78. Konstruktive Möglichkeiten der Wickel-Regelkreise

beiden Richtungen, Schrittfrequenz von 0 bis einige 100 Hz und für alle vorkommenden Wickeldurchmesser) völlig aperiodisch. Beim konstanten Lauf des Bandes findet dann ebenso wie im Bandstillstand keine periodische Veränderung des Pufferinhaltes oder der Wickelgeschwindigkeit statt.

Nullsuchende Servo-Systeme

Sobald eine Abweichung der Pufferfüllung von der vorgegebenen Nullstellung auftritt, stellt sich eine Wickeldrehrichtung ein, die den Füllungsstand auf den

Nullpunkt zurückführt. Es können oft Wickeldrehrichtungen auftreten, die der Bandlaufrichtung am Magnetkopf entgegen gerichtet sind.

Nachführende Servo-Systeme

Hierbei ist — bestimmt durch die Bandlaufrichtung am Magnetkopf — jeweils nur die damit übereinstimmende Drehrichtung der Bandwickel möglich und einschaltbar, womit das Aufwickeln oder Abwickeln durchgeführt wird.

8.4.2. Sollwert des aktiven Puffers

In den meisten Fällen ist im Stillstand des Bandes und im konstanten Lauf der aktive Puffer annähernd *halb mit Band gefüllt;* dadurch ist ein Start des Bandes ohne Begrenzungen in jede der beiden Laufrichtungen ohneVorwarnung möglich, jedoch wird der aktive Puffer dadurch nur zur Hälfte ausgenutzt, da für eine unmittelbare Laufrichtungsumkehr immer nur ein halber aktiver Puffer zur Verfügung steht.

Bei einigen Transportwerken wird deshalb in Abhängigkeit von der momentan am Bandantriebsaggregat eingeschalteten Bandlaufrichtung der *Nullbereich* durch elektrische Maßnahmen aus der Puffermitte in die Nähe des einen oder des anderen *Pufferendes verlagert.* Diese Maßnahme ist zulässig, da stets nur eine Umschaltung in die den Puffer nicht überlastende Laufrichtung möglich ist. Damit findet eine vollkommenere Pufferauslastung statt, bzw. die Puffer- oder Motordimensionen können gegenüber der Ausführung mit starrem Nullpunkt verringert werden.

Die zur Überwachung des Pufferinhaltes verwendeten Verfahren sind weitgehend durch Puffer- und Regelprinzip bestimmt und werden später noch im Zusammenhang mit kompletten Regelkreisausführungen erläutert.

8.4.3. Wickelmotore

Ausführlich werden die Eigenschaften von Motoren in Band 5 behandelt. Hier sind nur die besonderen Bedingungen für den Wickelantrieb ergänzt.

Kollektormotore

Als Wickelmotore werden weitgehend Kollektor-Haupt- oder -Nebenschlußmotore verwendet, da sich diese mit der Betriebsspannung leicht in der Drehzahl steuern lassen (Abb. 65). Vereinzelt kommen auch Motore mit trägheitsarmem „gedrucktem“ Läufer [65], [66] zur Anwendung, wie beispielsweise in [78] beschrieben wird. Eine regelungstechnisch erforderliche Abbremsung des Nebenschlußmotors ist meist mit ausreichender Verzögerung durch elektrisches Kurzschließen des als Generator arbeitenden Motors möglich. Dies kann z.B. durch gegengeschaltete Dioden erfolgen. Der Nachteil dieses Motors ist sein Kollektor, der Funkstörungen erzeugt und Wartung erfordert.

Induktionsmotore

In geringem Maße wird der wartungsarme funkstörfreie Wechselstrom-Induktionsmotor [79] verwendet, dessen prinzipieller Kennlinienverlauf in Abb. 65

dargestellt ist. Er besitzt in seiner Standardausführung ein nur unwesentliches Bremsvermögen und erfordert deshalb in jedem Falle bei regelungstechnischer Verwendung zusätzliche Vorkehrungen zur Abbremsung (z.B. Gegensteuerung oder mechanische Bremsen). Die bei Studio-Magnetbandtransportwerken übliche Gleichstrombremsung [80] wird bei schnellen Digital-Magnetbandspeichern nicht verwendet, da die erreichten Bremsmomente nicht ausreichen. Infolge seines negativen Kennlinienastes treten beim Standard-Induktionsmotor in Regelkreisen leicht Unstabilitäten auf. Durch Rückführungen im Regelkreis kann jedoch die Kennlinie begradigt werden. Durch besondere Vorkehrungen innerhalb des Motors (hochohmiger Kurzschlußkäfig) ist diese Kennlinienlinearisierung auch unmittelbar zu erzielen. Für diese Variante des Induktionsmotors hat sich in der englischsprachigen Literatur der Begriff „AC-Torque-Motor" [81], [82] eingeführt. Er wird vielfach als Wickelmotor nicht nur bei Digitalspeichern verwendet.

Allgemein ist die Drehrichtungsumkehrung der Wickelmotore folgendermaßen üblich:

α) Umschaltung der (einzigen) Steuerwicklung eines Motors zwischen zwei um 180° phasenverschobenen Steuerspannungen,

β) Umschaltung der Spannung von einer Steuerwicklung auf eine zusätzliche zweite, entgegengesetzt gepolte.

8.4.4. Bremsen

Im allgemeinen trägt jede Bandwickelachse eine Bremse, die jedoch nur bei Stromausfall oder in Katastrophenfällen anspricht (Katastrophenbremse). Sehr oft werden die Katastrophenbremsen beider Wickelachsen durch einen gemeinsamen Elektromagneten gelüftet.

Wenn Motore ohne eigenes Bremsvermögen im Regelkreis verwendet werden, ist außerdem oft eine elektromagnetisch schaltbare Betriebsbremse vorhanden, die in Abhängigkeit vom Füllungsverhalten des zugehörigen Puffers anspricht.

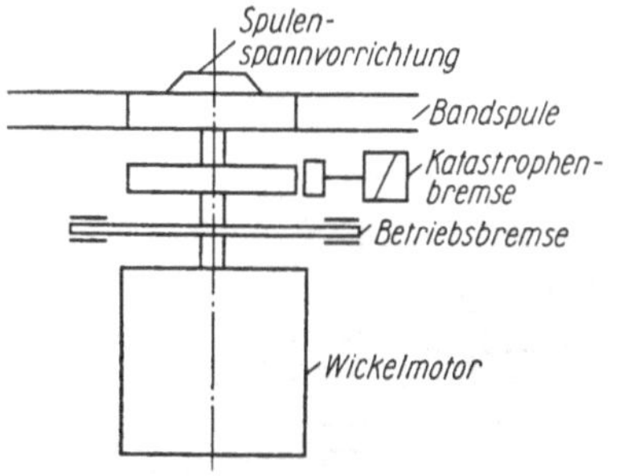

Abb. 79. Einzelantrieb, direkt

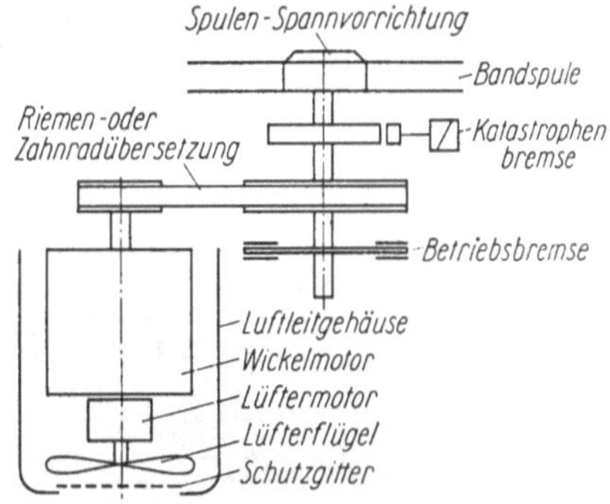

Abb. 80. Einzelantrieb, indirekt

8.4.5. Kraftübertragung zur Wickelachse

Sofern die Motorachse nicht direkt die Spannvorrichtung für die Magnetbandspule trägt (Direktantrieb Abb. 79), erfolgt die Kraftübertragung zwischen beiden durch Keilriemen, Zahnräder oder Zahnriemen [64], [83] (Abb. 80). Mit einer derartigen Übersetzung kann außerdem die Kennliniensteilheit des Motors einfach den Betriebsbedingungen angepaßt werden.

Bei Regelkreisen mit Zweipunktverhalten werden neben vorstehend erwähnten direkten Antrieben in großem Maße Kombinationen aus elektromagnetischen Kupplungen und Bremsen verwendet. Sie haben in ihren prinzipiellen Arbeitsweisen große Ähnlichkeit mit den in Abb. 51 und 53 beschriebenen Einrichtungen für den Bandantrieb, besitzen aber gegenüber diesen wesentliche größere Ansprechzeiten (ca. 0,1 s) und sind für größere Drehmomente (einige 10000 bis 100000 pcm) ausgelegt.

Sonderformen indirekter Einzelmotorantriebe (die noch weitere Funktionen ausüben) sind später noch anhand von Abb. 94 und Abb. 112 erläutert.

Gemeinsamer Wickelmotor

Teilweise ist es üblich, die beiden zum Antrieb der zwei Bandspulen erforderlichen Kupplungs/Bremskombinationen durch einen einzigen Motor anzutreiben. Damit sind folgende zwei prinzipiellen Antriebskonstruktionen möglich:

Beide Bandspulen mit gleicher Drehrichtung

Abb. 81 stellt eine einfache Ausführung dar, bei der beide Bandwickel immer nur die gleiche Drehrichtung ausführen können. Die Bremsung der beiden Spulen kann unabhängig voneinander und von der momentanen Motordrehrichtung erfolgen. Diese Konstruktion kommt z.B. in Verbindung mit Puffersystemen mit verlagertem Nullbereich (siehe 8.4.2.) vor. Der Antriebsmotor ist dabei im all-

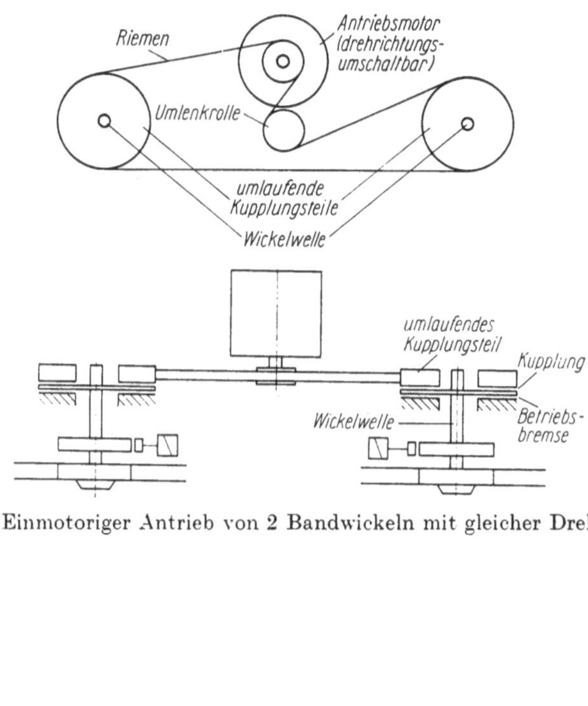

Abb. 81. Einmotoriger Antrieb von 2 Bandwickeln mit gleicher Drehrichtung

gemeinen ein einfacher Wechsel- oder Drehstromasynchronmotor mit geringen Hochlaufzeiten um ca. 100 ms. Beim Stillstand des Bandes am Magnetkopf steht auch der Antriebsmotor still.

Bandspulen mit unabhängiger Drehrichtung

Wesentlich komplizierter sind die Wickelantriebe, bei denen die *Drehrichtung* jeder Bandspule *unabhängig* von der anderen eingeschaltet werden kann. An jeder Wickelachse befinden sich zwei Antriebskupplungen für die beiden Drehrichtungen und eine Bremse. Der Motor läuft ständig in einer Drehrichtung um, und deshalb werden keine Sonderforderungen an ihn gestellt. Die Erzeugung der beiden Drehrichtungen am Kupplungspaar jeder Wickelachse erfolgt über Riemen. Abb. 82 zeigt die prinzipielle Ausführung dieser Kupplungs-Bremseinrichtung an der Wickelachse und zwei Möglichkeiten der Riemenführung.

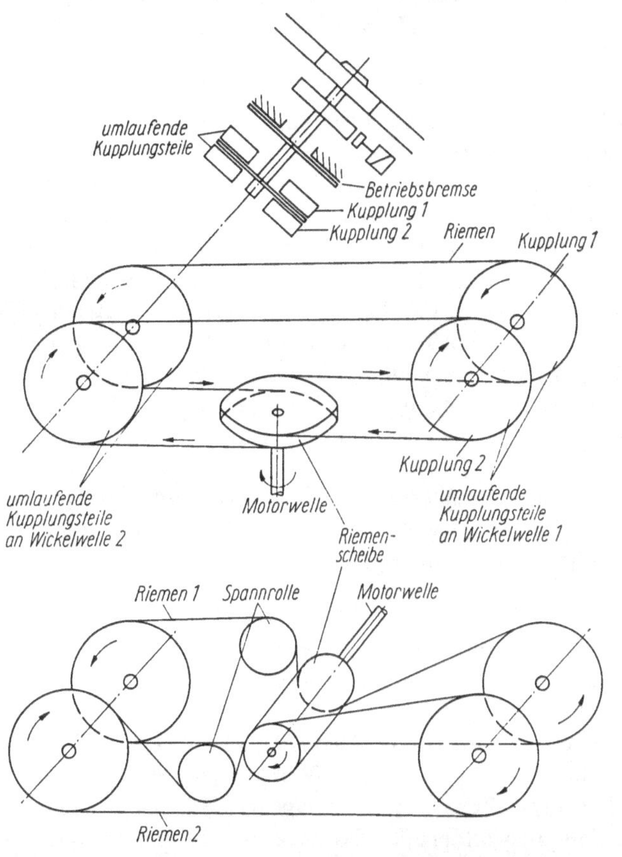

Abb. 82. Einmotoriger Antrieb von 2 Bandwickeln mit unabhängiger Drehrichtung (2 Varianten)

8.4.6. Kühlung

Bei Digitalmagnetbandtransportwerken für Rechnerzwecke werden oft Antriebskonstruktionen für die Bandspulen verwendet, bei denen die Wickelmotore selbst in Drehmoment und Drehrichtung umgesteuert werden, wobei sie unter bestimmten Betriebsbedingungen (Umsteuerung der Bandlaufrichtung, Bandstart, Bandstop) kurzzeitig mit großen elektrischen Leistungen gespeist werden, um ausreichend schnelle Reaktionen der Bandwickelmechanismen auf die Bandbewegungen am Magnetkopf zu erzielen.

Aus ökonomischen und konstruktiven Gründen (Abmessungen, Trägheitsmoment) wählt man jedoch die Motorgröße nur entsprechend einem mittleren Leistungsumsatz. Um eine Überhitzung der Motore bei diesen extremen Betriebsbedingungen zu vermeiden, erfolgt oft eine Zwangskühlung. In einigen wenigen Fällen wird hierzu der um die zu kühlenden Motore erforderliche relativ große Kühlluftdurchsatz aus einem zentralen Niederdruckgebläse (einige 10 mm WS) entnommen. Meistenteils ist jedoch jeder Wickelmotor zu einer konstruktiven Einheit mit einem kleinen einfachen Lüfter entsprechender Leistungsfähigkeit vereinigt und mit einem geeignet geformten topfförmigen Luftleitgehäuse umgeben, wie prinzipiell in Bild 80 dargestellt ist. Der Lüfterflügel ist hierbei meist durch einen kleinen Induktionsmotor angetrieben, der im allgemeinen ständig aus dem Netz gespeist wird.

Ein direkt von der Wickelmotor-Welle angetriebener Lüfterflügel (wie er normalerweise bei Elektromotoren und auch bei solchen für Bandtransportwerk-Konstruktionen mit ständig laufenden Wickelmotoren üblich ist) bringt in den meisten Fällen bei den „geschalteten“ Wickelmotoren keine merkliche Kühlwirkung, da deren Läufer als aktive Bestandteile von Regelkreisen zum Auf- und Abwickeln des Magnetbandes sehr oft nach einer sehr hohen elektrischen Beanspruchung längere Zeit völlig still stehen. Hierbei wird außerdem meist eine geringe elektrische Speisung einer Wicklung zur Erzeugung eines Ruhebandzuges aufrecht erhalten und auch oft eine Erregerwicklung dauernd gespeist.

8.5. Beschreibung vollständiger Regelkreise

Anhand von Beispielen werden nachfolgend einige typische und interessante Regelkreisausführungen komplex beschrieben:

8.5.1. Hebelpuffer, nullsuchender Zweipunktregler

Abb. 83 zeigt die wohl einfachste Regelkreisausführung mit Hebelpuffersystem und Zweipunktverhalten (nullsuchend). Am Pufferhebel ist ein symmetrischer Kontaktsatz angebracht, dessen biegsamer Mittelkontakt durch eine Zentrierfeder betätigt wird. In annähernder Mittelstellung des Hebels (Abb. 71) sind dadurch alle Kontakte geöffnet. Wandert der Hebel aus seiner Mittelstellung — z.B. hervorgerufen durch den Lauf des Bandes — , so wird die Zentrierfeder durch den auswandernden Kontaktsatz gespannt und betätigt je nach Auslenkrichtung einen der beiden Kontakte an der Mittelfeder. Hierdurch erhält eine der Motorfeldwicklungen A oder B und der Motorläufer über den Vorwiderstand R Strom, so daß die Bandspule in die richtige Richtung gedreht wird. Bei weiterer Hebelauslenkung aus der Mittelstellung wird durch die angestiegene Zugkraft der Zentrierfeder zusätzlich der äußere Kontakt geschlossen, wodurch das Relais Rs anzieht, den Vorwiderstand R kurzschließt und das Motordrehmoment stark anwächst. Das Relais Rs zieht ebenfalls an, wenn die Auslenkung des Hebels schnell erfolgt, da die pneumatische (justierbare) Kontaktdämpfung schnelle Bewegungen des Mittelkontaktes verhindert und damit ein Differenzierverhalten des Regelkreises erzeugt. Bei offenen Kontakten (d.h. Stromlosigkeit

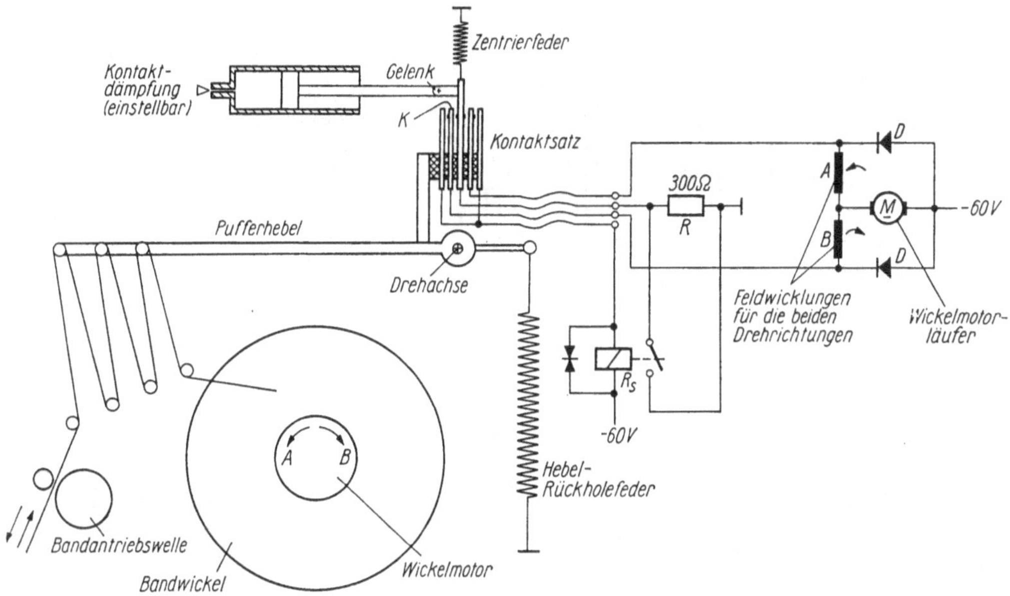

Abb. 83. Einfache Regelkreisausführung mit Hebelpuffer und Zweipunktverhalten

des Motors) wirken die beiden zum Motor parallel liegenden Dioden als Kurzschluß für den evtl. noch rotierenden und deshalb als Generator arbeitenden Motor und bremsen ihn so geschwindigkeitsabhängig ab. Im Stillstand des Magnetbandes am Magnetkopf stellt sich der Pufferhebel geringfügig außerhalb seiner Mittelstellung ein, so daß der Kontakt k mit der Mittelfeder verbunden ist und der Motor ein die Wirkung der Hebelrückholefeder kompensierendes geringes Drehmoment erzeugt. Durch die Wirkung von Zentrierfeder und Bandzug wird außerdem erreicht, daß die beim Bandlauf auftretenden Nullagen je nach Laufrichtung links oder rechts von der geometrischen Mittelstellung des Pufferhebels verschoben erscheinen, so daß bei der Laufrichtungsumkehr mehr als die Hälfte des Bandfassungsvermögens des Puffers ausnutzbar ist.

Zum Schnellauf des Magnetbandes wird die Drehzahl der Bandantriebswelle durch Motorumschaltung verdoppelt; ein Eingriff in den Regelkreis ist nicht erforderlich.

8.5.2. Pneumatischer Puffer, umschaltbarer Zweipunktregler

Eine ebenfalls sehr einfache Regelkreisausführung mit pneumatischem Puffer, Zweipunktverhalten und während des Laufes einseitiger Puffer-Nullstellung zeigt Abb. 84.

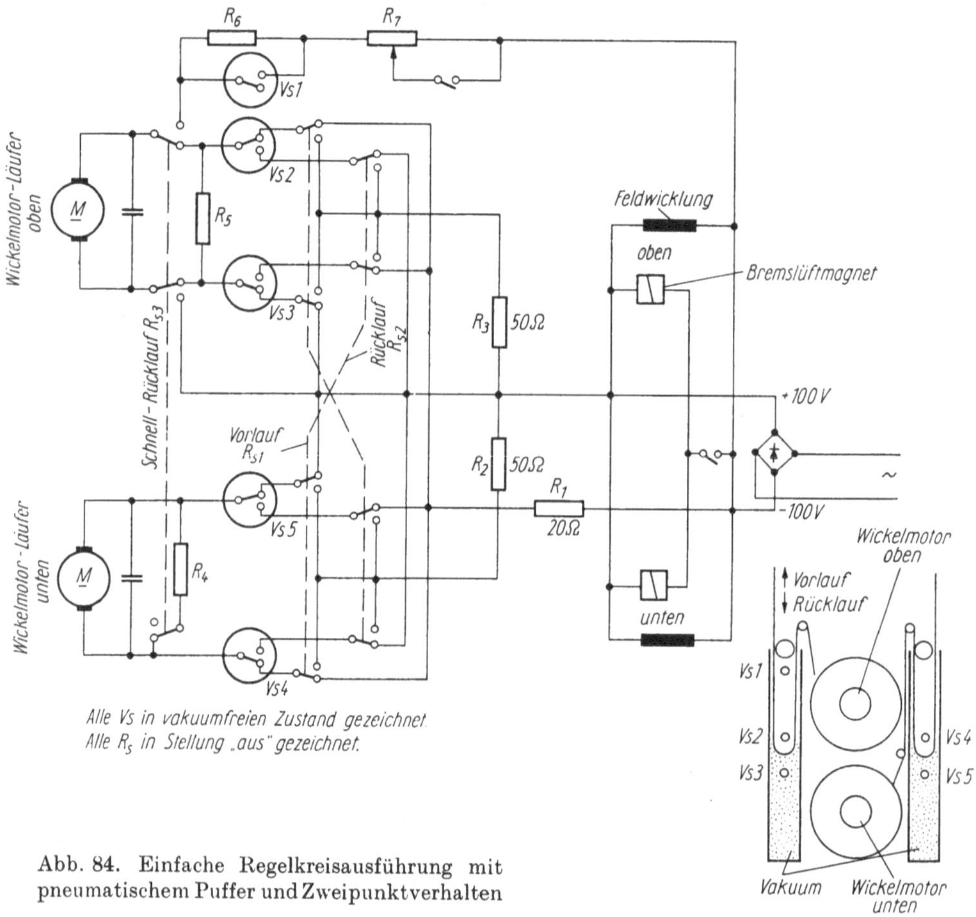

Abb. 84. Einfache Regelkreisausführung mit pneumatischem Puffer und Zweipunktverhalten

Im Stillstand des Bandes am Magnetkopf befinden sich die Bandschleifen im Puffer zwischen den beiden Vakuumschaltern *Vs 2* und *Vs 3* (bzw. *Vs 4* und *Vs 5* für den unteren Wickelmotor, dessen Arbeitsweise der des oberen Wickelmotors völlig entspricht, ohne jedoch mit ihm synchron zu sein).

Die Bandschleife teilt den Puffer in zwei Bereiche mit atmosphärischem bzw. Unterdruck. Wenn kein Bandlaufbefehl vorliegt, ist keines der Relais *Rs 1* und *Rs 2* erregt. Bei Unterdruck am Vakuumschalter *Vs 2* und *Vs 3* ist die Drehrichtung des oberen Wickelmotors langsam pufferfüllend, jedoch pufferleerend bei atmosphärischem Druck an *Vs 2* und *Vs 3*. In beiden Fällen wird der Läufer des Nebenschlußmotors über den Vorwiderstand *R1* gespeist. Die Drehrichtung hängt von seiner Polung ab. Befindet sich an *Vs 2* atmosphärischer und an *Vs 3* Unterdruck, so erhält der Motorläufer keine Betriebsspannung und wird durch die mit Halbwellengleichstrom gespeiste Feldwicklung abgebremst. Erhöht wird die Bremswirkung außerdem durch den parallel zum Läufer liegenden Widerstand *R 5* bzw. *R 4*. Beim Einschalten einer der Bandlaufrichtungen am Magnetkopf werden die Vakuumschalter *2* bis *5* entsprechend den in Tabelle 7 tabellarisch angegebenen Zusammenhängen in ihrer Zusammenschaltung umgruppiert. Dadurch wird erreicht, daß auch bei einer unmittelbaren Laufrichtungsumkehr weit mehr als die Hälfte des Pufferfassungsvermögens ausgenutzt werden kann. Dieses Servo-System ist daher beim Stillstand des Bandes am Magnetkopf nullsuchend, während es bei Aufnahme oder Wiedergabe nachführend arbeitet.

Tabelle 7

Steuerung der Wickelmotore durch Vakuumschalter

Bandlauf-kommando	Lage des Bandes im Puffer			
	über Vs 2	zwischen Vs 2 und Vs 3	unter Vs 3	
Stop	langsam füllend	Stop	langsam leerend	oberer Wickel-motor
Vorlauf	schnell füllend	langsam füllend	Stop	
Rücklauf	Stop	langsam leerend	schnell leerend	
Schnellrücklauf	schnell leerend	schnell leerend	schnell leerend	
	über Vs 4	zwischen Vs 4 und Vs 5	unter Vs 5	
Stop	langsam füllend	Stop	langsam leerend	unterer Wickel-motor
Vorlauf	Stop	langsam leerend	schnell leerend	
Rücklauf	schnell füllend	langsam füllend	Stop	
Schnellrücklauf	schnell füllend	langsam füllend	Stop	

Motor-Drehrichtung bezogen auf den zugehörigen Puffer

Zum Schnellrücklauf des Bandes zieht das zugehörige Relais *Rs 3* an, wodurch auf der Aufwickelseite (oberer Motor) der Läufer über die beiden Vorwiderstände *R 6* und *R 7* direkt an Spannung gelegt wird und dadurch hochläuft. Sobald die sich verkürzende Bandschleife im zugehörigen Puffer den oberen Vakuumschalter *Vs 1* überschreitet und sich an die Umlenkrolle anlegt, wird der Vorwiderstand *R 6* kurzgeschlossen, womit die Drehzahl des Wickelmotors noch weiter ansteigt. Die Leistung beider Motore wird gegenüber dem Normalbetrieb durch das Schnellaufrelais *Rs 3* gleichzeitig durch Abschalten der Parallel-Widerstände *R 4* und *R 5* an den Motorläufen vergrößert. Nach Abschalten der Schnellaufrelais sind beide Regelkreise wieder in ihrer nullsuchenden Stop-Betriebsart, und die Bandschlaufen werden — gesteuert durch die Vakuumschalter *Vs 2* bis *Vs 5* — wieder in ihre Mittellagen zurückgeführt.

Die zur Überwachung der Bandlage im Puffer verwendeten *Vakuumschalter* weisen folgendes Prinzip auf:

Über eine kurze Rohrleitung ist eine an geeigneter Stelle des Pufferschachtes angebrachte Öffnung mit dem Innenraum einer allseitig geschlossenen Dose verbunden, deren eine Stirnseite als federnde Membrane ausgebildet ist. Durch die zwischen beiden Membranseiten herrschende Druckdifferenz erfolgt deren Durchbiegung, die einen Momentschalter geeigneter Schaltleistung betätigt.

8.5.3. Hebelpuffer, nullsuchender stetiger Regler mit Bremssystem

Ein wesentlich aufwendigeres nullsuchendes Servosystem zeigt Abb. 85. Mit dem Hebel eines mechanischen Puffersystems ist der bewegliche Teil (Anker) eines induktiven Gebers [84] verbunden. Seine Primärwicklung *P* ist mit einem sägezahnförmigen Strom gespeist, dessen Frequenz einige Kilohertz beträgt. Je nach Auslenkungsrichtung des Ankers wird in einer der beiden Sekundärwicklungen *S 1* oder *S 2* eine ebenfalls sägezahnförmige Ausgangsspannung annähernd proportional der Auslenkung induziert. Erreicht das verstärkte Ausgangssignal den Schwellwert des Triggers, so entsteht an seinem Ausgang eine

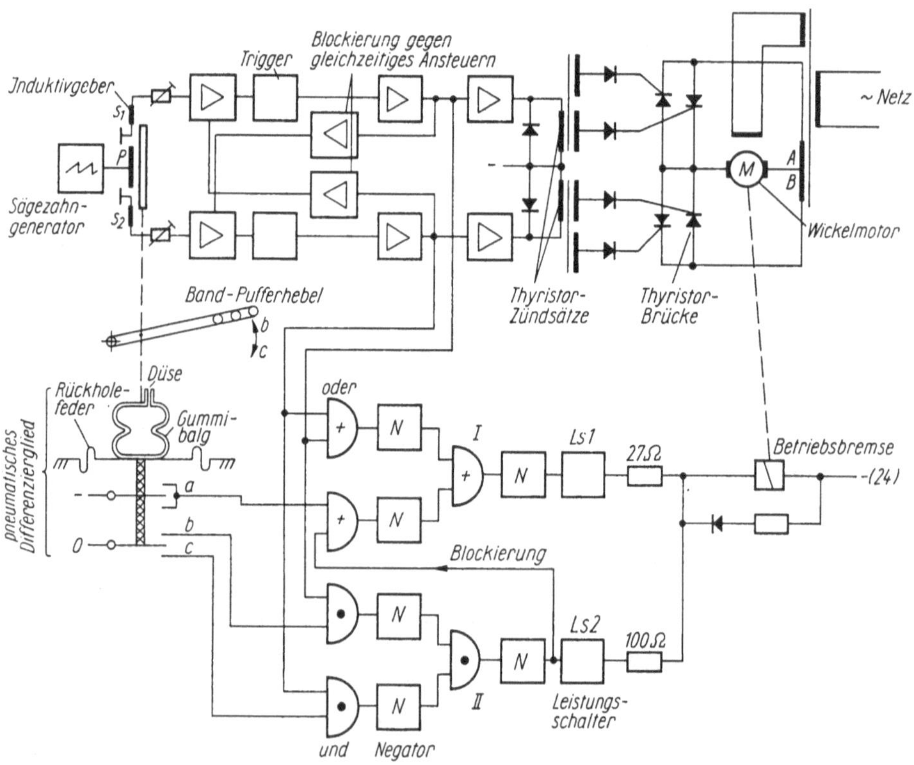

Abb. 85. Regelkreisausführung mit Hebelpuffer und Zweipunktverhalten

Mäanderschwingung mit der Frequenz des Sägezahnes, wodurch der zugehörige Thyristor-Zündsatz sein antiparallel geschaltetes Thyristorpaar ansteuert. Hierdurch wird der Läufer des Wickelmotors an eine der beiden gleichen Netztransformator-Sekundärwicklungen A oder B geschaltet und erzeugt ein Drehmoment, das unmittelbar den Pufferhebel in Richtung Mittelstellung zurückführt. Solange der Pufferhebel in annähernder Mittelstellung ist (d.h. keiner der Trigger ein Ausgangssignal liefert), ist der Motorläufer stromlos und wird durch die elektromagnetische Betriebsbremse kräftig festgehalten, so daß der Bandzug keine Verdrehung erzeugen kann. Sobald einer der Trigger ein Ausgangssignal liefert, wird über die logische Schaltung *I* und den Leistungsverstärker *Ls 1* die Bremse gelöst, so daß der Läufer frei rotieren kann. Mit dem Pufferhebel ist weiterhin eine pneumatische Differenziereinrichtung gekoppelt. Sie besteht aus einem bis auf eine kleine justierbare Ausgleichöffnung geschlossenen Gummibalg, dessen Volumen durch die Bewegungen des Hebels verändert wird. Die Druckdifferenz zwischen Innenraum und Außenseite des Gummibalges ist proportional der Hebelgeschwindigkeit, wodurch seine Rückholefeder je nach Bewegungsrichtung des Hebels aus ihrer Ruhelage ausgelenkt wird und zwei Kontaktsätze betätigen kann. Kontaktsatz a) verhindert, daß beim schnellen Überschreiten der Mittellage des Pufferhebels (Ausgangssignale der Trigger Null) die kräftige Bremsung durch Leistungsschalter *Ls 1* anspricht. Die Kontaktsätze b) und c)

elektrisch vorgeschriebenes Wickelmotor-Drehmoment	Tendenz der Pufferinhaltsveränderung: füllend	leerend	konstant	Puffer-Füllungsgrad
Puffer füllend	frei	bremsend	frei	<1/2
Puffer leerend	bremsend	frei	frei	>1/2
Stillstand	frei	frei	frei	ca. 1/2

Verhalten der Wickelbremse über Ls2

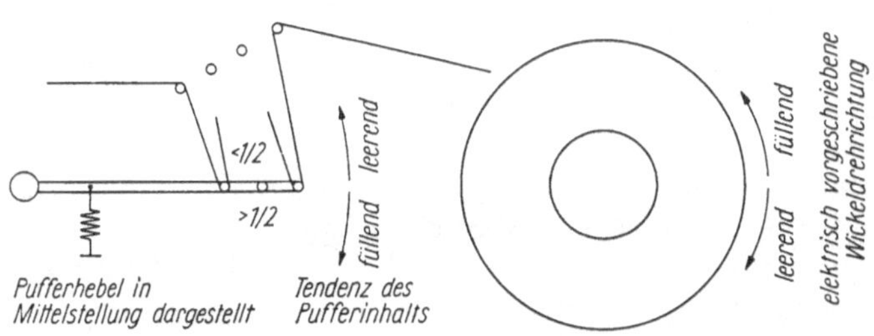

Abb. 86. Steuerung der Bandwickel-Betriebsbremse

bewirken zusammen mit den Triggersignalen eine von Füllungsrichtung und Füllungsgrad des Puffers abhängige schwache Bremsung des Wickelmotors über die logische Schaltung *II* und Leistungsverstärker *Ls 2*. Dadurch werden nicht zusammengehörige Kombinationen von Hebelstellung und Hebelbewegungsrichtung am Wickelmotor schnell korrigiert. Die Abhängigkeit dieser Bremswirkung von den verschiedenen logischen Signalen ist in Abb. 86 tabellarisch dargestellt.

8.5.4. Hebelpuffer mit nullsuchendem stetigem Regler und Rückführung

Ein stetig wirkendes nullsuchendes Servo-System mit Hebelpuffer ist in Abb. 87 angegeben. Mit dem Pufferhebel ist wieder der Anker eines Induktivgebers gekoppelt. Seine Speisung erfolgt jedoch direkt mit Netzfrequenz.

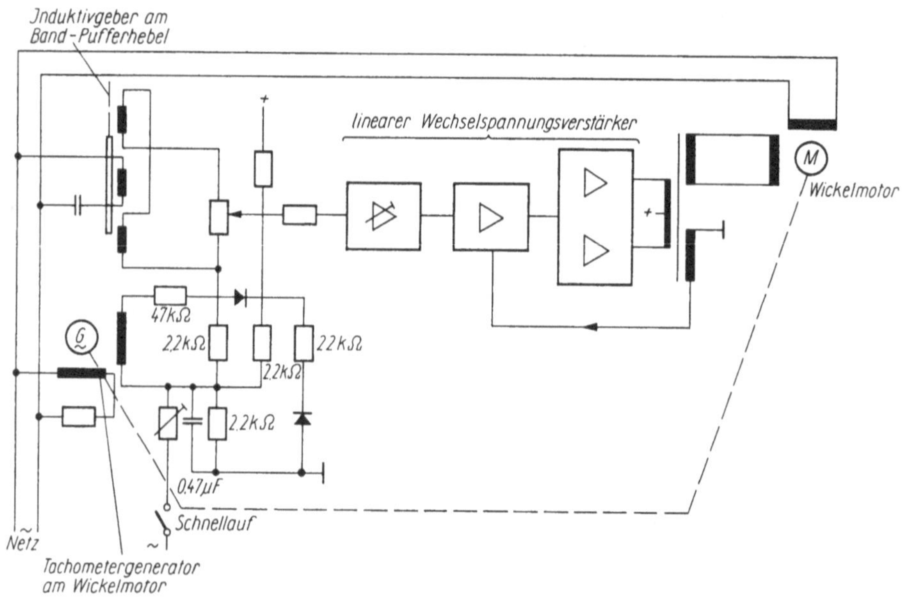

Abb. 87. Stetig wirkende Regelkreisausführung mit Hebelpuffer

Die Ausgangsspannung der beiden in Serie geschalteten Sekundärwicklungen ist bei Mittelstellung des Pufferhebels Null und steigt proportional mit der Auslenkung aus der Nullage an (Abb. 88). Beim Überschreiten der Mittellage des Hebels findet außerdem ein 180°-Phasensprung der Ausgangsspannung statt. Sie wird linear in einem sechsstufigen gegengekoppelten Röhrenverstärker mit Gegentakt-Leistungsausgang verstärkt und speist die Steuerwicklung eines Induktions-

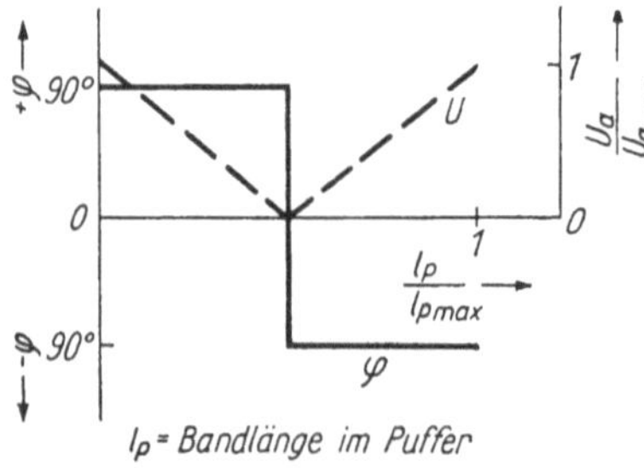

Abb. 88. Kennlinien des Induktivgebers

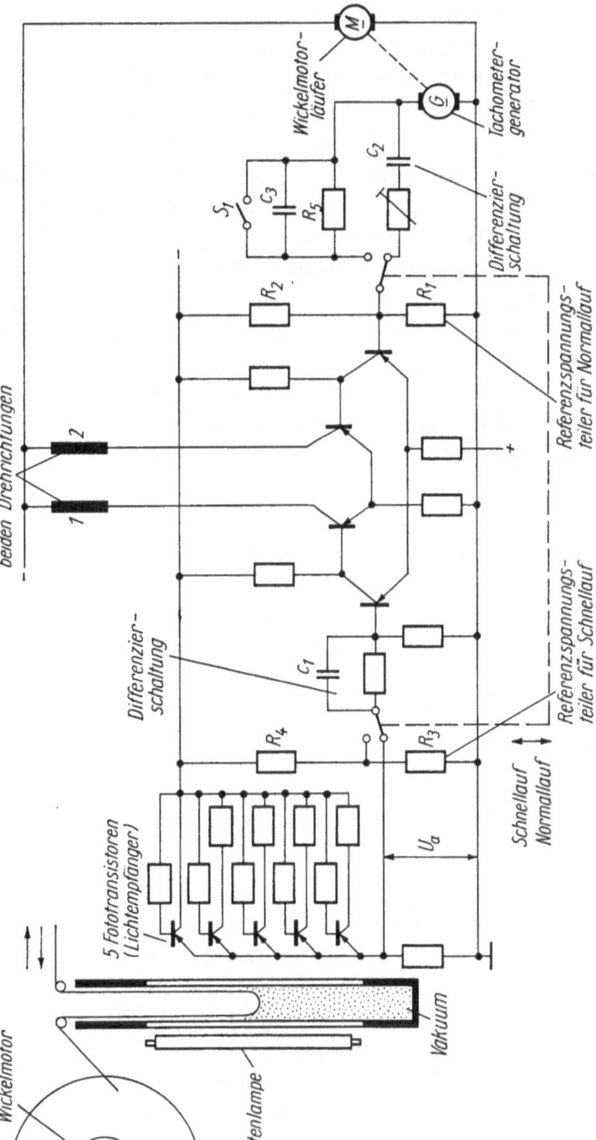

Abb. 89. Stetig wirkende Regelkreisausführung mit pneumatischem Puffer

motors. Im Zusammenwirken mit der ständig aus dem Netz gespeisten Erregerwicklung liefert der Motor ein der Hebelauslenkung proportionales Drehmoment in eine Drehrichtung, die von der Auslenkungsrichtung des Pufferhebels abhängt. Die zur Erzeugung des Drehfeldes innerhalb des Motors erforderliche Phasendrehung von ca. 90° zwischen Erreger- und Steuerwicklung wird durch den Kondensator an der Primärwicklung des Induktivgebers erzeugt. Mit der

Motorachse ist ein Ferraris-Tachometergenerator gekoppelt. Er gibt ein der Drehzahl proportionales Signal mit Netzfrequenz ab, dessen Phasenlage sich bei Drehrichtungswechsel ebenfalls um 180° ändert. Dieses Tachometersignal ist dem Ausgangspegel des Induktivgebers gegenphasig in Serie geschaltet. Durch diese Drehzahlrückführung wird erreicht, daß bei konstanter Führungsgröße (Ausgangsspannung des Induktivgebers) die Ausgangsgröße (Drehzahl) konstant bleibt, auch wenn sich die Eigenschaften der dazwischenliegenden Elemente (Kennlinienneigungen, Wickelradius, Reibungen usw.) verändern.

Diese Art der Rückführung einer Drehzahl ermöglicht nur die optimale — d.h. aperiodische — Einstellung des Regelkreises bei einem bestimmten Wickelradius. Aus diesem Grunde kann es regelungstechnisch günstiger sein, den Tachometer vom Magnetband anzutreiben, d.h. die Bandgeschwindigkeit zurückzuführen und konstant zu halten. Eine andere Möglichkeit der Kompensation des Einflusses der Wickeldurchmesser-Variation besteht darin, die Verstärkung im Regelkreis in Abhängigkeit vom Wickelradius zu verändern, wozu beispielsweise eine Lichtschranke mit radiusproportionaler Ausgangsspannung verwendbar ist [59], [82].

Zum Schnellauf wird dem aufwickelseitigen Verstärkereingang eine konstante, zusätzliche Spannung mit Netzfrequenz als Führungsgröße eingespeist, wodurch die Aufwickeldrehzahl (bzw. bei Antrieb des Tachometers durch das Magnetband die Aufwickel-Bandgeschwindigkeit) annähernd konstant eingestellt wird. Bei diesem Schnellauf befindet sich der Pufferhebel an einem Endanschlag, so daß die Ausgangsspannung des mit ihm gekoppelten Gebers und seine Phasenlage definiert und konstant sind.

8.5.5. Vakuumpuffer, nullsuchende stetige Regler

Abb. 89 zeigt ein nullsuchendes, stetiges Servosystem mit pneumatischem Puffer. Der Schacht des Puffers ist auf großer Länge durchsichtig ausgeführt, so daß das Licht einer langen Soffittenlampe quer durch den Schacht zu einem aus fünf Phototransistoren gebildeten Lichtempfänger gelangen kann. Die Magnetbandschleife wirkt für diesen breiten Lichtstrahl als variable Blende. Die Ausgangsspannung des Lichtempfängers ist, wie Abb. 90 schematisch zeigt, weitgehend der Bandlänge im Puffer proportional. Sie wird einem linearen Gleichstrom-Transistorleistungsverstärker zugeführt, der eine von zwei Feldwicklungen eines Gleichstrommotors speist. Die zweite Feldwicklung ist in gleicher Weise mit einem ähnlichen Leistungsverstärker zusammengeschaltet, dessen Eingangs-Gleichspannung durch den Spannungsteiler *R 1*/*R 2* festgelegt ist und somit den Strom in Feldwicklung *2* bestimmt. Der Motorläufer wird ständig mit Gleichstrom gespeist (Nebenschlußverhal-

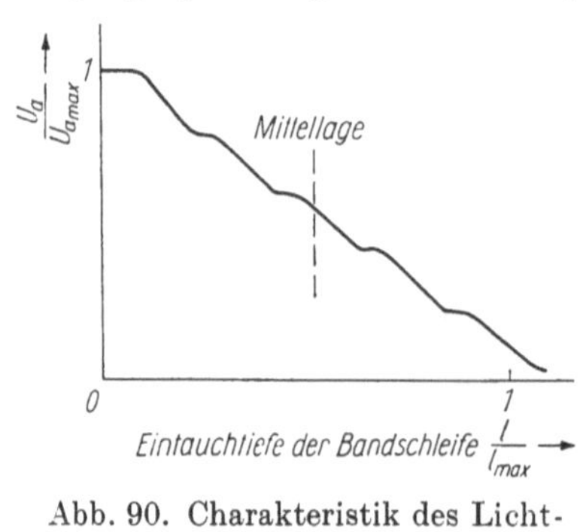

Abb. 90. Charakteristik des Lichtempfängers

ten). Die beiden Feldwicklungen sind gegeneinander geschaltet; somit tritt bei Gleichheit beider Feldwicklungsströme kein Motordrehmoment auf. Sind sie ungleich (z. B. infolge Differenz zwischen Lichtempfänger-Ausgangsspannung und Referenzspannung), so dreht der Motor stets in die Richtung, die durch Veränderung der Schlaufenlänge im Puffer diese Differenz verringert. Ein Gleichgewichtszustand (Stillstand des Wickelmotors) tritt dann bei halber Füllung des Puffers ein, wenn sich Drehmoment und Bandzug kompensieren. Bei Veränderungen des Pufferinhaltes und damit der Lichtempfänger-Ausgangsspannung, z.B. beim Bandstart oder -stop findet durch *C 1* eine Differenzierung statt, so daß der Leistungsverstärker zusätzlich geschwindigkeitsabhängig angesteuert wird (D-Verhalten). Mit dem Wickelmotor ist ein Gleichstrom-Tachometer gekoppelt, dessen Ausgangs-Gleichspannung proportional der Wickeldrehzahl ist und dessen Polarität der Drehrichtung entspricht. Seine Ausgangsspannung wird über *C 2* ebenfalls differenziert und beeinflußt den Wickelmotor an Feldwicklung *2* dämpfend. Zum Schnellauf wird der Eingang des einen Leistungsverstärkers vom Lichtempfänger auf einen festen Spannungsteiler *R 3*/*R 4* — der die Umspuldrehzahl bestimmt — umgeschaltet, während der andere Eingang die Ausgangsspannung des Tachometers direkt als Steuergröße sowie ein mittels *C 3* erzeugtes Differenziersignal zugeführt bekommt. Um ein bandschonendes langsames Beschleunigen nach dem Start des Schnellaufes zu erzielen, wird der Tachometer-Vorwiderstand *R 5* an der Aufwickelseite erst dann geschlossen, wenn der zugehörige Puffer leergespult ist.

Ein interessantes Beispiel eines ebenfalls stetigen nullsuchenden Servosystems mit pneumatischem Puffer zeigt Abb. 91. In Längsrichtung der Pufferschächte sind schmale, mit Rohrleitungen verbundene Längsschlitze angebracht. Diese Rohrleitungen enden an einer Druckdose, ähnlich wie zu Abb. 84 schon beschrieben. Jedoch betätigt hier die Membrane den Anker eines Induktivgebers. Der Unterdruck im Rohrsystem ist abhängig vom Füllungszustand des Puffers; die Ausgangsspannung des Induktivgebers ist bei annähernd halber Pufferfüllung Null. Wie schon zu Abb. 88 beschrieben, sind Phasenlage und Amplitude der Ausgangsspannung des netzfrequenzgespeisten Induktivgebers abhängig von Größe und Richtung der Abweichung der Pufferfüllung von der Mittellage. Bei der Erzeugung eines geschwindigkeitsproportionalen Differenziersignals wird die Tatsache ausgenutzt, daß bei der Amplitudenmodulation einer Trägerfrequenz zwei Seitenbänder entstehen. Das Induktivgeber-Ausgangssignal wird deshalb durch ein die Netzfrequenz (Trägerfrequenz) stark dämpfendes Filter gemäß Abb. 92 geleitet und nachfolgend linear verstärkt. Bei geringen Änderungsgeschwindigkeiten ist das Verstärker-Ausgangssignal proportional der Abweichung der Bandschlaufenlänge von der Mittellage. Mit Zunahme der Änderungsgeschwindigkeit treten Seitenbänder auf, die vom Filter schwächer als die Trägerfrequenz gedämpft werden und deshalb ein Verhalten der Filter — bzw. Verstärkerausgangsspannung, wie in Abb. 92b dargestellt, erzeugen. Dieses Verfahren zur Gewinnung des Differenziersignals wird kaum

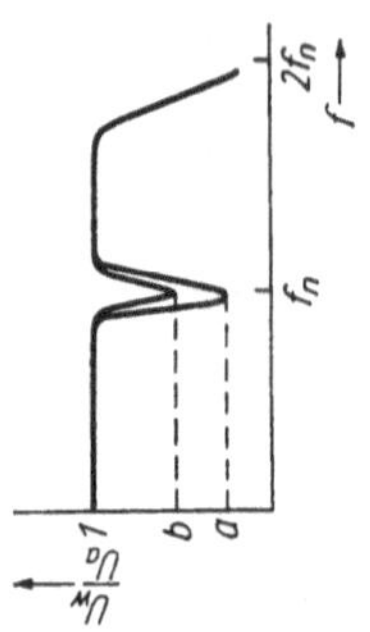

Abb. 92a. Frequenzgang eines Differenzierfilters

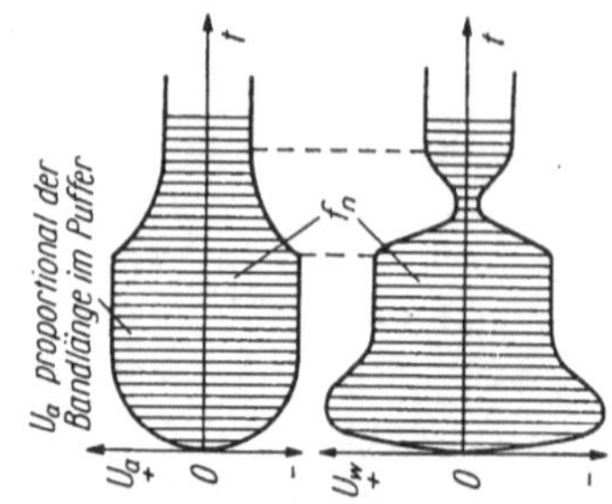

Abb. 92b. Differenzierverhalten des Filter

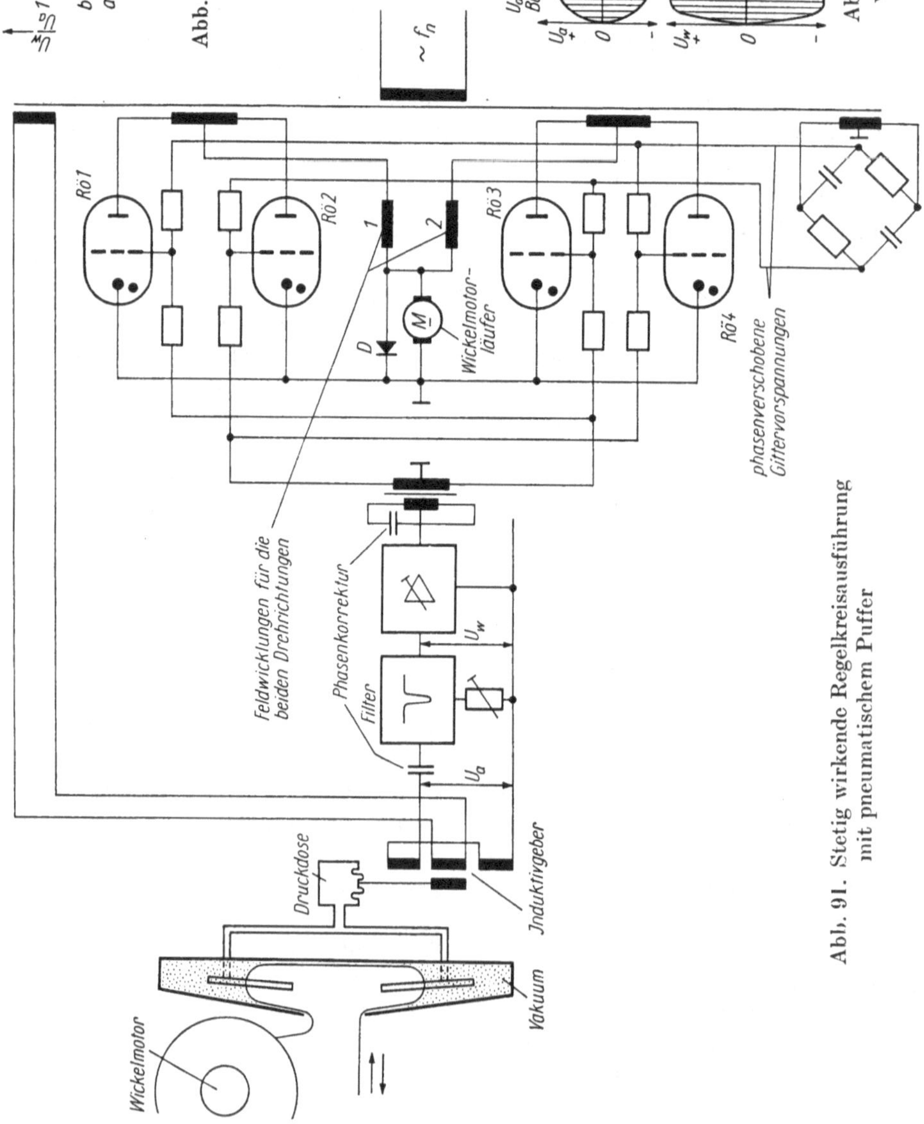

Abb. 91. Stetig wirkende Regelkreisausführung mit pneumatischem Puffer

noch verwendet, da es eine sehr stabile Netzfrequenz mit geringem Klirrfaktor erfordert.

Je zwei der vier Thyratrons sind mit einer mittelangezapften Netztransformator-Sekundärwicklung und einer Reihenschaltung aus Wickelmotor-Läufer und einer der zwei Feldwicklungen zu einer Brückenschaltung zusammengeschaltet. Die Steuergitter der Thyratrons sind durch eine gemeinsame Phasenschieberanordnung mit zwei gegenphasigen Ausgangsspannungen mit Netzfrequenz gesperrt. Bei einer bestimmten Phasenlage (entsprechend einer bestimmten Lage des Bandes im Puffer relativ zur Mittelstellung) addiert sich die Verstärker-Ausgangsspannung am Eingang eines zusammengehörigen Thyratron-Paars so zur Gittervorspannung, daß beide Thyratrons abwechselnd bei jeder Netz-Halbwelle zünden. Der Zeitpunkt der Zündung, bezogen auf die Nulldurchgänge der Netz-Halbwellen, ist von der Amplitude der Verstärker-Ausgangsspannung abhängig.

8.5.6. Kassettenpuffer, nullsuchender Zweipunktregler

Abb. 93 zeigt die Überwachungsschaltung für einen Kassettenpuffer. Vorder- und Rückseite der Kassette sind als Kondensatorplatten ausgebildet, zwischen

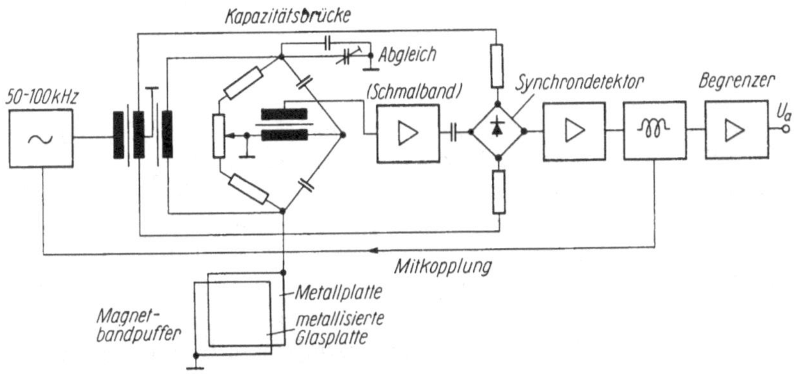

Abb. 93. Überwachungsschaltung eines Kassettenpuffers

denen das durch Luft und Magnetband gebildete Dielektrikum die Kondensatorkapazität bestimmt. Gemäß [35] werden in einem derartigen Puffer maximal ca. 22 m Band untergebracht. Der Kassettenkondensator ist der eine Zweig einer Brückenschaltung, der Vergleichskondensator ist ein Trimmer und bestimmt, bei welchem Füllungsgrad ein Brückennull auftritt. Die Brückenspeisung erfolgt aus einem Festgenerator von ca. 50—100 kHz. Das Brücken-Ausgangssignal und das Ausgangssignal des Generators werden gleichzeitig einem störunempfindlichen Synchron-Demodulator zugeführt; seine durch einen Tiefpaß gefilterte Ausgangsspannung ist annähernd proportional dem Füllungsgrad des Puffers und geht bei halbgefülltem Puffer durch Null. Beim Überschreiten eines bestimmten niedrigen Schwellwertes dieses Signals erfolgt eine Begrenzung, d.h., aus der füllungsproportionalen Spannung wird ein Digital-Signal erzeugt. Um Flattererscheinungen in der Nähe der Mittelstellung zu vermeiden, wird das gefilterte Proportionalsignal an den Brückeneingang positiv zurückgeführt, wodurch eine Hysterese auftritt.

Bei mehr als ca. 12 m Bandinhalt entsteht ein positives I-Signal am Ausgang, während bei weniger als ca. 9 m ein negatives I-Signal auftritt. Zwischen ca. 9 und 12 m Inhalt ist das Ausgangssignal 0 (trivalentes Signal).

Zur Überwachung des Kassetteninhaltes sind auch Wägeverfahren [85] bekannt geworden. Hierbei wird der Kassettenpuffer federnd aufgehängt und seine von der Bandmasse abhängige Lage fotoelektrisch oder ähnlich kontrolliert. Gemäß [86] ergibt die Veränderung des Kassetteninhaltes von 0 bis ca. 20—30 m einen Hub der Kassette von ca. 12 mm bei 1″ breitem Band an. Weiterhin ist die Überwachung des Bandinhaltes in einem Kassettenpuffer durch integrierende photoelektrische Auswertung des von einem schräg durch die Kassette verlaufenden großflächigen Lichtstrahls möglich. Alle bekannten Verfahren der Überwachung des Inhaltes von Kassettenpuffern besitzen jedoch im Vergleich zum pneumatischen oder Hebelpuffer eine große Ungenauigkeit von einigen 10%.

Hilfsantrieb bei Kassettenpuffern

Abb. 94 zeigt einen Wickelantrieb, kombiniert mit einem beim Kassettenpuffer unerläßlichen Hilfsantrieb, wie er zusammen mit der Überwachungseinrichtung in Abb. 93 verwendet wird. Der Wickelmotor (Drehstrommotor) ist stromlos und abgebremst, wenn keines der Drehrichtungsrelais *A* oder *B* erregt wird. Damit steht der mit ihm fest gekoppelte Bandwickel ebenfalls still. Da das Band in der Kassette immer lose liegt, muß durch den Hilfsantrieb ein Bandzug am Wickel hergestellt werden. Hierzu rotiert die Vakuumantriebswelle des Hilfsantriebes (siehe Abb. 44) ständig in pufferfüllender Richtung. Bei Stillstand des Bandwickels wird dieser Hilfsantrieb mit niedriger Drehzahl von dem ständig rotierenden Antriebsmotor für die Bandantriebswelle über den Freilauf 1 angetrieben. Wenn sich der Pufferinhalt unter ca. 9 m verringert hat, entsteht ein negatives L-Signal. Hierdurch zieht das Relais *B* an und der Motor rotiert in Drehrichtung *B*, so daß Band in Richtung Puffer geliefert wird. Gleichzeitig löst sich die Bremse, und die Drehzahl des Hilfsantriebes wird dadurch so stark erhöht, daß er über Freilauf *2* mit dem Wickelmotor automatisch gekoppelt ist. Hierdurch erhöht sich die Drehzahl der Freilaufwelle, und der Freilauf *1* trennt diese Welle vom Bandantriebsmotor. Nachdem der Pufferinhalt wieder einen Wert zwischen ca. 9 und 12 m angenommen hat, stoppt der Wickelmotor, und der Hilfsantrieb wird wieder langsam vom Bandantriebsmotor gedreht. Wenn der Pufferinhalt 12 m überschreitet, tritt ein positives L-Signal auf, das Relais *A* zieht an, die Bremse löst sich und der Motor wird in Drehrichtung A gestartet. Auf Grund dieser Motordrehrichtung spricht der Freilauf 2 nicht an, d.h., die Drehzahl des Hilfsantriebs bleibt unverändert und ist entgegengesetzt der Bandbewegung am Wickel. Wie Abb. 45 zeigt, ist der pneumatisch erzeugte Bandzug jedoch von der Relativgeschwindigkeit zwischen Hilfsantrieb und

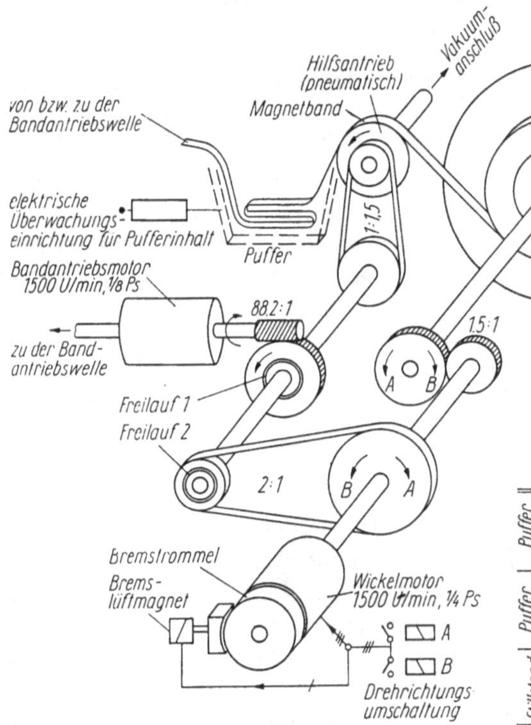

	Wickel-Drehrichtung	Wickel-Drehzahl	Hilfsantrieb	Freilauf 1	Freilauf 2
Puffer leerend	A	1000	25,5	fest	lose
Puffer füllend	B	1000	4500	lose	fest
Stillstand	0	0	25,5	fest	lose
		U/min	U/min		

Abb. 94. Hilfsantrieb für Kassettenpuffer

Band kaum abhängig. Die für eine Bandgeschwindigkeit v_N von 200″/s (504,8 cm/s) verwendeten Dimensionierungen dieses Wickelantriebes sind in Abb. 94 angegeben.

8.5.7. Sonderverfahren

Eine außergewöhnliche Antriebseinrichtung für sehr kleine Bandspulen eines vielspuligen Magnetbandspeichers wird später in Zusammenhang mit dessen Bandlaufanordnung beschrieben (Abb. 113).

9. Zusatzeinrichtungen

9.1. Bandüberwachungen

9.1.1. Notwendige Zustandssignale

In vielen Fällen werden Digital-Magnetbandtransportwerke durch elektrische Befehle von einem Rechner o.ä. gesteuert. Hierzu ist es erforderlich, daß zu jeder Zeit die Stellung des Magnetbandes auf dem Transportwerk identifizierbar ist. Folgende Zustände des Bandes werden im wesentlichen unterschieden und signalisiert:

Kein Magnetband auf dem Transportwerk oder Band gerissen.

Die Signalisierung dieses Zustandes erfolgt durch Endlagenschalter an den Anschlägen der Pufferhebel, durch pneumatische Schalter an den Vakuumanschlüssen der pneumatischen Puffer oder (seltener) durch Lichtschranken am Magnetband.

Anfang des zur Aufnahme oder Wiedergabe brauchbaren Magnetbandes (z.B. engl. BOT: *B*eginning *of* *T*ape oder BIM: *B*eginning of *I*nformation *M*ark oder BTC: *B*eginning of *T*ape *C*ontact). Die entsprechende Bandstelle wird auch als „Ladepunkt" bezeichnet und ist dadurch gekennzeichnet, daß mit Sicherheit der Vorgang des Bandeinlegens (Laden) beendet ist und damit das Aufzeichnen oder Wiedergeben beginnen kann. Dieser Ladepunkt muß hinreichend weit vom körperlichen Anfang des Magnetbandes entfernt sein. Wird nämlich beim Schnellrücklauf von dieser Stelle ein Stoppen veranlaßt, so darf sich keinesfalls das Magnetband von der Spule lösen.

Ende des zur Aufzeichnung oder Wiedergabe brauchbaren Magnetbandes (z. B. engl. EOT: *E*nd *of* *T*ape oder DWM: *D*estination *W*arning *M*ark).

Diese Marke ist soweit vom körperlichen Ende des Magnetbandes entfernt, daß bei einem von dieser Marke automatisch hervorgerufenen Stop sich das Band mit Sicherheit nicht von der Abwickelspule löst. Da beim Erkennen dieser Marke sofort ein Bandstop herbeigeführt werden muß, könnte hierdurch die Aufzeichnung eines Informationsblockes unterbrochen und er somit verstümmelt werden. Um das zu verhindern, wird ein weiterer Zustand signalisiert:

Bandend-Vorwarnung (z. B. engl. EWM: *E*nd *W*arning *M*ark oder ETW: *E*nd of *T*ape *W*arning).

Einige Meter vor dem EOT-Signal wird ein Warnsignal vom Transportwerk abgegeben, das beim Aufzeichnen die Verarbeitung eines neuen Informationsblockes verhindert. Jedoch ist der Abstand zwischen EWM und EOT so groß, daß mit Sicherheit der schon in Verarbeitung befindliche Block sowie eine geeignete Bandendmarkierung (z.B. Informationsblock mit Angabe des Fortsetzungsbandes) untergebracht werden kann. Im Gegensatz zu BOT läßt die EWM-Erkennung eine relativ große Toleranz zu.

9.1.2. Realisierung der Zustandssignale

Die verschiedenen verwendeten Verfahren für die Erkennung dieser vier Zustände des Magnetbandes auf dem Transportwerk sind in Abb. 95 zusammen-

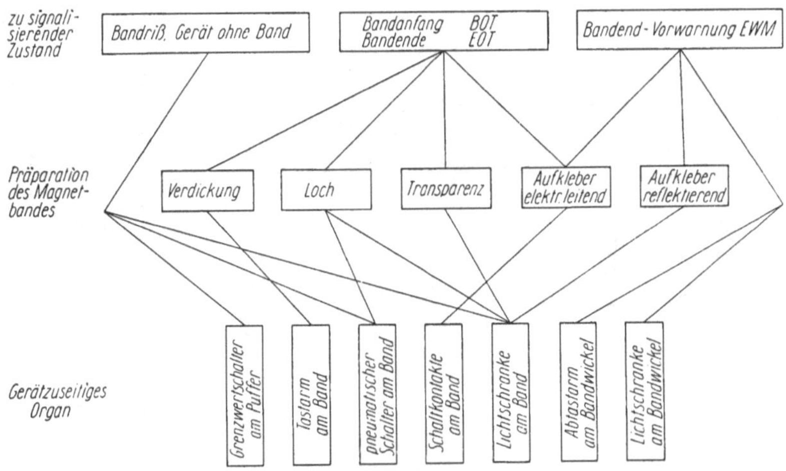

Abb. 95. Möglichkeiten der Zustandssignalisierung

gefaßt. Die Bandrißerkennung benötigt keinerlei Präparationen des Magnetbandes. Das Gleiche gilt auch für die Bandendvorwarnung; beispielsweise kann hierzu eine Lichtschranke verwendet werden, die beim Unterschreiten eines bestimmten Wertes des Radius der Abwickelspule anspricht [59]. Eine andere

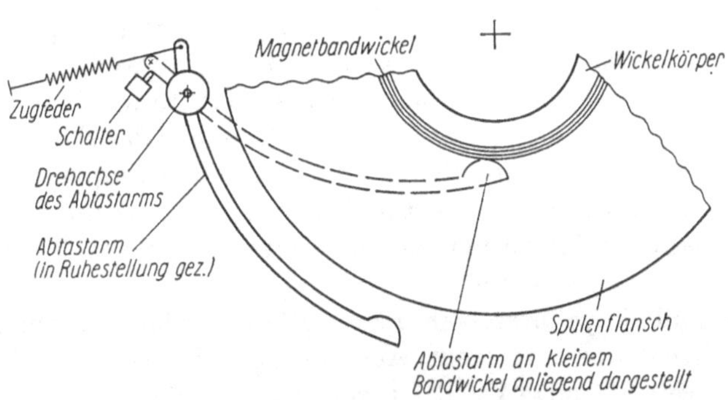

Abb. 96. Wickel-Abtastarm

Möglichkeit bietet sich durch Abtastung des Wickelradius mit einem leichten, federvorgespannten Hebel (Abtastarm), der beim Erreichen eines bestimmten Radius ein elektrisches Signal auslöst (Abb. 96). Die BOT- und EOT-Signalisierung erfolgt ausschließlich durch besonders präparierte Stellen des Magnetbandes, die mittels Lichtschranken oder Schaltkontakten abgetastet werden. Abb. 97 zeigt einen mit drei Kontaktringen *1* bis *3* versehenen Bandumlenkstift, um den das Magnetband während des Laufes und des Stillstandes einen Umschlingungswinkel bildet. Durch zwei unsymmetrisch zur Magnetbandlängsachse auf der Rückseite aufgeklebte Metallfolien geringer Dicke können zwei voneinander völlig unabhängige Signale erzeugt werden (z.B. BOT und EOT). In Abb. 98 ist

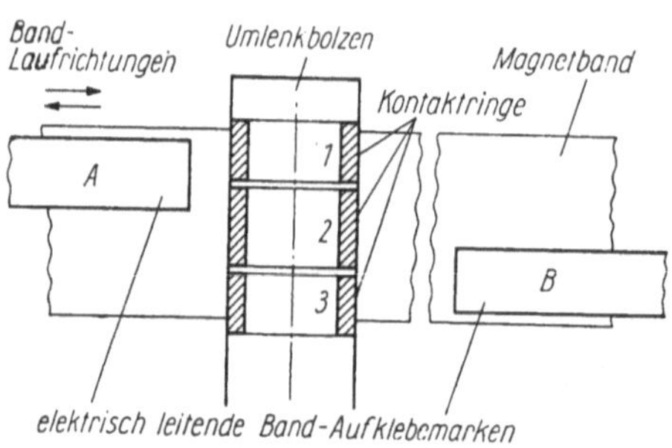

Abb. 97. Bandendkontakte

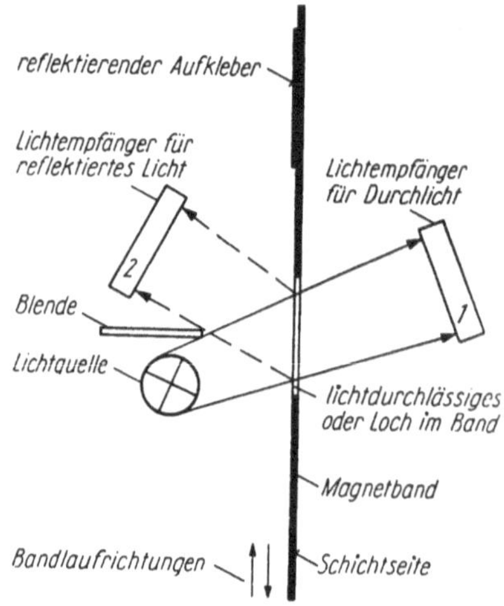

Abb. 98. Bandend-Lichtschranken

eine Lichtschranke dargestellt, die auf ein Loch oder ein transparentes Feld im Band anspricht (Lichtempfänger *1*).

Ein weiterer Lichtempfänger *2* reagiert auf eine an die Bandrückseite geklebte reflektierende Marke. Auch diese reflektierende Marke besteht aus einer Metallfolie. In neuerer Zeit werden die Aufkleber mehrschichtig ausgebildet (Kleber/Plastmaterialträger/Metallfolie) und zu Rollen aufgewickelt geliefert. Magnetbandaufkleber werden stets an der Magnetbandrückseite angebracht und müssen so beschaffen sein, daß sie keine ungünstige Veränderung des Magnetbandes (Verformung, Versteifung, Verunreinigung) verursachen. Zumindest der BOT-Abtaster ist oft sehr dicht am Magnetkopf angeordnet, wodurch die davon abhängige automatische Steuerung des Bandtransportes am Bandanfang sehr einfach wird und genau arbeitet.

In Abb. 99 sind einige interessante Magnetbandkonfektionierungen mit Präparation zur Signalgabe dargestellt. Ausführung a) besitzt zur EOT und BOT-Signalisierung wellenförmige Verdickungen aus Gummi am Bandanfang und am Bandende, mit denen mechanische Tasthebel in Spulennähe ausgelenkt werden

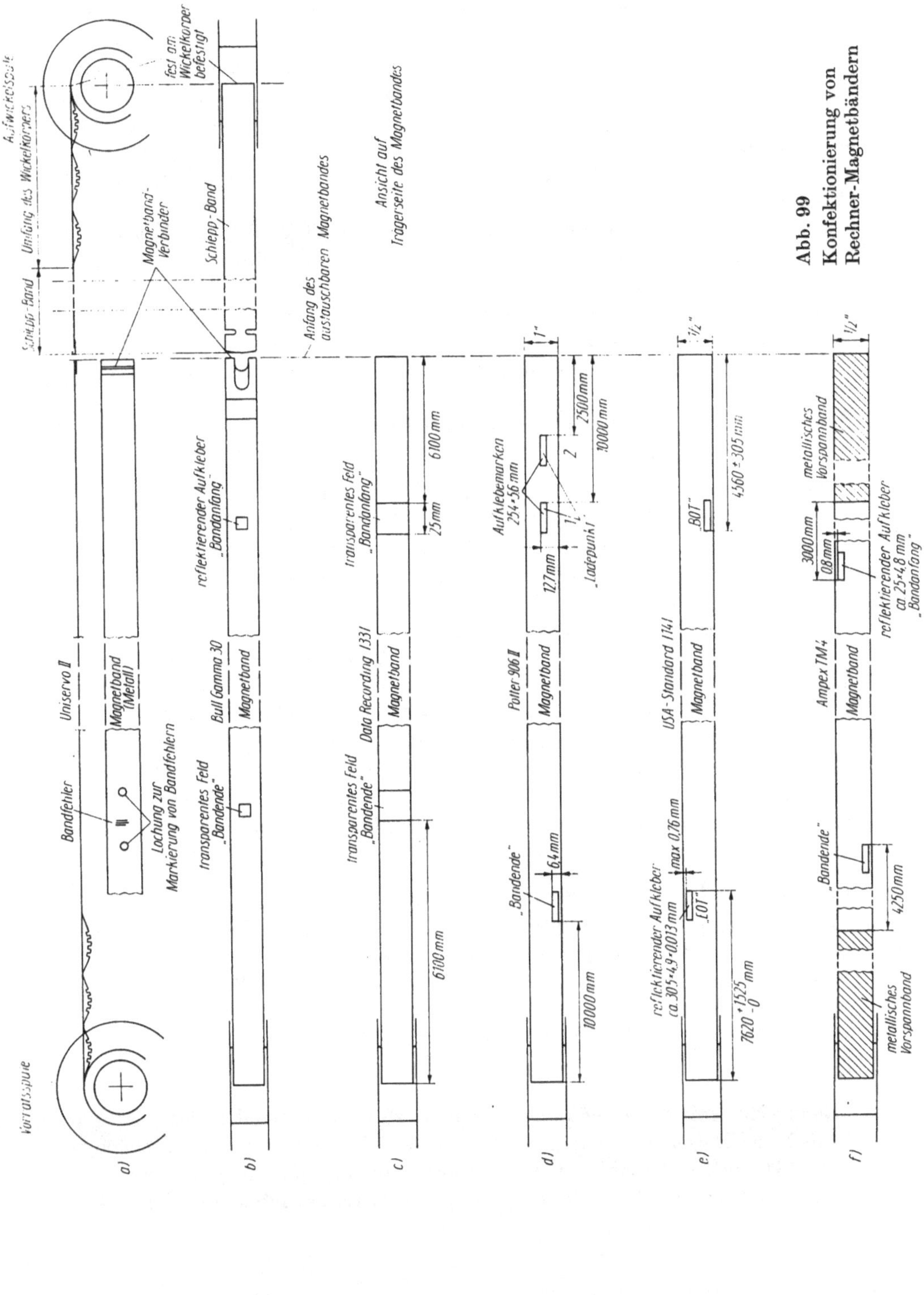

Abb. 99
Konfektionierung von Rechner-Magnetbändern

und Kontakte betätigen. Dieses Verfahren wird bei neueren Geräten nicht mehr benutzt.

Die Ausführung d) weist als Besonderheit zwei Bandanfangsmarken auf; Marke *2* dient zur Vergrößerung der Sicherheit und erzeugt beim Rücklauf ein zweites Endsignal, falls aus irgendeinem Grunde das erste überfahren und nicht erkannt wurde.

Die Magnetbandverbinder der Ausführungen a) und b) sind in Kapitel 9.2.1 näher erläutert (s. auch Abb. 105 und 107).

Theoretisch wäre es denkbar, die Bandmarken EOT, BOT und EWM in Form von Bandmagnetisierungen anzubringen. Dieses Verfahren hat sich jedoch nicht eingebürgert, da hierzu umfangreiche Elektroniken erforderlich sind und die Gefahr besteht, daß bei einer Aufzeichnung diese Marken versehentlich gelöscht werden. Außerdem müßten sie auch bei unterschiedlichen Bandgeschwindigkeiten (Normal- und Schnellauf) erkennbar und unterscheidbar sein.

9.2. Bandsicherungsmaßnahmen

9.2.1. Mechanischer Schutz des Bandes

Die auf einem Magnetband befindlichen Informationen können einen großen, evtl. unersetzlichen Wert darstellen, der mit allen vertretbaren Mitteln vor jeder Art eines Verlustes oder einer Beschädigung bewahrt werden muß. Hierzu gehört z.B. eine einwandfreie und zuverlässige Registratur mit geeignet gesicherter Archivierung wertvoller Aufzeichnungen [87], [88], [89].

Besonders kritisch ist dieses Problem bei der elektronischen Datenverarbeitung, auf die sich die nachfolgenden Ausführungen besonders beziehen.

Bereits bei dem Vorgang des Auflegens des Magnetbandes auf ein Transportwerk (Laden) und beim Abnehmen (Entladen) kann das Band physikalischen Beanspruchungen ausgesetzt sein, die zum Informationsverlust durch Unvorsichtigkeit des Operateurs führen können. Aus diesem Grunde sind zwei charakteristische Verfahren besonders vorteilhaft, die die Handhabung des Magnetbandes auf ein Minimum einschränken:

Unterbringung des Bandvorrates in Kassetten

Dieses nicht nur bei geringen Bandmengen brauchbare Verfahren ist ähnlich auch bei großen, auf Spulen aufgewickelten Bandmengen (Spulenkassetten [14]) brauchbar und verhindert völlig eine Berührung des Bandes durch die Hand des Operateurs. Als eine Sonderform der Spulenkassette darf auch das Spulenkarussel [90] (Abb. 113 und 114) betrachtet werden.

Schleppband

Bandgeräte mit kassettenlosen, einzeln wechselbaren Bandspulen erfordern ein mehr oder weniger kompliziertes Einfädeln des Bandes in das Transportwerk. Wesentlich vereinfacht wird dieser Vorgang durch ein sogenanntes *Schleppband*, das ständig an der fest am Transportwerk angebrachten Aufwickelspule befestigt ist und dessen Bandverbinder bei zum Entladen völlig zurückgespultem Band in unmittelbarer Nähe der auswechselbaren Abwickelspule steht.

Der Bandanfang der in diesem Zustand völlig vollen Abwickelspule wird von Hand am Verbinder vom Schleppband abgenommen, und die Spule kann gewechselt werden. Nach dem Verbinden des Schleppbandes mit dem Anfang des neuen Bandes wird nach einfachem Tastendruck am Transportwerk („Laden“) das Magnetband vom Schleppband einwandfrei durch das Transportwerk gezogen und auf die Aufwickelspule aufgespult. Das Schleppband besteht im allgemeinen aus einer dem Magnetband ähnlichen Folie bis zu doppelter Banddicke. Als Verbinder sind zwei prinzipielle Arten besonders verbreitet:

α) Aus Plastmaterial und/oder Drahtteilen ausgebildeter Verbinder. Beide Teile werden bei der Konfektionierung z.B. mittels Selbstklebeband am Magnetband befestigt.

β) Schleppbandende T-förmig ausgeschnitten, Magnetbandende mit Langloch versehen und umgefalzt. Das T-förmige Schleppbandende wird zum Verbinden in die Bandöffnung eingehakt und hält sich daran selbst.

Damit diese Verbinder keine zusätzliche Gefahr für das Magnetband darstellen, müssen sie sehr flach sein und ohne Schwierigkeiten durch das Transportwerk laufen können. Die beiden beschriebenen Magnetbandverbinder sind in Abb. 99 vereinfacht dargestellt.

9.2.2. Vorkehrungen gegen Fehlbedienungen

Sobald ein Magnetband auf einem Transportwerk liegt, ist es durch Fehlbedienungen und Gerätedefekte gefährdet und einer ständigen mechanischen Beanspruchung ausgesetzt.

Durch geeignete Sicherungsmaßnahmen und gute konstruktive Ausführung des Transportwerkes muß diese Gefährdung bzw. Beanspruchung mit vertretbarem Aufwand kleinstmöglich gehalten werden. Folgende grundsätzlichen Vorkehrungsmaßnahmen sind — größtenteils nebeneinander — üblich:

a) Solange ein Bandlaufkommando anliegt und ausgeführt wird, sind alle anderen Kommandoeingänge gesperrt (bei Impulssteuerung wird beim Eingeben eines neuen Befehlsimpulses das gespeicherte und ausgeübte vorherige Kommando gelöscht).

b) Beim Erreichen der Bandendmarke wird der Bandtransport automatisch gestoppt, auch wenn ein Laufkommando noch vorhanden ist.

c) Sofern zwischen zwei verschiedenen Bandlaufarten (z.B. Schnellauf, Normallauf) kein unmittelbarer Übergang zulässig ist, wird ein unmittelbar nach dem Stop-Kommando eingegebenes neues Laufkommando automatisch während einer ausreichenden Zeit verzögert.

d) Nach dem Einschalten der Stromversorgung erfolgt ein Bandtransport auch bei eingegebenem Bandlaufkommando nicht. Diese Sperrung kann automatisch nach einer eingestellten ausreichenden Verzögerung oder von Hand z.B. durch Tastenbetätigung aufgehoben werden.

e) Beim Abschalten der Stromversorgung während des Bandlaufes wird automatisch der Bandantrieb so unterbrochen und die Bandantriebe gebremst, daß keine unzulässige mechanische Bandbeanspruchung auftreten kann.

f) Bei einigen Transportwerken wird beim Öffnen der Abdeckung des Bandlaufes der Bandtransport automatisch unterbrochen, da bei einer Manipulation am arbeitenden Transportwerk schwere Bandbeschädigungen auftreten können.

g) Ein Aufzeichnen auf ein Magnetband ist nur dann möglich, wenn seine Spule einen sogenannten „Schreibring" trägt [87] (vgl. auch Band 2). Dieser Ring betätigt einen Schalter am Transportwerk und ermöglicht dadurch erst das Einschalten der Aufzeichnungs- und Löschorgane. Bei vereinzelten Geräteausführungen wird jedoch durch einen derartigen Ring auch das Aufzeichnen und Löschen gesperrt. In diesen Fällen wird der Ring beispielsweise als „Master Tape Ring" bezeichnet. Abb. 100 zeigt die Anbringung derartiger Schreibringe an Magnetbandspulen.

Zur Abtastung der Schreibringe an Bandspulen auf Transportwerken sind drei prinzipielle konstruktive Systeme bekanntgeworden:

α) *Schalterbetätigung bei der ersten Spulenumdrehung*

An der drehbaren Befestigungseinrichtung für die Magnetbandspule ist ein Hebel oder Schieber angebracht, der zwei Stellungen einnehmen kann. Die eine Stellung tritt beim Auflegen einer Spule mit Schreibring auf, die andere bei Verwendung einer Spule ohne Schreibring. Während der ersten Umdrehung der Bandspule nach dem Auflegen (die meist schon während des Bandeinlegens zustande kommt), wird der gabelförmige Knebel eines an der Transportwerkplatte angebrachten Sprungwerkschalters durch den Hebel oder Schieber der Spulenbefestigungseinrichtung in eine von zwei stabilen Stellungen gebracht, so daß bei den folgenden Rotationen dieser Spule keine weitere Berührung zwischen beiden auftritt.

β) *Schalterbetätigung beim Spulenwechsel — ständige Abtastung*

An der Transportwerkplatte ist ein Schalter angeordnet, dessen einseitig federvorgespannter Betätigungsarm einen geeigneten verschleißarmen Gleitbelag trägt und von der auf die Spannvorrichtung aufgelegten Magnetbandspule in eine von zwei möglichen Stellungen gebracht werden kann, abhängig davon, ob diese Spule einen Schreibring trägt oder nicht. Falls ein Schreibring angebracht ist, bleibt dieser in ständiger Berührung mit dem Gleitbelag des Betätigungsarmes.

γ) *Schalterbetätigung beim Spulenwechsel — Abtastung kurzzeitig*

Aus der Transportwerkplatte ragt parallel zur Wickeldrehachse ein federvorgespannter Stift heraus, der beim Auflegen einer mit Schreibring versehenen Spule um einige Millimeter axial verschoben wird und dadurch einen Schalter betätigt. Nach Beendigung des Bandwechselvorganges wird dieser Stift elektromagnetisch so weit zurückgezogen, bis er den Schreibring nicht mehr berührt (z. B. hervorgerufen durch ein geeignetes Signal aus der Steuer-

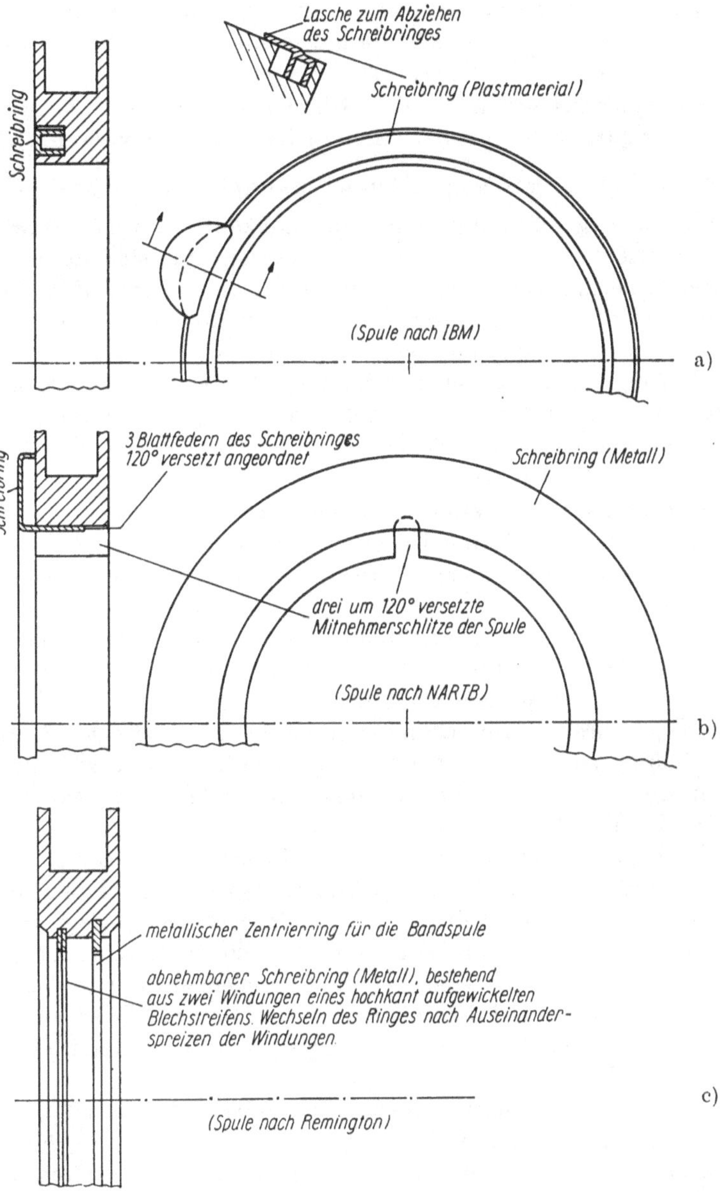

Abb. 100. Ausführungsformen von Schreibringen

elektronik). Durch entsprechende elektrische oder mechanische Einrichtungen muß jedoch dafür gesorgt werden, daß der einmal erkannte Zustand der Spule (d. h. mit oder ohne Schreibring) solange elektrisch erkennbar bleibt, wie sie sich auf dem Transportwerk befindet.

Auch an Spulenkassetten ist eine Schreibsperrung möglich. Hier werden manuell betätigbare Schieber oder Stifte an den Kassetten verwendet [14], [90].

9.2.3. Vorkehrungen gegen Auswirkungen von Gerätedefekten

Durch unvorhergesehen auftretende Defekte können für das Magnetband gefährliche Betriebszustände hervorgerufen werden. Sie sind durch sorgfältige Wahl von Sicherungsverfahren weitgehend zu verhindern. Jede Sicherungsmaßnahme erfordert jedoch zusätzliche Bauelemente, wodurch die Betriebszuverlässigkeit des Gesamtsystems eher verringert wird. Hieraus ergibt sich die Schlußfolgerung, daß ein absoluter Schutz des Bandes vor den Folgen von Gerätedefekten nicht möglich ist. Die üblichen Sicherungsmaßnahmen beschränken sich im allgemeinen auf einen Schutz gegen die Auswirkung nur eines einzigen gleichzeitig auftretenden Defektes.

h) Durch periodische Funktionskontrollen des Transportwerkes und seiner Elektronik bei vergrößerten Toleranzen (insbesondere der Betriebsspannungen) werden schwache Bauelemente erkannt und können vorbeugend ausgetauscht werden.

i) Beim Ausfall oder beim Überschreiten der zulässigen Toleranz von wichtigen Betriebsgrößen (Luftdrücke, Betriebsspannungen, Bauelementetemperaturen) wird das Transportwerk automatisch ausgeschaltet.

k) Beim Überschreiten von Grenzlagen mechanisch bewegter Organe (z. B. Pufferfüllungsgrade) wird das Transportwerk automatisch ausgeschaltet (dieser Effekt kann z. B. bei Störungen in der Leistungselektronik für den Bandwickelantrieb auftreten).

l) Vereinzelt ist es üblich, mittels elektronischer Schaltungen zu vergleichen, ob eine auftretende Reaktion des Bandtransportes (z. B. Lauf des Bandes oder Rotation der Wickel) mit einem eingegebenen Kommando übereinstimmt. Falls keine Übereinstimmung besteht (z.B. beim Auftreten einer Bandbewegung als Folge eines defekten Bauelementes) wird das Transportwerk ausgeschaltet und dadurch verhindert, daß das Band aus dem Gerät herausgespult oder durch einen entgegengesetzt gerichteten echten Befehl zerrissen wird.

m) Durch elektrostatische oder ähnliche Klebeeffekte kann sich das Band um die Bandantriebswelle (oder Andruckrolle) wickeln, wodurch es selbstverständlich zerstört wird. Als vorbeugende Gegenmaßnahme besitzen die meisten Transportwerke sogenannte Bandabstreifer in Form von dicht am Wellenumfang angeordneten dreieckigen Schneiden, die ein evtl. anklebendes Band abheben. Eine wenig übliche Sonderform eines Bandabstreifers besteht aus einem schmalen langen Metallstreifen, der berührungsfrei in einem Einstich am Umfang der Gummirolle unter dem Magnetband liegt.

9.2.4. Mögliche Vorkehrungen zur Reduzierung des Bandverschleißes während des störungsfreien Transportes

n) Die Anzahl der bandberührenden Organe des Transportwerkes wird auf ein notwendiges Minimum reduziert.

o) Notwendige bandberührende Organe werden nach Möglichkeit an der Magnetbandrückseite angebracht.

p) Die das Band berührenden Organe werden mit hochwertigen, glatten Oberflächen und gratfrei gerundet ausgeführt und aus Materialien hergestellt, die Abrieb- oder Verschmierungseffekte nicht zulassen.

q) Der Arbeitsbandzug an allen Stellen des Bandlaufes wird kleinstmöglich im Rahmen der zuverlässigen Funktionsfähigkeit der Aufnahme- und Wiedergabeprozesse eingestellt.

r) Die beim Start und Stop auftretenden Bandzugstöße werden so klein wie möglich gehalten, z. B. durch Verwendung (zusätzlicher) passiver Puffer und von Bandantriebsaggregaten mit kleinstmöglichen Bandbeschleunigungen.

s) Der Bandzug an der Bandspule wird so eingestellt, daß ein einwandfreier Bandwickel ohne übergroße innere Spannungen oder lose Windungen entsteht (Band 2 und [29]).

t) Die Umgebungsbedingungen des Magnetbandes auf dem Transportwerk werden so eingestellt, daß ein möglichst geringer Bandabrieb auftritt und elektrostatische Aufladungen den Bandlauf nicht beeinträchtigen. Beim Unterschreiten einer Luftfeuchtigkeit von ca. 40% im Bandlaufraum steigt der Abrieb und damit die Drop-out-Häufigkeit stark an, und die elektrostatischen Effekte nehmen zu. Weiterhin werden Lufttemperaturen von $\leqq$ 30 bis 35 °C im Bandlaufraum angestrebt.

Es ist bemerkenswert, daß die unter n) und o) erwähnten konstruktiven Gesichtspunkte für einen verschleißarmen Bandlauf erst in den vergangenen zwei bis drei Jahren größere Beachtung fanden und zu relativ unkomplizierten Bandtransporten führten, die mit zwei Bandberührungsstellen an der Schichtseite und drei bis vier an der Rückseite auskommen. Ältere Transportwerkkonstruktionen weisen auf der Schichtseite bis zu 16 und auf der Bandseite bis zu 12 Berührungsstellen auf.

Auf Digital-Magnetbandtransportwerken für Rechnerzwecke werden je nach konstruktiver Geräteausführung 10000 bis 200000 Durchläufe eines Bandes bis zu seiner Unbrauchbarkeit von den Herstellern angegeben. Es muß jedoch erwähnt werden, daß durch einen blockweisen oder zeichenweisen Startvorgang an der Startstelle ein erhöhter Bandverschleiß auftritt, dessen Größe vom gewählten Bandankopplungsaggregat (siehe Kapitel 7) sehr stark abhängt. Vielfach wird deshalb neben der Anzahl der möglichen Durchläufe eines Magnetbandes auch die maximal mögliche Anzahl von Startvorgängen auf einer bestimmten informationstragenden Bandstelle angegeben.

Bei Digital-Magnetbandtransportwerken für meßtechnische Zwecke tritt im allgemeinen die Forderung nach einer derartig hohen Anzahl von Banddurchläufen nicht auf, so daß keine Lebensdauerangaben für das Magnetband gemacht werden.

9.3. Steuerschaltungen

Digital-Magnetbandtransportwerke für die Datenverarbeitung weisen eine teilweise recht komplizierte elektrische Schaltung auf, die die eingegebenen Bandlaufkommandos verarbeitet und daraus die transportwerkinternen Vorgänge und Befehle für die elektromechanischen Baugruppen ableitet. Weiterhin werden von dieser Steuerschaltung die im Transportwerk entstehenden Signale (z. B. Blockierungen) verarbeitet und — soweit erforderlich — nach außen weitergegeben (EOT, BOT, EWM usw.).

Die Steuerschaltung besteht aus vier Hauptgruppen:

Verbindungsschaltungen,
Bandantriebs-Schaltungen (beschrieben in Kapitel 7),
Wickelantriebs-Schaltungen (beschrieben in 8.4.),
Stromversorgungen.

9.3.1. Bauelemente der Steuerschaltungen

Grundsätzlich sind drei Ausführungsformen möglich:

Gemischt bestückt mit kontaktlos arbeitenden Bauelementen (Röhren, Thyratrons, Halbleiter) und Kontaktbauelementen (Schaltkontakte, Relais).

Die Kontaktbauelemente sind hierbei nur zur Verarbeitung langsamer Vorgänge (z. B. im Wickelantrieb) geeignet, während für die schnellen Vorgänge, die keine Verzögerung durch die Steuerschaltung zulassen, nur die kontaktlosen Bauelemente verwendet werden können.

Gemischt bestückt mit Vakuum- oder Gasentladungs-Bauelementen (Röhren, Thyratrons, Halbleiter).

Dieses Verfahren stammt aus der Zeit, wo für die Steuerung der elektromechanischen Baugruppen eines Transportwerkes die ausreichend leistungsstarken Halbleiter noch nicht zur Verfügung standen. Die mit geringen Leistungen arbeitenden Verknüpfungsschaltungen sind hierbei mit Halbleitern bestückt.

Halbleiterbestückt

Insbesondere seit Entwicklung des gesteuerten Halbleiter-Gleichrichters (Thyristor) [91], [92] können auch die Antriebsschaltungen in reiner Halbleitertechnik ausgeführt werden. Damit verringern sich die bei der Röhren/Halbleiterkombination sehr hinderlichen Erwärmungsprobleme wesentlich. Dies gilt besonders bei Verwendung von Silizium-Halbleitern.

9.3.2. Art der Steuersignale

Die Verknüpfung der verschiedenen Kommandos untereinander und mit den Antriebsschaltungen für die elektromechanischen Baugruppen des Transportwerkes erfolgt fast ausschließlich mittels binärer Signale durch sogenannte logische Grundschaltungen, wie sie im Prinzip auch in den elektronischen Datenverarbeitungsanlagen vorkommen [93]. Demzufolge sind auch die für Steuer- und Überwachungszwecke verwendeten Steuer- und Kontrollsignale am Eingang und Ausgang des Transportwerkes im allgemeinen Binär-Signale, die in ihren Anpassungswerten (Pegel, Polaritäten, Belastbarkeit) an die anzuschließende Anlage angepaßt sind.

In seltenen Fällen [35] werden die beiden Bandlaufrichtungen durch unterschiedliche Polarität der Steuerbefehle unterschieden (trivalentes Signal).

Bei Synchronspeichern

Im allgemeinen sind folgende Steuer-Eingangssignale an getrennten Eingängen für ein Magnetband-Transportwerk einer Datenverarbeitungsanlage erforderlich:

Beispiel 1	Beispiel 2
Vorlauf (FWD)	Vorlauf/Rücklauf (FWD/REV)
Rücklauf (REV)	Start
Schnellrücklauf (RWD)	(Schnellrücklauf (RWD))
(Schnellvorlauf)	(Schnellvorlauf)
(Stop)	(Stop)

Diese Eingangssignale sind typisch für Magnetband-Synchronspeicher. Mit dem Signal Vorlauf/Rücklauf bei Beispiel 2 wird die Laufrichtung des Bandes in Normallauf vorbereitet, in die das Band mit dem Startsignal startet. Beispiel 1 kommt nur noch selten und insbesondere bei Transportwerken vor, die keine unmittelbare Umkehrung der Bandlaufrichtung zulassen.

Bei Incremental-Speichern

Asynchron-Transportwerke erfordern auf Grund ihres speziellen zeichenweisen Schritt-Transportes andere Eingangssignal-Kombinationen:

Beispiel 3
Schritt
Aufnahme/Wiedergabe
(Langsam/Schnell)
(Vorlauf)
(Rücklauf)
Schnellrücklauf
(Schnellvorlauf)
(Stop extern)

Das Umschaltsignal Aufnahme/Wiedergabe wird bei einigen Transportwerkausführungen benötigt, um das Stopsignal aus der richtigen Quelle ableiten zu können (siehe Abb. 60, 61 und 62). Die Signale „Langsam/Schnell“, „Vorlauf“ und „Rücklauf“ treten nur bei derartigen Asynchronspeichern auf, die neben dem relativ langsamen zeichenweisen Schritt-Transport eine zusätzliche hohe Geschwindigkeit — insbesondere zur synchronen Wiedergabe — aufweisen (Abb. 62).

Spezielles Stop-Signal

Bei allen Beispielen 1 bis 3 kann ein spezieller „Stop"-Eingang für einen Bandstop-Impuls dann vorhanden sein, wenn auch der Bandstart in den Normallauf durch kurze Impulse hervorgerufen wird (Impulssteuerung im Gegensatz zur Dauersignalsteuerung). Dieser Stop-Impuls wird bei Asynchronspeichern mit zeichenweisem Bandtransport innerhalb des Gerätes selbst aus einer Codescheibe (Aufnahme) oder der Bandaufzeichnung (bei Wiedergabe) gewonnen, sofern nicht ein Bandantriebsaggregat mit mechanisch oder magnetisch vorgegebener Schrittgröße verwendet ist. Asynchronspeicher mit einer zusätzlichen Synchrongeschwindigkeit (Abb. 62) werden oft durch einen derartigen Startimpuls in den Synchronlauf gestartet und durch einen externen Stop-Impuls nach Durchlauf der gewünschten Bandlänge gestoppt.

9.3.3. Fernsteuerung und Ausgangssignale

Die von einem Transportwerk gelieferten Ausgangssignale sind im wesentlichen:

Automatik
Bereitschaft
Bandanfang (Ladepunkt) (BOT)
Bandende (EOT)
Bandend-Vorwarnung (EWM)
Schreibsperre

Das Automatik-Signal wird geliefert, wenn die Kommando-Eingänge der Verknüpfungsschaltung an die Fernbedienungsanschlüsse des Transportwerkes geschaltet sind, d. h. eine automatische Steuerung von einem Rechner durchgeführt werden soll. Das Bereitschaftssignal liegt vor, solange das Transportwerk in einwandfreiem Zustand und bereit zur Ausführung von Kommandos ist. In vielen Ausführungsformen sind Automatik und Bereitschaftssignal zusammengefaßt.

9.3.4. Handsteuerung

Zur manuellen Bedienung des Transportwerkes (Bandwechsel, Wartung) können mit Hilfe eines Umschalters die Automatik-Eingänge blockiert und geeignete Schalter (meist beleuchtete Drucktasten) am Transportwerk statt dessen angeschlossen werden (Handsteuerung). Mit diesen Tasten können alle Bandlaufkommandos manuell eingegeben werden; außerdem werden die wichtigen Vorgänge des Bandwechselns mittels zusätzlicher Schalter oder Tasten bei vielen Geräten vereinfacht:

Beispielsweise ist es üblich, nach dem Stop des Bandes am Ladepunkt (BOT) aus dem Rücklauf durch Betätigen der Taste „Entladen" das Band über diese Blockierungsmarke hinaus bis an das körperliche Ende oder bis zum Verbinder weiterlaufen zu lassen, um es abnehmen zu können. Bei anderen Geräten wird dieser Vorgang durch erneutes Drücken der Rücklauf-Taste bewirkt.

Nach dem Bandwechsel und Einlegen des Bandanfanges in das Transportwerk oder in den Verbinder kann durch kurzzeitiges Drücken einer „Lade"-Taste z. B. das Band automatisch langsam in die Puffer eingefahren und anschließend in normalem Vorlauf bis zur Bandanfangsmarke (BOT) transportiert werden, wo es stehenbleibt und für die normale Arbeit bereit ist.

Diese Automatiken sind Bestandteile der Verknüpfungsschaltung, außerdem gehören dazu die in 9.2.2. u. 9.2.3. unter a) bis f) und i) bis l) beschriebenen Bandsicherungsmaßnahmen, von denen einige schematisch in Abb. 39, 41 und 42a angedeutet sind.

9.3.5. Stromversorgung

Die Stromversorgung der Steuerschaltung erfolgt — sofern nicht Netzwechselspannungen über Transformatoren z. B. für die Wickel- oder Bandantriebsmotorspeisung verwendet werden — aus Gleichrichterteilen. Die Betriebsspannungen für die logischen Halbleiter-Grundbausteine der Verknüpfungsschaltungen sind allgemein stabilisiert [94], während die leistungsstarken Betriebsspannungen für die Speisung elektromechanischer Transportwerkelemente (Elektromagnete, Kupplungen, Bremsen, Gleichstrommotore) verschiedentlich unstabilisiert geliefert werden. Ein weit verbreitetes Schaltungsprinzip eines Gleichrichterteiles für stationäre Digital-Magnetbandtransportwerke mit einer stabilisierten und zwei unstabilisierten Gleichspannungen ist in Abb. 101 dargestellt.

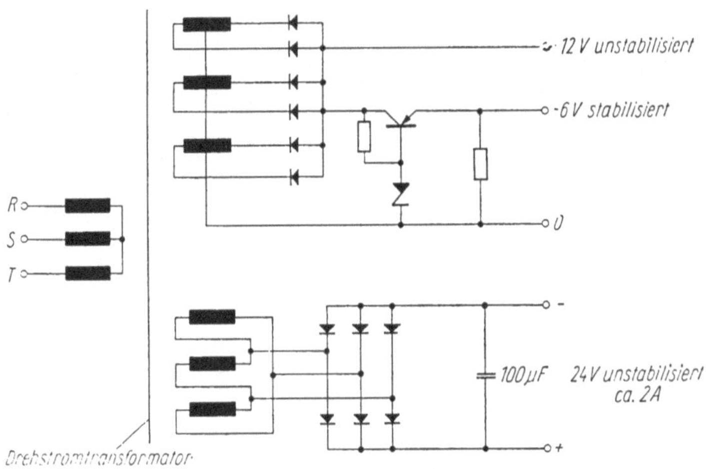

Abb. 101. Gleichrichterteil

Durch die Drehstromspeisung und nachfolgende Doppelweggleichrichtung (sechs Phasen) tritt trotz Verzicht auf jede Siebung eine lastunabhängige Welligkeit der Gleichspannung von nur ca. 13% auf.

Als batteriebetriebene Digital-Magnetbandtransportwerke werden aus Gründen des Stromverbrauches nur Synchronspeicher ohne schnellen Start und Stop gebaut, die in Band 3 geschrieben sind, sowie langsame Incremental-Speicher.

9.3.6. Mehrfachausnutzung

Verschiedentlich ist es bei DV-Anlagen üblich, mehrere mechanische Bandtransportsysteme an eine einzige im Zeitteilungsverfahren (time sharing) arbeitende Anpassungsschaltung des Rechners anzuschließen. In dieses Zeitteilungsverfahren werden hauptsächlich die informationsverarbeitenden Elektroniken (Aufzeichnungs- und Wiedergabeverstärker, Fehlerkorrekturschaltungen usw.) einbezogen [95], bei einigen Ausführungen auch Teile der Verknüpfungsschaltungen der Transportwerke.

Sehr oft werden alle oder ein bestimmter Teil der an eine gemeinsame zeitgeteilt arbeitende Steuerschaltung angeschlossenen Transportwerke mit ihr zusammen in einem gemeinsamen Schrank untergebracht. Meist besitzen derartige Anlagen für die zusammengehörigen Transportwerke ein gemeinsames Stromversorgungsteil.

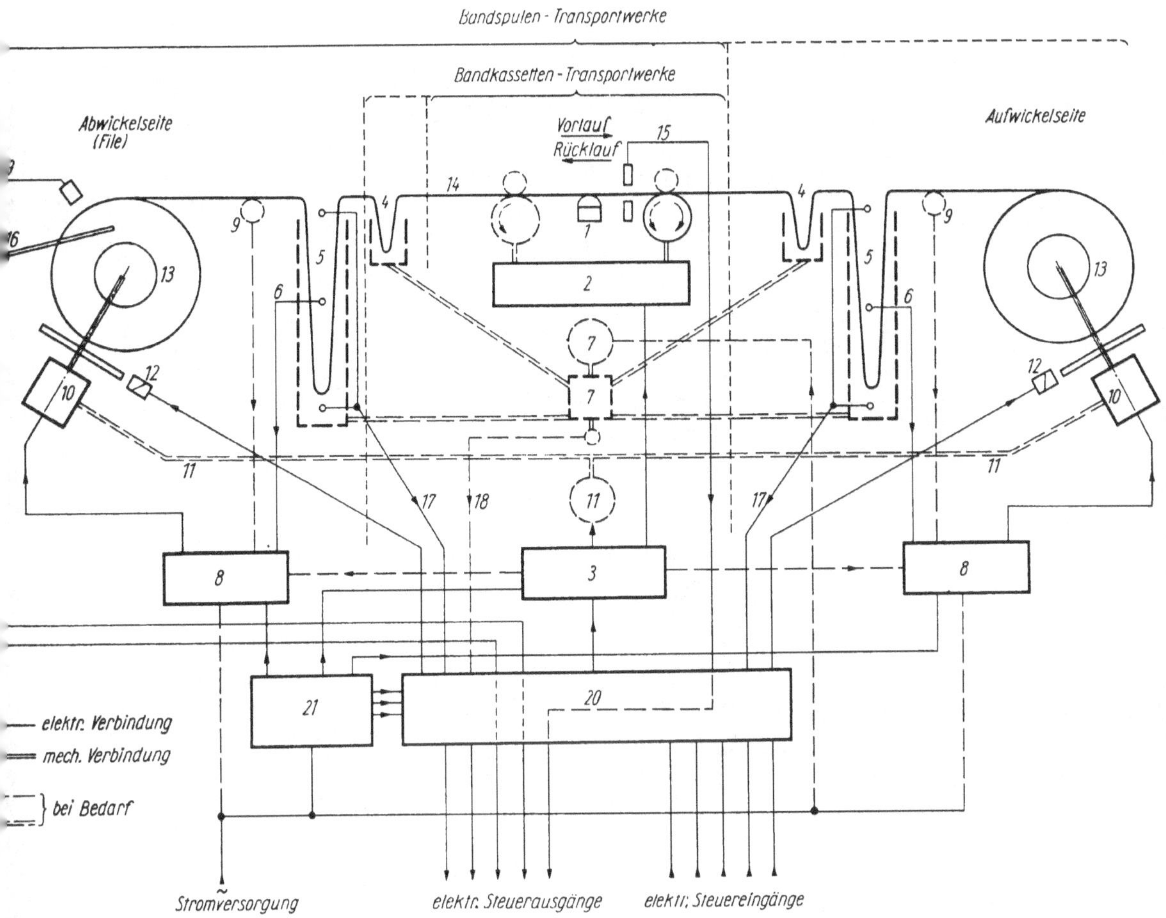

Abb. 102. Aufbau des Digital-Magnetbandtransportwerkes mit schnellem Start und Stop — schematisch

- Magnetkopf
- Bandantriebsaggregat
- Bandantriebsschaltung
- passiver Puffer
- aktiver Puffer
- Pufferüberwachung (Istwert)
- Motor und Gebläse für pneumatische Puffer

8 – Wickelantriebsschaltung
9 – Tachometergenerator
10 – Wickelmotor oder Kupplung/Bremse
11 – Wickelmotor mit Riementrieb (für Kupplung /Bremse statt Motor bei *10*)
12 – Katastrophenbremse
13 – Magnetbandwickel
14 – Magnetband
15 – Bandendüberwachung (EOT und BOT)
16 – Bandend-Vorwarnung (EWM)
17 – Pufferüberwachung (extrem kurze oder lange Bandschlaufe)
18 – Pneumatiküberwachung
19 – Schreibsperre
20 – Verknüpfungsschaltung
21 – Gleichstromversorgung

10. Beschreibung kompletter Anordnungen

10.1. Bandlaufanordnungen mit zwei Magnetbandspulen

Aus der Zusammenfassung der in den vorstehenden Abschnitten beschriebenen Baugruppen und Bedingungen resultiert für die Standard-Ausführung eines Digital-Magnetbandtransportwerkes mit schnellem Start und Stop der in Abb. 102 mit seinen heute üblichen Varianten dargestellte Prinzipaufbau.

Anhand der folgenden Bilder sollen noch einige typische oder interessante Bandlaufanordnungen derartiger Transportwerke kurz beschrieben werden, die teilweise in sehr großem Maße im Einsatz sind. Einige technische Daten dieser Geräte sind tabellarisch in Tabelle 8 angegeben.

10.1.1. Transportwerke mit aktiven Hebelpuffersystemen

Abb. 103 zeigt eine weit verbreitete Bandlaufanordnung mit einer Kombination aus aktivem Hebelpuffer und passivem Vakuumpuffer. Zum einfachen Einlegen des Magnetbandes können beide Pufferhebel in die am unteren Wickel dargestellte Lage gebracht werden, wo sie mechanisch einrasten. Dieser Vorgang wird durch manuelles Wegklappen eines Deckels über der Magnetkopfregion hervorgerufen. Der Bandantrieb in die beiden Richtungen erfolgt durch zwei entgegengesetzt rotierende Bandantriebswellen, an die das Band durch je eine Gummiandruckrolle angekoppelt werden kann. An jeder Bandantriebswelle ist ein Abstreifer angeordnet. Die Abbremsung des Bandes beim Start und im Stillstand erfolgt lediglich durch die Bandreibung, insbesondere an den stark umschlungenen Bandführungen beidseitig des Magnetkopfes. Die unmittelbar vor den Spulen angeordneten Bandführungen sind als elektrisch isolierte Kontakte aufgebaut, die beim Erscheinen der metallischen Vorspannbänder sicherheitshalber eine zwangsweise automatische Endabschaltung des Bandlaufes vornehmen. Zwei Lichtschranken zur BOT- und EOT-Erkennung sind außerdem in unmittelbarer Nähe des Magnetkopfes angebracht. Die Bandendvorwarnung (EWM) erfolgt durch einen Abtastarm an der Abwickelspule. Zum Schnellauf werden die Bandantriebswellen durch Umschaltung des gemeinsamen Antriebsmotors auf doppelte Umfangsgeschwindigkeit gebracht.

Abb. 104 stellt ebenfalls ein Transportwerk mit einer Kombination von aktivem Hebelpuffer und passivem Vakuumpuffer dar, das sich in seiner Arbeitsweise kaum von dem in Abb. 103 unterscheidet. Typisch ist die demgegenüber

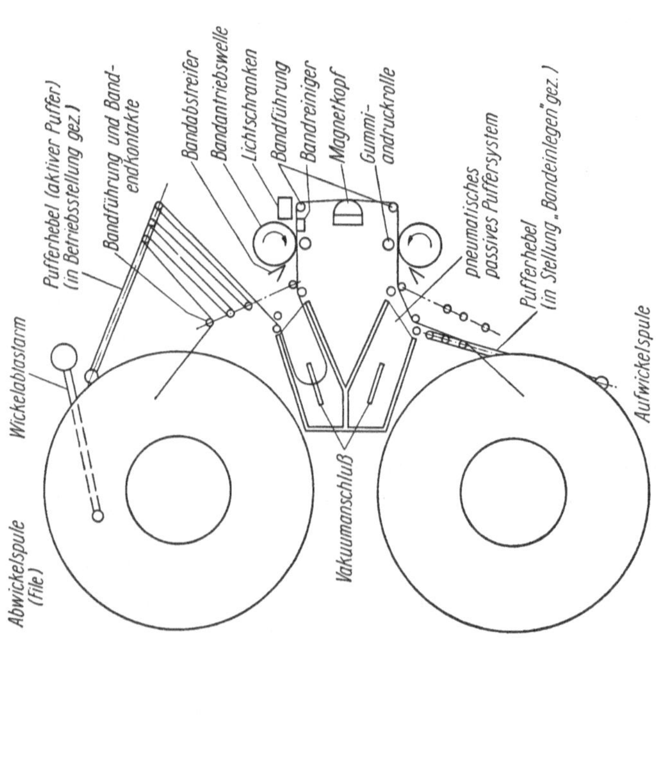

Abb. 103. Bandlaufanordnung mit aktiven Hebelpuffern

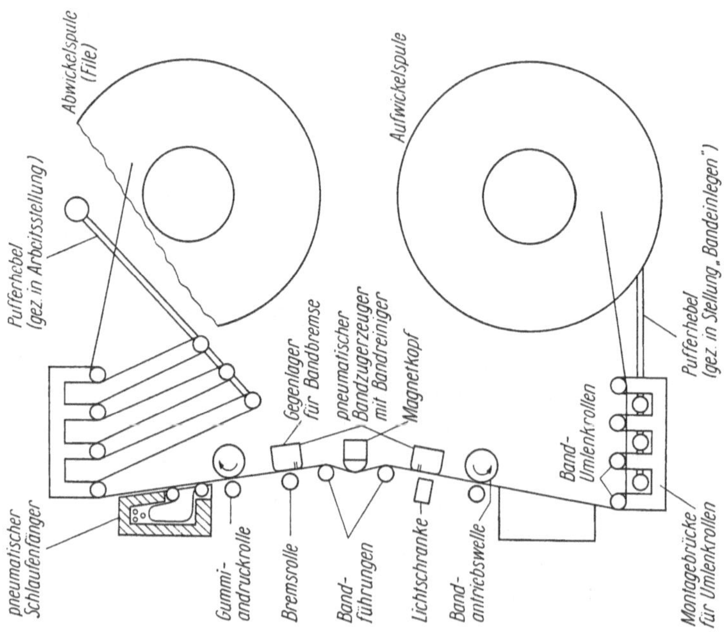

Abb. 104. Bandlaufanordnung mit aktiven Hebelpuffern

verringerte Anzahl von Bandumlenkstellen und der zwischen den aktiven Puffern relativ gerade Bandlauf, der ein gutes Einlegen des Bandes ermöglicht. Zum Einlegen des Bandes werden die Hebel der Puffer von Hand in die unten dargestellte Stellung gebracht, wo sie mechanisch einrasten. Der Bandzug während des Bandlaufes wird durch zwei pneumatische Einrichtungen beidseitig der Bandführungen erzeugt, die gleichzeitig als Bandreiniger wirken und an der Bandanlagefläche Bohrungen aufweisen. Zum Stoppen des Bandes und im Stillstand wird an einen der Bandzugerzeuger eine Bremsrolle elektromagnetisch angedrückt, die dadurch das Band festklemmt. Die Bremsrolle mit ihrem Magnetsystem gleicht völlig den Gummiandruckrollensystemen. Da zum Bremsen eine einzige Bremsrolle ausreicht, sind gegenüber dem zweiten Bandzugerzeuger die Lichtschranken für BOT und EOT angeordnet.

Für beide vorstehend aufgeführten Transportwerkausführungen ist charakteristisch, daß ihre Vorläufer-Ausführungen keine passiven Puffer enthielten.

10.1.2. Transportwerke mit aktiven pneumatischen Puffersystemen

Als erstes sei in Abb. 105 ein älteres Digital-Magnetbandtransportwerk vorgestellt, dessen Bandlaufanordnung einige interessante Einzelheiten aufweist und sich sehr gut als Vergleichsobjekt für modernere Geräte eignet.

Dieses Gerät ist ursprünglich für Metall-Magnetbänder ausgelegt worden und besitzt deshalb als Besonderheit zusätzlich zu den aktiven pneumatischen Puffern vor dem Bandantrieb noch zwei passive pneumatische Puffer. Der Antrieb des Bandes erfolgt mit einer einzigen, stark umschlungenen Bandantriebswelle mit Korkbelag, die zum Start und Stop über eine Kupplungs/Bremseinrichtung (Abb. 51a) von einem ständig rotierenden Motor angetrieben wird. Eine Laufrichtungsumkehr ist erst nach Umpolen dieses Motors (Verzögerungszeit ca. 500 ms) möglich. Zur Erhöhung der Reibung des Bandes wird durch Federkraft eine metallische Andruckrolle an die Bandantriebswelle angepreßt. Der kombinierte Aufzeichnungs/Wiedergabemagnetkopf ist nach Abb. 23 ausgeführt; eine Kontrollwiedergabe während der Aufzeichnung ist damit nicht möglich. Zum Schutz des Kopfes vor Abrieb durch das Metallband ist seine Spiegelfläche mit einer dünnen Metallfolie abgedeckt, die auf kleine Spulen aufgewickelt ist und von Zeit zu Zeit von Hand weiterbewegt werden muß. Zur Reinigung der aktiven Seite des Magnetbandes ist in relativ großer Entfernung vom Magnetkopf eine Reinigungseinrichtung angebracht, die schon anhand von Abb. 26 beschrieben wurde.

Außergewöhnlich ist die Art der Bandenderkennung. Bandanfang und Bandende sind mit wellenförmigen Gummihöckern versehen, die beim Vorbeilaufen an den Bandendschaltern deren Abtastarme auslenken und dadurch elektrische Signale auslösen. Dieses Höckerband ist auch in Abb. 99 erwähnt. Durch das Höckerband weist jedoch der Bandwickel starke Unrundheiten von einigen Millimetern auf und erzeugt starke Bandvibrationen während des Laufes.

Tabelle 8

Technische Daten von Digital-Magnetband-

Lfd. Nr.	Gerätetyp	Hersteller	Bandgeschwindigkeit v_N (oder Schrittgeschw. f_s)	Bandlänge l (oder max. Spulengröße D)	Bandbreite b	Spurzahl	Startzeit t_a bezogen auf $\pm\Delta v_0$ (Stopzeit t_e)	Stop-Start-länge l_l
1	Universo	Remington USA	2 m/s	1500″ (Metall) 2400″ (Plastik)	½″	8	5 (5)	ca. 1″
2	TM 4	AMPEX USA	30 37,5 oder 60 75″/s	(10½″)	½″ ¾″ oder 1″	7 oder 8	3,3 [10] (1,8)	ca. 0,3″
3	PEN 6	CdC Frankreich	74,8 und 37,4 oder 60″/s und 30″/s	(10½″)	½″ ¾″ oder 1″	7 oder 8 12 14 oder 16	3,8 [10] (3,8)	ca. 0,3″
4	MT 300	Teac Japan	75″/s	(10½″)	½″	9	5 [10] (4)	ca. 0,4″
5	TM 2	AMPEX USA	112,5 120 150″/s	(10½″)	½ oder 1″	8 oder 16	2 [10] (1,5)	ca. 0,3″
6	TM 5	AMPEX USA	112,5 120 133⅓ 150″/s	(10½″)	½ oder 1″	8 oder 16	2 (1,5)	ca. 0,3″
7	ATM 13	AMPEX USA	75″/s	(10½″)	½ oder 1	8 oder 16	6 (6)	ca. 0,75″

Tabelle 8 (Fortsetzung)

transportwerken der Kategorien b) bis d)

lineare Speicherdichte c_{sp}	Schnellauf	Gesamtspeicherkapazität C_{sp} (maximal)	Konstruktive Ausführung	Besonderheiten und Bemerkungen	Weitere Geräteeinzelheiten in Abb.
125 200	–	$5{,}7 \cdot 10^6$ Zeichen	Synchronspeicher, 2 Bandlaufrichtungen durch eine drehrichtungsumschaltbare Bandantriebswelle, 2 aktive Vakuumpuffer in nullsuchenden Zweipunktreglern, 2 passive Vakuumpuffer	ältere Ausführung, ursprünglich mit Metallband, Laufrichtungsumkehr ca. 500 ms	23, 26, 50a, 99a, 100c, 105
200 556 (800)	$2\,v_N$	$23 \cdot 10^6$ Zeichen	Synchronspeicher, 2 gegenläufige Bandantriebswellen mit Gummiandruckrollen, 2 aktive Hebelpuffer in nullsuchenden Zweipunktreglern, 2 passive Vakuumpuffer	Vorläufer: FR 200	28, 83, 99f, 104
200 556 800	< 3 min	$23 \cdot 10^6$ Zeichen	Synchronspeicher, 2 gegenläufige Bandantriebswellen mit Gummidruckrollen, 2 aktive Hebelpuffer in nullsuchenden Zweipunktreglern, 2 passive Vakuumpuffer	Vorläufer: PEN 3	37, 38, 101, 80, 86, 85, 103
200	< 4 min	$5{,}7 \cdot 10^6$ Zeichen	Synchronspeicher, 2 gegenläufige Bandantriebswellen mit Gummiandruckrollen, 2 aktive Vakuumpuffer in rückführenden Zweipunktreglern	Regelkreise im Bandstillstand nullsuchend!	84, 106
200 556 800	$2\,V_N$	$23 \cdot 10^6$ Zeichen	Synchronspeicher, 2 gegenläufige Bandantriebswellen mit Gummiandruckrollen, 2 aktive Vakuumpuffer in nullsuchenden stetigen Reglern	Vorläufer: FR 300	40, 41, 91, 92, 107
200 556 800	$2\,V_N$	$23 \cdot 10^6$ Zeichen	Synchronspeicher, 2 gegenläufige Bandantriebswellen mit Gummiandruckrollen, 2 aktive Vakuumpuffer in nullsuchenden Zweipunktreglern	Weiterentwicklung des TM 2	108
200 556 800	225''/s	$23 \cdot 10^6$ Zeichen	Synchronspeicher, 2 gleichlaufende Bandantriebswellen, 2 aktive Vakuumpuffer in nullsuchenden Zweipunktreglern	für militärische Zwecke	109

Tabelle 8 (Fortsetzung)

Lfd. Nr.	Gerätetyp	Hersteller	Bandgeschwindigkeit v_N (oder Schrittgeschw. f_s)	Bandlänge l (oder max. Spulengröße D)	Bandbreite b	Spurzahl	Startzeit t_a bezogen auf $\pm \Delta v_0$ (Stopzeit t_e)	Stop-Startlänge l_l
8	TM 7	AMPEX USA	36″/s	($10^1/_2$″)	$^1/_2$″	8	10 [8] (10)	0,36 ±15%
9	MT-SR	Potter USA	21″/s (≤300)	($10^1/_2$″)	$^1/_2$″	8	5	ca. 0,75
10	Tape-DECK	EMI England	200″/s	($10^1/_2$″)	1″		4 [3] (4)	ca. 0,75
11	ECM 64	Facit Schweden	200″/s	64×9 m	5/8″	8		
12	Minsk-2	UdSSR	79″/s	100 m	35 mm Film (unperf.)	2×8	ca. 20 (ca. 20)	
13	TLM 4550 „RAM“	Potter USA	600″/s	16×30″	2″	112		
14	RADIC	Redifon England	(≦ 20)	300 m	35 mm Film (perf.)	16		

Tabelle 8 (Fortsetzung)

lineare Speicher-dichte c_{sp}	Schnellauf	Gesamt-speicher-kapazität C_{sp}	Konstruktive Ausführung	Besonderheiten und Bemerkungen	Weitere Geräte-einzel-heiten in Abb.
200 556 800	< 3 min	$23 \cdot 10^6$ Zeichen	Synchronspeicher, 1 drehrichtungsumschaltbare Bandantriebswelle, 2 aktive Vakuumpuffer in nullsuchenden Zweipunktreglern	sehr einfacher Aufbau	54, 110
200 (556)	< 3 min	$16 \cdot 10^6$ Zeichen	KompatiblerIncrementalspeicher mit Synchronwiedergabe, 1 drehrichtungsumschaltbare Bandanstriebswelle, 2 aktive Vakuumpuffer in nullsuchenden Zweipunktreglern		62, 111
200		$5{,}7 \cdot 10^6$ Zeichen	Synchronspeicher, 2 gegenläufige Bandantriebswellen mit Unterdruckankopplung, 2 aktive Kassettenpuffer in nullsuchenden Zweipunktreglern	keine Berührung der Bandschichtseite	44, 45, 46, 93, 94, 112
200	ca. 310″/s	64 × 80000 Zeichen	Synchronspeicher, 1 Bandantriebswelle mit Andruckrolle	Spulenkarussell mit 64 adressierten Bandspulen Aufzeichnung und Wiedergabe „ohne Kontakt"	113, 114
ca. 250		$2 \cdot 10^6$ Zeichen	Synchronspeicher, 2 gegenläufige Bandantriebswellen mit Gummiandruckrollen	Bandunterbringung in 2 Kassetten fest am Gerät, Bandwechsel mittels 1 Spule	115
1200		$50 \cdot 10^6$ bit	Synchron/Asynchronspeicher, 1 Bandantriebswelle mit großer Umschlingung, pro Gerät: 2 auswechselbare Kassetten, 2 Bandzylinder pro Kassette, 4 Bandschleifen pro Zylinder	16 endlose Bandschleifen ständig umlaufend, keine Berührung der Band-Schichtseite	116
0,66		$2 \cdot 10^5$ Zeichen	Incrementalspeicher, 2 unabhängige Bandantriebswellen (Zackenwellen) an Schrittmotoren, endlose Bandschlaufe bis ca. 1 m oder Bandspule bis 300 m Band	Digitalspeicher für Analogrechner. Zeitverzögerung und Geschwindigkeitstransponierung zwischen Aufnahme und Wiedergabe möglich	117

Tabelle 8 (Fortsetzung)

Lfd. Nr.	Gerätetyp	Hersteller	Bandgeschwindigkeit v_N (oder Schrittgeschw. f_s)	Bandlänge l (oder max. Spulengröße D)	Bandbreite b	Spurzahl	Startzeit t_a bezogen auf $\pm \Delta v_0$ (Stopzeit t_e) ms [%]	Stop-Startlänge l_l
15	MSP 2	Siemens DBR	(0 ··· 300 Aufnahme) (ca. 16 Wiedergabe)	20 m	1/2″	2	6	
16	Ka 32	Hugyn Schweden	(< 1)	137 m	¼″	2		ca. 0,6
17	Tape DRUM	Brush USA	750″/s	183 m	14″	128		
18		Perfecta DDR		ca. 2 m	ca. 100 mm	16		

Sehr interessant ist, daß dieses Transportwerk bereits die wertvolle Bedienungserleichterung eines Schleppbandes aufweist und Spezialspulen mit Schreibsperreinrichtung besitzt (Abb. 100c).

Eine weiterentwickelte Variante dieses Transportwerkes verwendet normales Polyester-Rechnerband und fotoelektrische Bandenderkennung anstelle des Höckerbandes am Bandende.

In Abb. 106 ist der typische Aufbau eines Transportwerkes mit aktiven pneumatischen Puffern dargestellt, der auch in verschiedenen Abwandlungen (z. B. Spulen oberhalb der Magnetköpfe usw.) vorkommt. Die mit Vakuumschaltern verbundenen Luftkanäle *2*, *3*, *5* und *6* in den Pufferschächten dienen zur Wickelmotorsteuerung, der Vakuumschalter an Bohrung *1* wird zur Schnellaufsteuerung benutzt, und die Schalter an den Bohrungen *4* und *7* dienen zur Gefahrenabschaltung des Transportwerkes bei übergroßer Länge der Bandschlaufe. Der Abtastarm an der Aufwickelspule schaltet im Schnellauf beim Unterschreiten einer Bandlänge von ca. 30 m auf dieser Spule automatisch auf den Normallauf

Tabelle 8 (Fortsetzung)

lineare Speicherdichte c_{sp}	Schnellauf	Gesamtspeicherkapazität C_{sp} (maximal)	Konstruktive Ausführung	Besonderheiten und Bemerkungen	Weitere Geräteeinzelheiten in Abb.
2		30000 Zeichen im 5er Code	Synchronspeicher, 3 Bandantriebswellen mit Gummiandruckrollen (1 für Aufnahme, 2 gegenläufige für Wiedergabe)	Digitalspeicher für Fernschreibzeichen	57, 58, 118
		2100 Posten mit je 16 Dezimalzeichen	Incrementalspeicher mit 1 Bandantriebswelle und Gummiandruckrolle, Spulenkassette mit endlosem Band	rein mechanisch bzw. permanent magnetisch arbeitendes Aufnahmegerät an Registrierkassen	120
10		$60 \cdot 10^6$ bit	Synchron/Asynchronspeicher, endloses Magnetband, kann an dem Umfang einer ständig rotierenden Magnetkopftrommel in mehrere Position eingestellt werden	für jede Spur ein Magnetkopf, Trommeldrehzahl 1200 U/min, mittlere Zugriffszeit 15 s	121
			Bandtransport durch die Bearbeitungsmaschine	Programmspeicher für Bearbeitungsmaschine, mehrere Programme auf einem Band möglich	122

bit/zoll

um. Die beiden das Magnetband um ca. 90° umlenkenden Führungen besitzen, um die Reibung niedrig zu halten, eine Luftlagerung des Magnetbandes auf einem durch Bohrungen eingeblasenen Luftpolster. Der am Magnetkopf erforderliche definierte Bandzug wird durch zwei spezielle Unterdruck-Bandzugerzeuger hergestellt. Eine Lichtschranke zur BOT- und EOT-Erkennung ist in unmittelbarer Nähe des Magnetkopfes angebracht. Der Antrieb des Magnetbandes im Normallauf erfolgt durch eine der beiden ständig rotierenden Bandantriebswellen, an die das Band von der zugehörigen Gummiandruckrolle mit ihrem Elektromagneten angepreßt wird.

Das Transportwerk Abb. 107 besitzt unterteilte pneumatische Pufferschächte, die zur Symmetrierung der Bandinhalte konisch ausgebildet sind. Die Bandlängenabtastung erfolgt durch Längsschlitze, die mit linearen Wandlern verbunden sind. Zum Bandantrieb sind wieder zwei ständig umlaufende Bandantriebswellen mit schnellen elektromagnetisch betätigten Gummiandruckrollen vorhanden. Die Bandbremsung beim Stop erfolgt durch kleine Bremsklötze, die

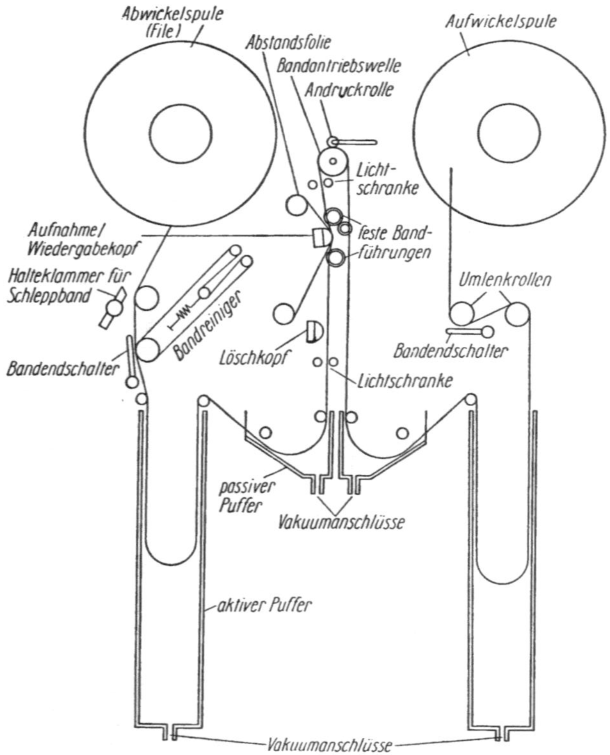

Abb. 105. Ältere Bandlaufanordnung mit aktiven pneumatischen Puffern, Metall-Magnetband und drehrichtungsumschaltbarer Bandantriebswelle

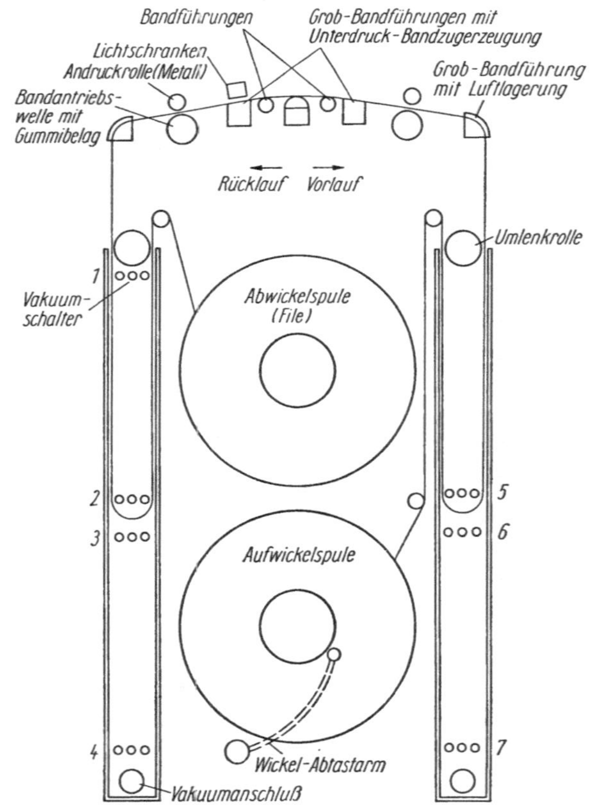

Abb. 106. Bandlaufanordnung mit aktiven pneumatischen Puffern

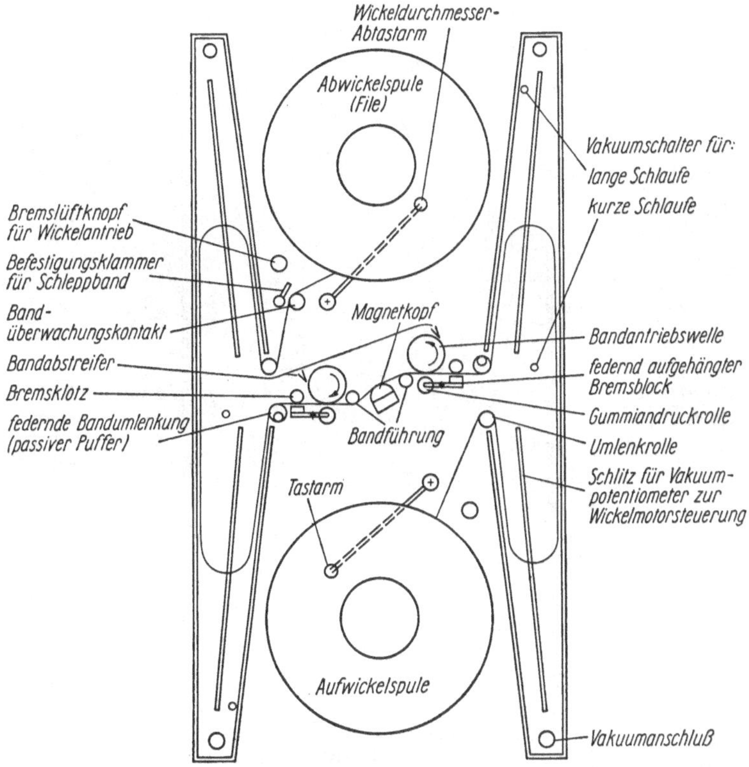

Abb. 107. Bandlaufanordnung mit aktiven pneumatischen Puffern (Zwillingsausführung)

beim Abfall der Gummirolle kurzzeitig gegen das Band federn und es dadurch abbremsen. Dieses Transportwerk besitzt an der Aufwickelspule ein fest angebrachtes Schleppband, das nach völlig zurückgespultem Band mit Hilfe einer Klammer fixiert ist, so daß es nach Abnehmen des Magnetbandes vom Verbinder nicht in das Transportwerk zurückspringen kann. Der Bandumlenkbolzen, gegen den das Schleppband hierbei geklemmt wird, ist gleichzeitig als Schaltkontakt zur EOT- und BOT-Erkennung ausgebildet. Die beiden Tastarme an den Bandwickeln drücken das beim schnellen Aufwickeln zwischen den Bandwindungen evtl. entstehende Luftpolster heraus, so daß ausreichend feste Wickel entstehen können.

Außerdem schaltet der untere Abtastarm bei kleinem Wickel automatisch vom Schnellauf in den Normallauf, während der obere bei Unterschreiten eines bestimmten kleinen Wickeldurchmessers ein EWM-Signal hervorruft.

Interessant ist eine weiterentwickelte Variante dieses Gerätes, die in Abb. 108 dargestellt ist. Folgende wesentlichen Veränderungen sind getroffen worden:

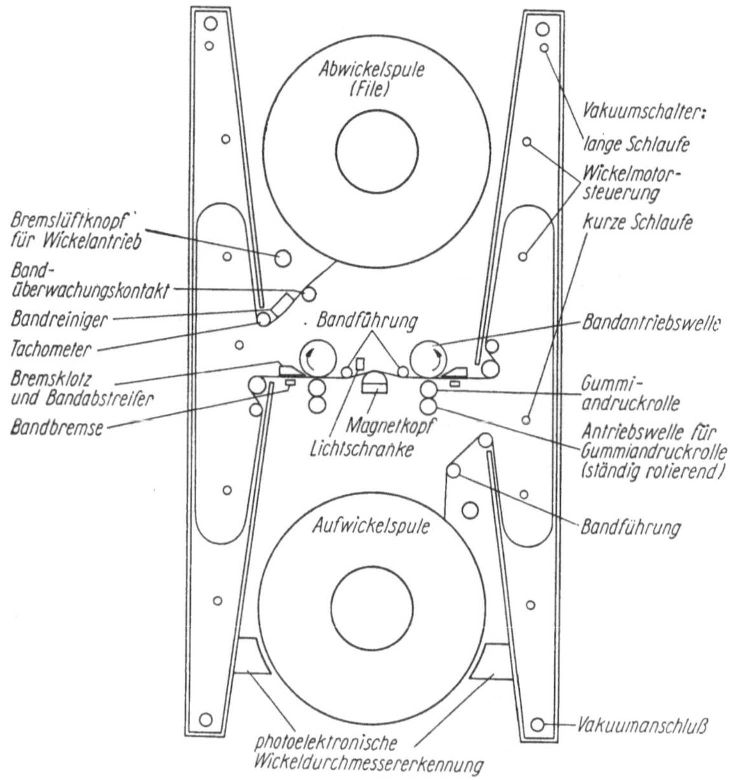

Abb. 108. Bandlaufanordnung mit aktiven pneumatischen Puffern (Zwillingsausführung) — Weiterentwicklung

Ersatz der stetigen Wickelmotorregelung durch eine wesentlich einfachere Zweipunktregelung mit Geschwindigkeitsrückführung von einem Tachometergenerator;

völlig symmetrischer Aufbau des Bandlaufes im Bereich zwischen den beiden Bandantriebsaggregaten;

Gummiandruckrollen durch Hilfsantriebe ständig rotierend;

Lichtschranken für BOT, EOT und EWM;

Einbau eines Bandreinigers.

Ein Transportwerk mit relativ geringer Flächenausdehnung (Abb. 109) besitzt einen Lauf des Bandes in zwei Etagen, so daß die Vakuumpuffer teilweise unter die Bandspulen verlegt werden konnten [78]. Der Lauf des Bandes von einer Etage in die andere wird durch schräggestellte Umlenkrollen erzeugt. Als weiteres charakteristisches Merkmal besitzt dieses Transportwerk zwei in gleicher Drehrichtung umlaufende Bandantriebswellen, die gleichzeitig als Bandführungen ausgebildet sind. Start, Antrieb und Stop beider Antriebswellen

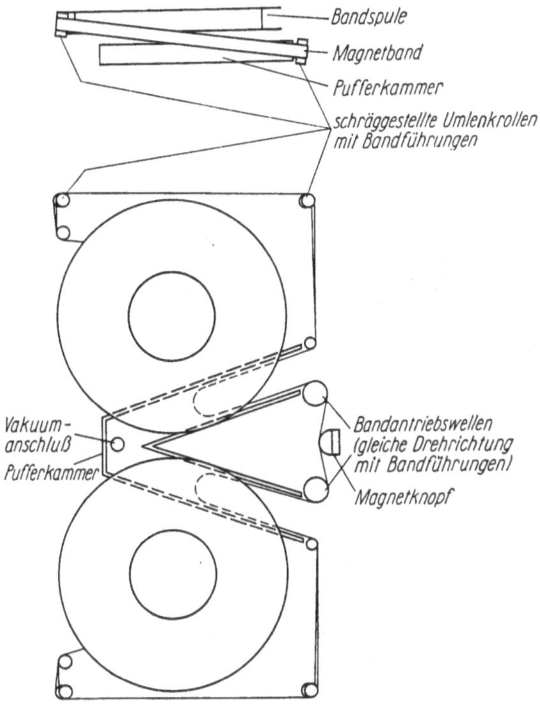

Abb. 109. Bandlaufanordnung mit aktiven pneumatischen Puffern und geringen Geräteabmessungen

erfolgen gleichzeitig über einen endlosen Riemen von einem trägheitsarmen Gleichstrommotor aus, der Bestandteil eines Regelkreises ist und beide Drehrichtungen zuläßt. Eine unmittelbare Umschaltung zwischen den beiden Laufrichtungen des Bandes ist bei diesem Gerät jedoch nicht zulässig, da im Interesse eines geringen Stromverbrauches die Puffersysteme nicht dafür ausgelegt sind. Der Bandzug am Magnetkopf wird dadurch aufrechterhalten. daß infolge Riemendehnung die in Bandlaufrichtung erste Bandantriebswelle geringfügig schneller dreht als die andere.

Ein Transportwerk mit unsymmetrischer Anordnung des Bandlaufes in der Kopfregion zeigt Abb. 110. Der Bandantrieb erfolgt hier durch eine in Drehzahl und Drehrichtung steuerbare Bandantriebswelle mit ständig durch große Umschlingung angekoppeltem Band. Die Anzahl der das Band berührenden Elemente ist hier ähnlich wie bei Gerät Abb. 111 weitestmöglich reduziert.

Im Gegensatz zu den bisher beschriebenen Transportwerken zeigt Abb. 111 [73] ein Incremental-Gerät. Es ermöglicht einen zeichenweisen Schritttransport in einer Laufrichtung und im Synchronbetrieb einen blockweisen Bandlauf in beide Richtungen mit schnellem Start und Stop. Die damit hergestellten Bandaufzeichnungen sind kompatibel mit einigen üblichen Synchron-Rechnerband-

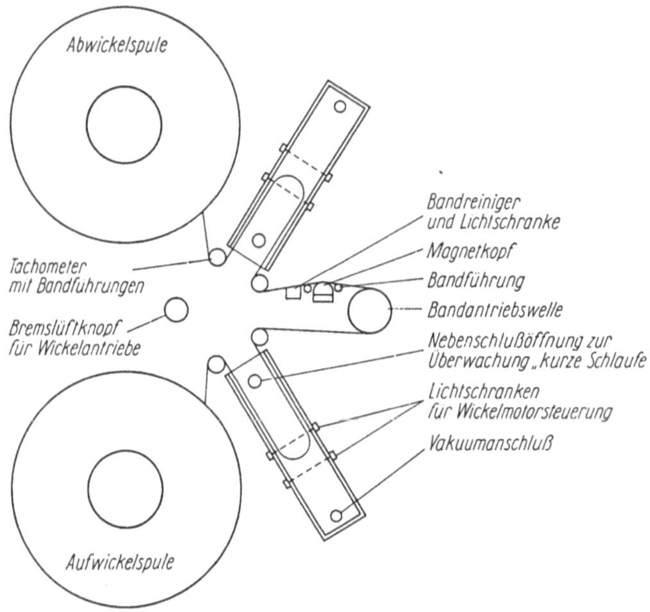

Abb. 110. Bandlaufanordnung mit aktiven pneumatischen Puffern und drehrichtungsumschaltbarer Bandantriebswelle

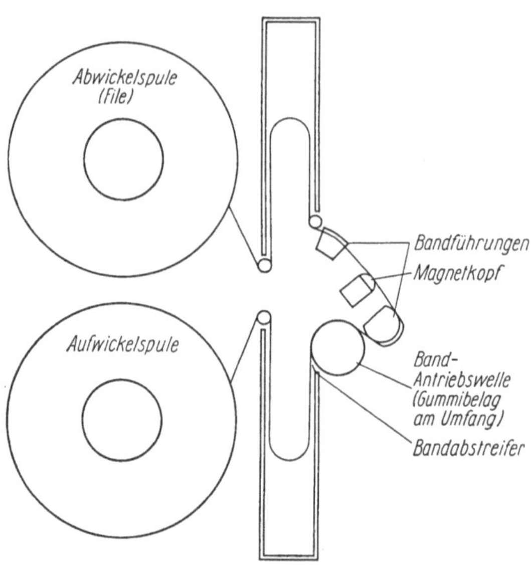

Abb. 111. Bandlaufanordnung mit aktiven pneumatischen Puffern und drehrichtungsumschaltbarer Bandantriebswelle

geräten. Die Synchron-Arbeitsweise dieses Transportwerkes wird in erster Linie zur schnellen automatischen Herstellung der im Rechnerbetrieb erforderlichen Stop/Start-Lücken zwischen den Informationsblocks und zum Zurücksetzen des Bandes (z. B. zum Prüfen oder Neuaufzeichnen) verwendet.

10.1.3. Transportwerke mit aktiven Kassettenpuffern

In Abb. 112 ist ein Transportwerk mit Kassettenpuffern dargestellt. Die beiden symmetrisch zu den Magnetköpfen angeordneten Vakuum-Antriebswellen rotieren ständig und weisen im Stillstand des Bandes beide einen Unterdruck von ca. 150 mm Ws auf, wodurch ein Bandzug an den Magnetköpfen auftritt. Die Abbremsung des Bandes erfolgt ständig durch einen Unterdruck in der perfo-

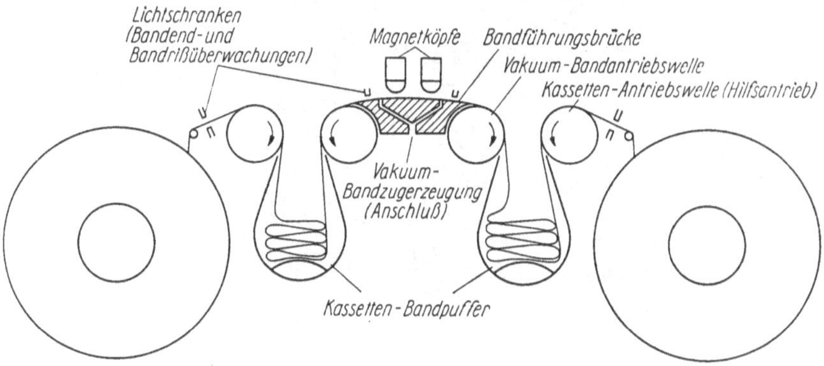

Abb. 112. Bandlaufanordnung mit aktiven Kassettenpuffern und pneumatischem Bandantrieb

rierten Bandführungsbrücke. Zum Start des Bandes wird der Unterdruck in der entsprechenden Antriebswelle auf ca. 300 mm Ws erhöht. Der Inhalt der beiden Bandkassetten wird kapazitiv überwacht und bei größeren Abweichungen vom halbvollen Zustand der zugehörige Wickelmotor in der richtigen Richtung gestartet. Die beiden Hilfsantriebe rotieren ebenfalls ständig und halten mittels Unterdruck ständig eine Zugkraft in dem zur Bandspule führenden Band aufrecht. Erwähnenswert ist, daß das Magnetband mit seiner Schichtseite bei diesem Gerät kein einziges Teil des Transportwerkes berührt; auch die Magnetköpfe weisen einen geringen Abstand zur Magnetschicht-Oberfläche auf (Aufzeichnung und Wiedergabe „ohne Kontakt"). Die verwendeten Magnetköpfe sind kombinierte Aufnahme/Wiedergabeköpfe mit in zwei Stapeln abwechselnd angeordneten Magnetsystemen.

Dieses Kassettenpuffer-Prinzip wird auch mit Gummiandruckrollen an allen Bandantriebswellen an Stelle der Vakuumantriebe verwendet [85].

10.2. Weitere Bandlaufanordnungen

Die folgenden Transportwerkausführungen weichen in einigen wesentlichen Punkten von den vorstehend erläuterten — die besonders durch die Verwendung von zwei Magnetbandspulen gekennzeichnet sind — ab.

10.2.1. Transportwerk mit Spulenkarussell

Abb. 113 zeigt den wesentlichen Teil eines außergewöhnlichen Magnetbandtransportwerkes, bei dem der Magnetbandvorrat auf 64 selbständige kleine Magnetbandspulen aufgeteilt ist, die alle auf einem sogenannten Karussell (auswechselbar) angebracht sind. Durch elektromotorische Rotation dieses Karus-

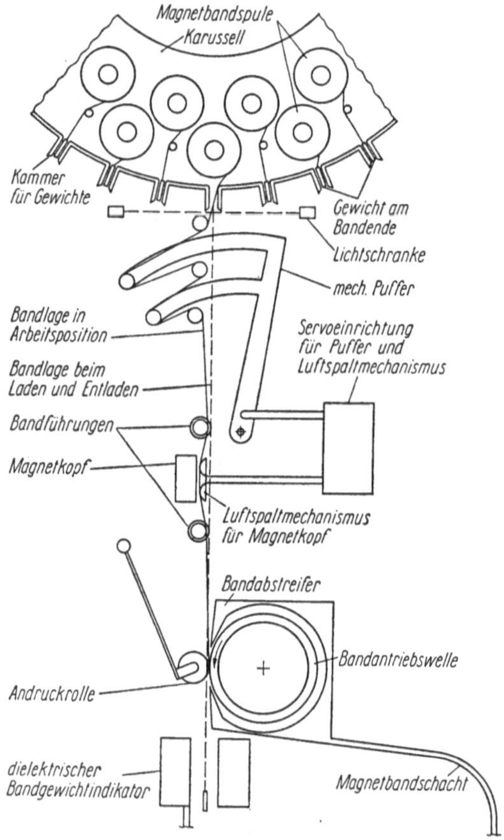

Abb. 113. Bandlaufanordnung mit Spulenkarussell

sells kann eine beliebige gewünschte Spule auf kürzestem Wege in die Arbeitsstellung positioniert werden. Dadurch lassen sich adressierte Informationen wesentlich schneller erreichen, als es bei einem entsprechend langen, auf eine einzige Spule aufgewickeltem Band möglich ist. Zur Positionierung muß die binär verschlüsselte Adresse dieser gewünschten Spule in das Gerät eingegeben werden, wo sie mit den auf einer Codescheibe befindlichen Adressen der Spulen bei der Karussellrotation verglichen wird (Abb. 114). Bei Übereinstimmung beider Adressen stoppt der Antrieb, und das Karussell wird an seinen Zahnkranz durch eine schwenkbare Rastung formschlüssig arretiert. Seine große kinetische Energie wird in einem Federelement dieser Rastung aufgebraucht. Diese Rastung hebt gleichzeitig einen Bremsschieber an, so daß die ausgewählte Spule frei drehen kann. Außerdem verschiebt sich die Bandspulenkupplung nach links, faßt das spulenseitige Kupplungsteil und koppelt die Spule über die Reibungskupplung und das Zahnradgetriebe mit dem Spulenmotor, der daraufhin das

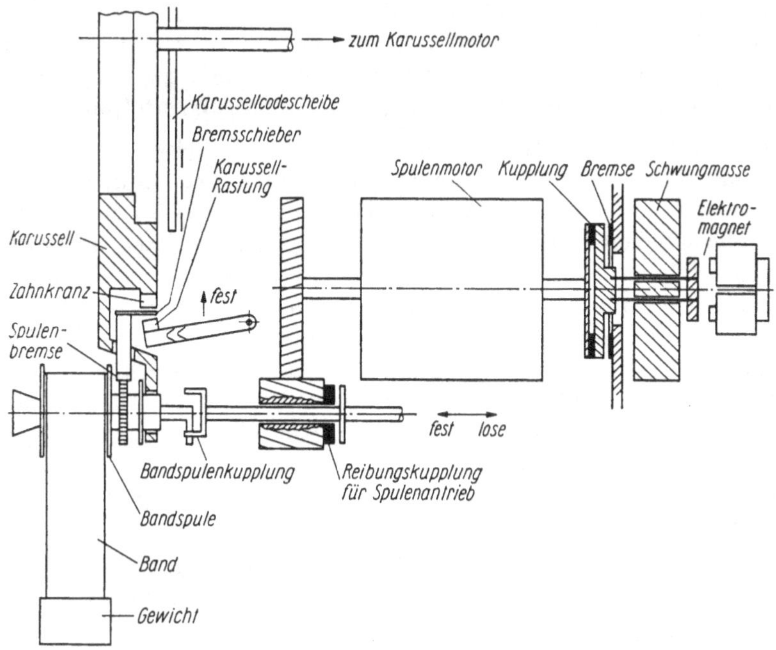

Abb. 114. Spulen- und Karussell-Antriebsmechanismus

Band abwickelnd sehr stark beschleunigt. Das am Bandanfang befestigte Gewicht dient zur Bandstraffung und sorgt dafür, daß das Band in gerader Linie bis zum dielektrischen Bandgewichtsindikator fällt (der mechanische Puffer, der Luftspaltmechanismus und die Andruckrolle sind dabei noch weit vom Band entfernt).

Sobald das Gewicht diesen Detektor erreicht und erkannt wird, treten folgende Vorgänge automatisch auf:

Die Bandbewegung wird gestoppt.

Der Luftspaltmechanismus fährt in Arbeitsstellung und bringt damit das Magnetband in die richtige Lage vor den Magnetkopf. (Der das Band berührende Teil des Luftspaltmechanismus ist so ausgeführt, daß zwischen Magnetband und Kopf ein Luftspalt von einigen 10 μm auftritt.)

Der Hebelarm des mechanischen Puffers bewegt sich gegen das Magnetband und bildet Bandschlaufen.

Nach Abschluß dieser Vorgänge schwenkt die Andruckrolle (Metall) gegen die ständig rotierende Bandantriebswelle mit Gummibelag.

Damit wird das Band mit der normalen Arbeitsgeschwindigkeit von ca. 5 m/s gestartet und legt sich in losen Falten in den Magnetbandschacht. Bandzugstöße als Folge der Spulenträgheit werden durch den pneumatisch gedämpften passiven Puffer unterdrückt. Bei stillstehendem Spulenmotor erzeugt hierbei die Reibungskupplung des Spulenantriebes ein den Bandzug erzeugendes Bremsmoment. Damit kann die Aufzeichnung oder Wiedergabe erfolgen.

Nach Übertragung der Information beginnt das Zurückspulen. Hierzu wird die Gummirolle abgeschwenkt, wodurch das Band stoppt. Zum Rücklauf wird der Spulenmotor in der richtigen Drehrichtung eingeschaltet und erzeugt eine Bandgeschwindigkeit von ca. 8 m/s. Gleichzeitig steigt die Andruckkraft in der Reibungskupplung des Spulenantriebes, so daß die Spule fest mit dem Motor gekuppelt ist. Sobald das Gewicht wieder den dielektrischen Abtaster erreicht, wird elektromagnetisch die Schwungmassen-Bremse gelöst und die Schwungmasse mit dem Motor fest gekuppelt. (Diese Schwungmasse stand bisher still.) Dadurch verringert sich die Rückspulgeschwindigkeit schnell bis fast auf Null, um anschließend — bewirkt durch die angekoppelte Schwungmasse — sehr langsam wieder anzusteigen. Zwischendurch geben annähernd zum Zeitpunkt der niedrigsten Impulsgeschwindigkeit der Luftspaltmechanismus und der Pufferhebel das Band wieder frei.

Sobald das Gewicht völlig in seiner Kammer im Karussell verschwunden ist, spricht die Lichtschranke an, stoppt den Spulenmotor und gibt die gesamte Einrichtung zur Neupositionierung des Karussels frei. Trifft ein Befehl für eine Neupositionierung des Karussels ein, so wird vor Beginn seiner Rotation die Rastung gelöst und dadurch auch die Spule wieder abgebremst.

10.2.2. Transportwerk mit Bandkassette

Abb. 115 zeigt ein mechanisch sehr einfaches Transportwerk, bei dem der Bandvorrat von einer Kassette zur anderen transportiert wird, worin sich das Band in losen Falten ablegt. Der Bandantrieb erfolgt in üblicher Weise durch eine von zwei ständig umlaufenden Bandantriebswellen, an die das Band mit elektromagnetisch betätigten Andruckrollen angekoppelt wird. Bandanfang und Bandende tragen eingestanzte Löcher, durch die an der Lichtschranke das Band gestoppt wird. Der Bandzug am Magnetkopf entsteht durch Unterdruck an der rinnenförmigen Bandführungsbrücke. Als Bandreiniger sind beidseitig des Magnetkopfes kleine Bürsten angebracht. Zum Wechsel des Bandes wird sein rechtsseitiges Ende — nachdem der gesamte Vorrat nach links gespult wurde — manuell in die austauschbare Spule eingelegt und durch einfaches Einschalten des damit gekoppelten Motors aus der linken Kassette heraus auf-

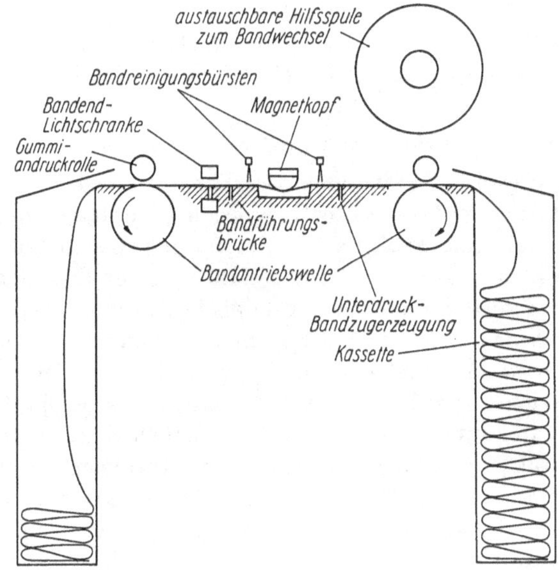

Abb. 115. Bandlaufanordnung mit zwei Bandkassetten

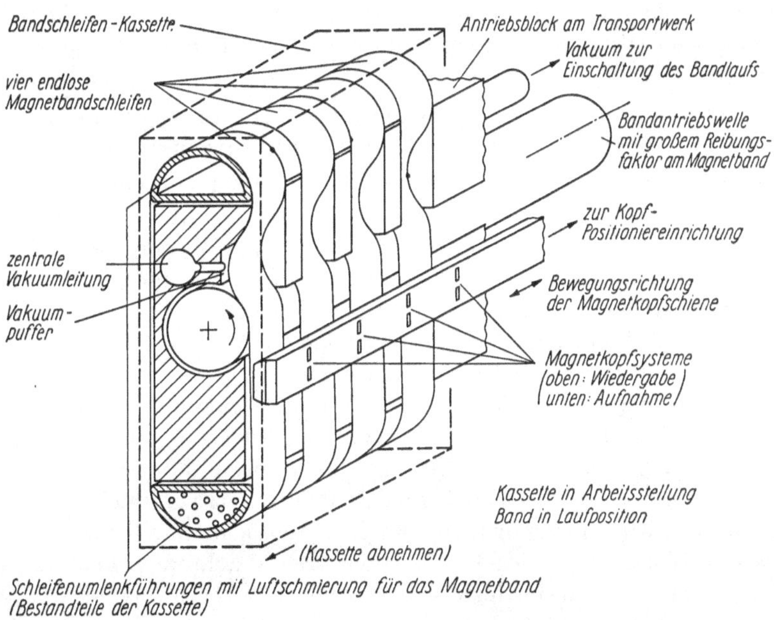

Abb. 116. Bandlaufanordnung mit endlosen Bandschleifen

gewickelt. Das Laden des Gerätes mit Band erfolgt in ähnlicher Weise. Bei einem derartigen Transportwerk eines anderen Herstellers bleibt das eine Bandende ständig mit dieser Spule verbunden, wodurch sich der Bandwechsel vereinfacht [103].

10.2.3. Kassette mit endlosen Bandschleifen

Eine sehr interessante Bandtransportwerkkonstruktion zeigt Abb. 116 [15]. In einer auswechselbaren Kassette befinden sich mehrere endlose Bandschleifen luftgelagert auf zwei Umlenkführungen. An eine gemeinsame, ständig rotierende Bandantriebswelle mit großem Reibungsfaktor gegenüber dem Magnetband kann jede dieser Schleifen dadurch angekoppelt und transportiert werden, daß durch Unterdruck das Band in eine Kammer bogenförmig eingesaugt und dadurch gestrafft wird. Parallel zur Antriebswelle ist eine Schiene mit Magnetköpfen in Längsrichtung positionierbar angebracht, an denen das Magnetband in geringem Abstand auf einem Luftpolster vorbeiläuft (Aufnahme und Wiedergabe „ohne Kontakt"). Da das Magnetband mit Transportwerkbauteilen kaum in Berührung kommt, lassen die Bandschleifen eine sehr große Lebensdauer erwarten. Sie dürfen deshalb, wenn es der Einsatz erfordert, auch zeitweise ständig umlaufen. Damit nähert sich dieses Transportwerk in seinen Zugriffseigenschaften der Magnettrommel. Auf Grund der geringen Masse der Magnetbandschleifen ist es außerdem vorteilhaft möglich, einen schnellen Start und Stop einzelner oder aller Schleifen durch Schalten des Vakuums durchzuführen. In [96] ist ein Digital-Magnetbandtransportwerk kurz beschrieben, das vier voneinander unabhängige auswechselbare Bandkassetten mit losem Band besitzt. Jede Kassette enthält bis zu 75 m Band von 1″ Breite und acht Spuren für Serienaufzeichnung.

10.2.4. Bandtransportwerke für Zeitverzögerungen und Geschwindigkeitstransponierungen

Abb. 117 zeigt den prinzipiellen Bandlauf eines Magnetbandschleifengerätes mit voneinander unabhängigen Aufzeichnungs- und Wiedergabe-Bandantrieben für zeichenweisen Transport [97]. Aufzeichnung und Wiedergabe erfolgen während der annähernd konstanten Bandgeschwindigkeit beim Schritt. Der perforierte Magnetfilm wird von zwei voneinander völlig unabhängigen Zackenrädern und den damit gekoppelten Schrittmotoren mit beliebiger Schrittfolge innerhalb des zulässigen Schrittfrequenzbereiches angetrieben. Bei unterschiedlichem Bandtransport zwischen Aufnahme und Wiedergabe erfolgt der Bandlängenausgleich dadurch, daß sich der (zur Bandzugerzeugung an den Magnetköpfen federvorgespannte) Schieber mit den beiden darauf befindlichen Umlenkrollen entsprechend der Geschwindigkeitsdifferenz verschiebt. Damit können z. B. in zeitlich unregelmäßiger Folge aufgezeichnete Zeichen in Form geschlossener Blocks weitergegeben werden. Bei synchroner Steuerung beider Antriebswellen läßt sich eine feste Verzögerung zwischen Aufnahme und Wiedergabe erzielen. Eine Variante dieses Gerätes ist anstelle der endlosen Bandschleife mit Magnetbandspulen und aktiven Puffern ausgerüstet.

Ein weiteres Transportwerk mit endloser Bandschleife und wesentlich größerer Bandlänge ist in Abb. 118 aufgeführt. Zur Aufnahme drückt die Gummiandruckrolle das Band an die ständig umlaufende Bandantriebswelle *1*, wodurch es über die Bandführungen, den Aufzeichnungskopf und die Bremsrolle aus dem rechten Teil der Kassette herausgezogen und in den linken Kassettenteil eingefüllt wird. Die Bremsrolle erzeugt den erforderlichen Bandzug am Aufzeichnungskopf und liefert aus einer Lochscheibe ein Kontrollsignal für den Bandlauf. Unabhängig von der Aufnahmefunktion können die gespeicherten Informationen in jeder der beiden Laufrichtungen wiedergegeben werden, indem das Band durch Gummiandruckrollen mit einer der ständig umlaufenden Bandantriebswellen *2* oder *3* gekoppelt wird. Die Erzeugung des Bandzuges an dem zwischen beiden Antriebswellen angeordneten Magnetkopf für Wiedergabe erfolgt durch Bremsklötze an den Bandführungen. Sobald eine der beiden Bandschleifen in der Kassette gefährlich kurz wird, unterbricht ein Fühlhebel den Bandtransport. Dieses Gerät kommt bei der Datenübertragung über Fernsprech- und Fernschreibleitungen zum Einsatz. Ausführliche Beschreibungen einschließlich der Datenaufzeichnungsverfahren sind in [38], [98] enthalten, ergänzt durch ein ähnliches Gerät mit perforiertem Magnetband und Schrittmotorantrieb.

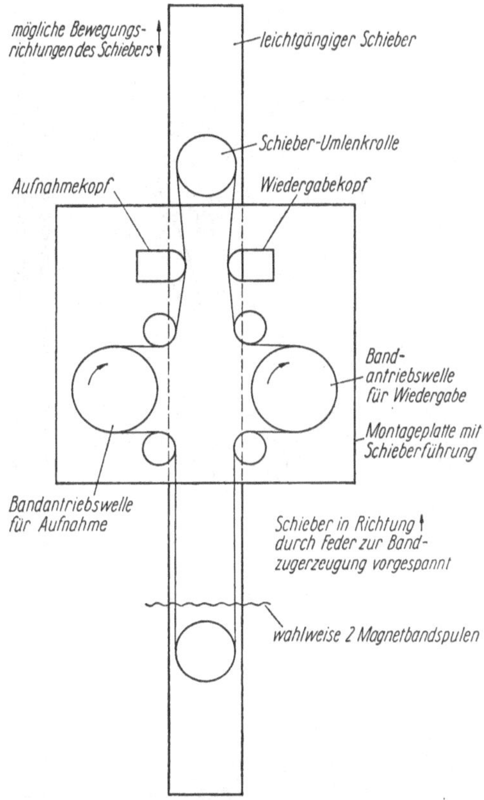

Abb. 117. Bandlaufanordnung mit unabhängigen Antriebseinrichtungen für Aufnahme und Wiedergabe (1)

10.3. Bandlaufanordnungen zur meßtechnischen Digitalspeicherung

Für die Schwingungsmeßtechnik und ähnliche Zwecke werden Digital-Magnetbandtransportwerke für stationären, transportablen und flugtauglichen Einsatz verwendet, deren Bandlaufanordnungen prinzipiell in Abb. 119a und 119b dargestellt sind. Sie besitzen keinen schnellen Start und Stop. Trotzdem weisen viele derartiger Geräte aktive Hebelpuffer mit geringem Bandfassungsvermögen auf, die jedoch zur Bandzugregelung und Entkopplung der Wickelmotore dienen. Einige neuere stationäre Geräte dieser Art besitzen auch aktive

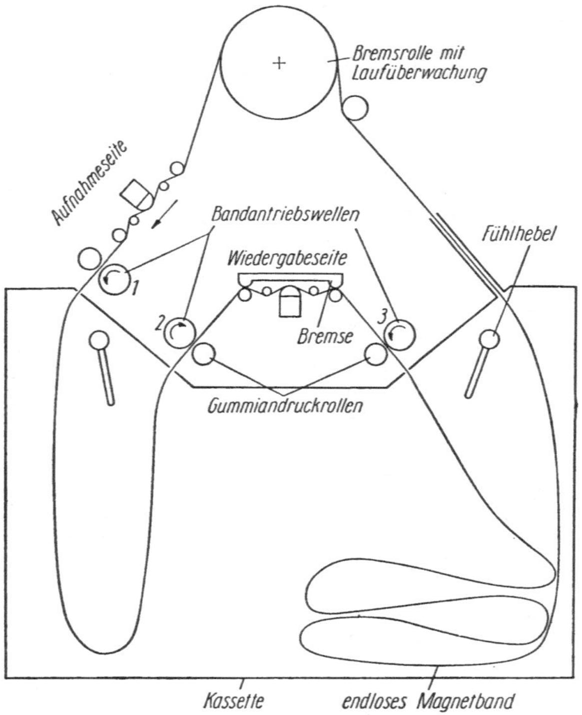

Abb. 118. Bandlaufanordnung mit unabhängigen Antriebseinrichtungen für Aufnahme und Wiedergabe (2)

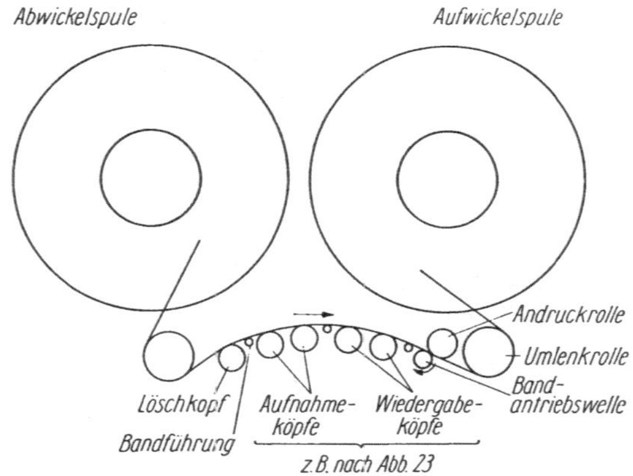

Abb. 119a. Klassische Bandlaufanordnung von Magnetbandtransportwerken für Schallaufzeichnung und Meßtechnik

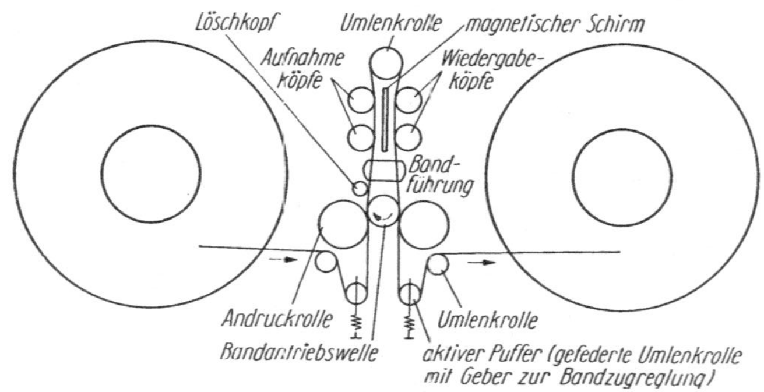

Abb. 119b. Typische Bandlaufanordnung für meßtechnische Zwecke mit „geschlossener Bandschleife“

pneumatische Puffer. Diese Transportwerke sind für die Speicherung von Informationen digitaler oder analoger Form oder auch zur Kombination beider (umschaltbar oder gleichzeitig auf den verschiedenen Spuren eines Bandes) eingerichtet und ermöglichen oft auch mehrere Bandgeschwindigkeiten.

Diese Transportwerke sind ausführlich in Band 3 behandelt.

Neben diesen universellen Meßwertspeichern wurden verschiedene spezielle Digitalspeicher insbesondere für die Raumfahrttechnik entwickelt, deren Bandlaufanordnungen weitgehend den Prinzipabbildungen 119a und 119b entsprechen. Auf Grund ihres sehr speziellen Einsatzzweckes müssen sie jedoch mindestens folgende besonderen Bedingungen erfüllen:

α) sehr geringe Abmessungen bei großer Speicherkapazität,

β) sehr geringer Leistungsverbrauch,

γ) funktionsfähig unter extremen Umgebungsbedingungen (Temperatur, Luftdruck, Beschleunigung einschließlich Absturz usw.).

In [99] sind derartige Speicher der Raumfahrttechnik ausführlich beschrieben.

10.4. Sonderausführungen von Bandlaufanordnungen

Mehrere der bekannt gewordenen Konstruktionen von Transportwerken für die Digitalspeicherung lassen sich in das Schema von Abb. 102 nicht einordnen.

Das Transportwerk Abb. 120 ist dadurch gekennzeichnet, daß Aufzeichnung und Bandtransport rein mechanisch bzw. permanentmagnetisch vorgenommen werden, d. h. eine Stromversorgung nicht erforderlich ist. Transportwerke dieser Art sind beispielsweise Bestandteile von Registrierkassen oder dienen zur beweglichen manuellen Datenerfassung, z. B. für Kassierungen, Zählerablesungen usw. Die damit hergestellten nichtkompatiblen Bandaufzeichnungen werden einem Rechenzentrum zugestellt, wo mit Hilfe eines Systems aus speziellem Wiedergabebandgerät und normalem Rechner-Bandgerät eine Umwandlung (Konvertierung) dieser Aufzeichnungen in ein rechnertaugliches Magnetband erfolgt.

Ein endloses Magnetband ist auf eine antriebslose Spule [100] lose aufgewickelt und kann durch Bandantriebswelle und Gummiandruckrolle so transportiert werden, daß sich das am Wickelkörperumfang herausgezogene Band am Wickelumfang wieder aufspult. Voraussetzung für die Funktion dieser sogenannten Endlosspule ist eine sehr geringe Reibung der Bandwindungen aneinander, was bei größeren Bandlängen oft durch besondere Schmiermittel gewährleistet werden muß. Durch das manuelle Eintasten von Zahlen an einer Tastatur werden die der Anzahl der Tasten entsprechenden Coderäder in bestimmte dem Zahlenwert der betätigten Taste zugeordnete Winkelstellungen gebracht. Jedes Coderad besteht aus mehreren fest miteinander verbundenen dünnen Scheiben aus abwechselnd dia- und paramagnetischem Material. Die diamagnetischen Scheiben (Codescheiben) besitzen am Umfang Ausklinkungen, die in den zehn möglichen Winkelstellungen zusammen die den zehn möglichen Zei-

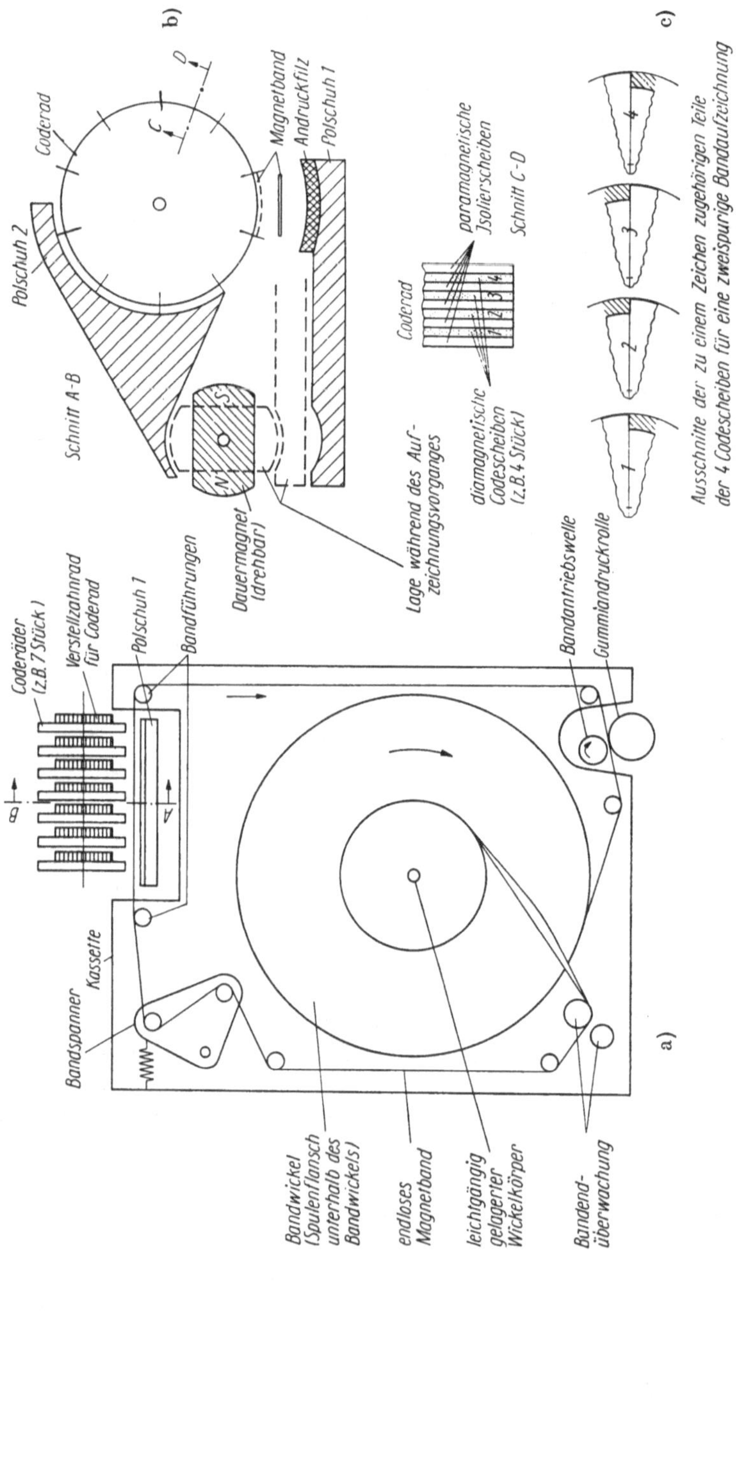

Abb. 120. Bandlaufanordnung und Aufzeichnungseinrichtung eines stromlos arbeitenden Digitalspeichers

chen zugehörigen Codierungen ergeben. Nachdem alle vorhandenen (gleichartigen) Coderäder positioniert sind, wird der Aufzeichnungsvorgang durch Drehen der Handkurbel der Registrierkasse o. ä. bei stehendem Band durchgeführt: Zuerst bewegt sich der Polschuh *1* mit seinem Andruckfilz gegen das Magnetband und drückt es leicht gegen alle Coderäder. Anschließend wird ein Dauermagnet kurzzeitig aus seiner passiven Querlage in die gestrichelte vertikale Lage gedreht, wodurch sich ein magnetischer Kreis – bestehend aus Dauermagnet, Polschuh *2*, alle diamagnetischen Scheiben der Coderäder, Magnetband, Polschuh *1* und den diversen Luftspalten – schließt. An den Stellen des Bandes, an denen die Pole der diamagnetischen Codescheiben das Band berühren, wird die Magnetschicht gesättigt und eine permanente Aufzeichnung erzeugt. Nachdem der Magnet wieder seine Ruhelage erreicht hat, fällt der Polschuh *1* ab, und es erfolgt der Weitertransport des Magnetbandes um mindestens die Wortlänge. Hierzu rotiert die Bandantriebswelle mit der ständig damit gekoppelten Gummirolle um einen relativ eng tolerierten Winkelschritt, der durch ein zwischen Handkurbel und Antriebswelle geschaltetes Malteserkreuzgetriebe bestimmt ist. Damit ist das Gerät bereit zum Eintasten und Aufzeichnen eines neuen Informationsblockes. Da der magnetische Kreis erst nach dem Aufsetzen der magnetisch leitenden Codescheiben auf das Magnetband geschlossen wird, ent-

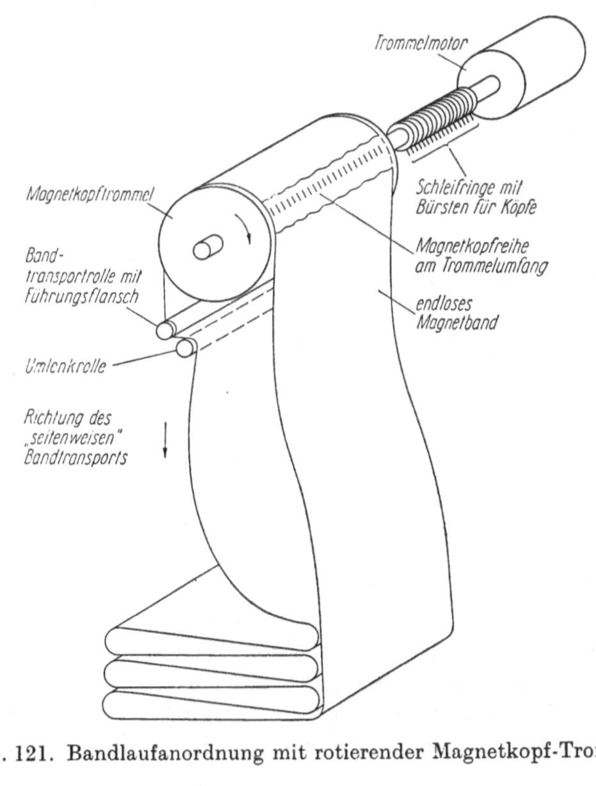

Abb. 121. Bandlaufanordnung mit rotierender Magnetkopf-Trommel

stehen gut reproduzierbare Bandmagnetisierungen mit scharfen Begrenzungen [40]. Sobald das Magnetband einen vollständigen Umlauf durchgeführt hat, also völlig mit Aufzeichnungen versehen ist, erreicht seine verdickte Verbindungsstelle die beiden dicht nebeneinanderstehenden Bandüberwachungsbolzen, die dadurch auseinandergedrückt werden und durch eine ausrastende mechanische Sperre den Weitertransport mechanisch blockieren. Die Magnetbandspule, die Bandführungen, die Bandspanner und die Bandendüberwachung sind in einer leicht auswechselbaren Kassette untergebracht.

Eine ältere Kombination zwischen Magnettrommel und Magnetband ist in Abb. 121 dargestellt [101], [102]. Am Umfang einer ständig rotierenden Trommel sind 128 Magnetköpfe in einer Linie angeordnet, die über Schleifringe angeschlossen werden. Das die Trommel um ca. 180° umschlingende endlose breite Magnetband wird auf einer Länge von ca. halbem Trommelumfang periodisch von den Magnetköpfen abgetastet. Gegenüber der Magnettrommel ist die Kapazität dieses Speichers durch die Möglichkeit des Weitertransportes des Magnetbandes um mehrere, dem halben Trommelumfang entsprechende Schritte („Seiten") erweitert. Der größte Teil der Magnetbandschleife liegt in losen Falten in einer ausreichend großen Bandkassette.

Eine weitere spezielle Ausführung eines Digital-Magnetbandtransportwerkes ist in Abb. 122 am Beispiel einer Papierschneidemaschine gezeigt. An einem elektromotorisch bewegten Schlitten, der das Schnittgut (Papierstapel) vor-

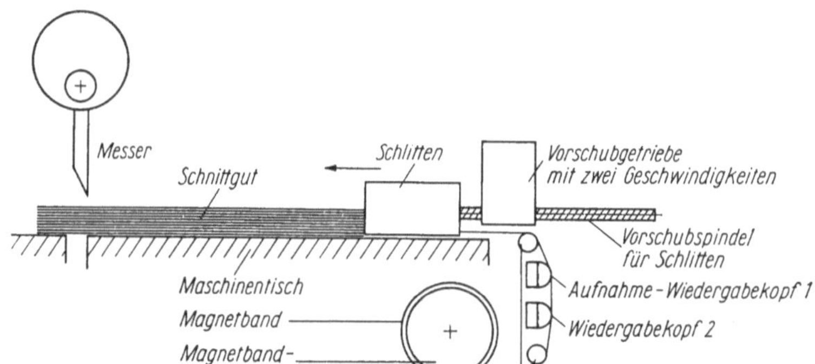

Abb. 122. Bandlaufanordnung eines Programmspeichers einer Bearbeitungsmaschine

wärts bewegt, ist der Anfang eines breiten Magnetbandes befestigt, dessen Ende auf eine Trommel aufgespult ist, die mittels Federkraft den erforderlichen Bandzug erzeugt. Die Bandbewegung an den Magnetköpfen stimmt somit völlig mit der Schlittenbewegung überein. Eine binäre Programmaufzeichnung auf einer Spur dieses Magnetbandes erfolgt derart, daß mittels Handsteuerung des Vorschubgetriebes die richtige Lage des Schnittgutes relativ zum Messer hergestellt und ebenfalls von Hand der Schnitt ausgelöst wird. Bei diesem Schnitt wird vom Aufnahme/Wiedergabekopf ein Impuls auf das Band aufgezeichnet.

Zum Teilen eines Papierstapels können mehrere Schritte mit unterschiedlichen Abständen untereinander erforderlich sein.

Sind mehrere Schnittgutstapel in gleicher Art zu teilen, so kann das mittels Steuerung vom Magnetband erfolgen. Hierzu wird das Vorschubgetriebe im Schnellgang gestartet, verlangsamt jedoch automatisch beim Erscheinen eines Bandimpulses am Wiedergabekopf *2*, so daß beim Erscheinen des den Schnitt auslösenden Impulses am Wiedergabekopf *1* die Schnittgutgeschwindigkeit sehr klein ist. Nach dem Schnitt wird automatisch wieder im Schnellgang weitertransportiert. Auf den Spuren des Bandes können mehrere voneinander unabhängige Programme untergebracht werden, außerdem ist ein Programmaustausch durch Bandwechsel möglich.

In ähnlichen Anwendungsfällen wird eine codierte Aufzeichnung auf mehreren Spuren erzeugt, die bei der Abtastung im Gegensatz zu vorstehendem einfachen Beispiel unterschiedliche Reaktionen hervorruft.

11. Magnetkartenspeicher

11.1. Vergleich mit anderen Speicherverfahren

Alle vorstehend beschriebenen Magnetbandtransportwerke verwenden Informationsträger (Magnetbänder), die auf Grund ihrer großen Länge l derartig unhandlich sind, daß sie in ebener Form nicht verarbeitet werden können. Sie weisen deshalb besondere Vorkehrungen (z. B. Wickelantriebe) auf, mit deren Hilfe die Magnetbänder in geeigneter Form — z. B. auf Spulen oder in Kassetten — in komprimierter und nichtebener Form untergebracht werden können. Insbesondere zur Verarbeitung aufgespulter Magnetbänder sind mitunter recht komplizierte technische Einrichtungen erforderlich, wie aus Kapitel 8 hervorgeht.

Weiterhin nimmt auch die Zugriffszeit mit der Länge l des Magnetbandes zu. Dadurch wird die Brauchbarkeit des Magnetbandspeichers für die Verarbeitung von Informationen bei der elektronischen Datenverarbeitung zumindest eingeschränkt (siehe 3.1. und Band 1). Kompromißlösungen stellen sich in den Bandtransportwerken mit unterteiltem Bandvorrat dar, von denen einige in 10.2. beschrieben sind.

Die konsequente Weiterführung dieser Unterteilung des Bandvorrates und damit auch der Speicherkapazität führt zu Magnetbandstücken, deren relativ geringe Abmessungen ihre Unterbringung in ebener Form zulassen. Auf Grund der mindestens körperlichen Ähnlichkeit mit dem Speichermedium Lochkarte wird ein derartiges Magnetbandstück allgemein als „Magnetkarte" bezeichnet. Damit bietet sich die Möglichkeit des beliebigen Sortierens von magnetisch gespeicherten Informationen wie bei der Lochkarte. Das ist beim Magnetbandspeicher mit einem einzigen oder einigen wenigen langen Bändern nicht oder nur durch aufwendige elektrische Übertragung der Informationen von einem Speicher zum anderen realisierbar. Ein Nachteil des Magnetkartenspeichers — wie auch des Lochkartenspeichers — gegenüber dem Magnetbandspeicher mit langem Speichermedium könnte evtl. die Tatsache sein, daß die Speicherkapazität der einzelnen Karte relativ begrenzt ist, während das lange Speichermedium Magnetband praktisch keine Begrenzung für die Länge des einzelnen Informationsblocks aufweist.

Einige Magnetkartenspeicherkonzeptionen ermöglichen ein direktes Anwählen jeder einzelnen Magnetkarte; damit ist bei diesen Geräten im Gegensatz zu den üblichen Lochkartengeräten ein echter wahlfreier Zugriff (Random-

Access-Verhalten) vorhanden, der durch zusätzliche Adressierung der Kartenfläche (Spuren und Spurabschnitt) noch erweitert werden kann.

Bei allen zur Zeit bekannten Magnetkartenspeichern wird die ausgewählte oder eingegebene Karte am Umfang einer ständig rotierenden Trommel befestigt. Damit verhält sich der Magnetkartenspeicher nach erfolgter Kartenauswahl wie ein Magnettrommelspeicher bzw. wie ein Speicher der Kategorie d) nach Abb. 14, d. h., die aufgezeichnete Information wird periodisch wiedergegeben, und die Neuaufzeichnung kann auch mit relativ variabler Geschwindigkeit asynchron auf die mit konstanter hoher Geschwindigkeit umlaufende Magnetkarte erfolgen.

In [106] werden mehrere typische Großraumspeicher (Magnetkarte, Magnettrommel, Magnetplatte, Magnetstreifen) miteinander verglichen und der Versuch einer Bewertung ihrer Eignung für bestimmte Anwendungsfälle unternommen. Die Verfasser schlagen einen Bewertungsmodus vor. Sie stellen aber fest, daß nur unter sehr konkret und sachlich vorgegebenen Anwendungsbedingungen eine Einstufung der verschiedenen Speicherausführungen bezüglich ihrer Eignung möglich ist, die für andere Einsatzfälle völlig falsch sein kann. Auch in [102] werden Großraumspeicher einschließlich der Magnetkartenspeicher verglichen.

11.2. Verarbeitung der Informationen

Wie auch beim Magnetbandspeicher werden die Informationen in Form von Längsspuren auf der Magnetkarte entweder in Serien oder im Parallelverfahren unter Verwendung eines der bekannten Magnetisierungsverfahren (Abb. 3) aufgezeichnet. Einige orientierende Untersuchungen hierzu sind in 1.1. sowie ausführlich in Band 6 enthalten. Dabei treten selbstverständlich die in Kapitel 6 erläuterten Drop-out-Problematiken ebenfalls auf, und die dort erwähnten Datensicherungsverfahren (Kontrollwiedergabe, Paritätsprüfungen usw.) werden deshalb auch bei den Magnetkartenspeichern eingesetzt.

11.3. Ausführung des Informationsträgers

Die heute bekannten Magnetkarten bestehen im allgemeinen aus einer Polyester-Trägerfolie, auf die einseitig eine Magnetschicht aufgebracht ist, die ihrerseits durch eine Polyester-Schutzschicht ähnlich dem „Sandwich“-Rechnermagnetband vor Verschleiß geschützt ist. Die Abmessungen der heutigen Magnetkarten liegen innerhalb der Grenzen $410 > l > 70$ und $120 > b > 25$ mm.

Grundsätzlich lassen sich bei den Magnetkarten zwei typische Ausführungsformen unterscheiden, die hauptsächlich deren Zugriffsverhalten bestimmen.

11.3.1. Magnetkarten mit äußerer Adressierung

Jede Magnetkarte trägt dazu in Form von Kerben eine binär codierte individuelle Adresse, mit deren Hilfe durch mechanische Mittel (Selektiereinrichtung) aus einem großen Kartenvorrat (Magazin) eine bestimmte gewählte Karte zur

Verarbeitung gebracht werden kann. Damit ist also ein echter wahlfreier Zugriff zu jeder Karte möglich.

Abb. 123 zeigt eine derartige Magnetkarte mit äußerer Adressierung. An einer Schmalseite der Karte befinden sich acht pilzförmige Kerben, durch die die acht Selektionsstäbe des Kartenspeichers hindurchragen. Jede dieser Ker-

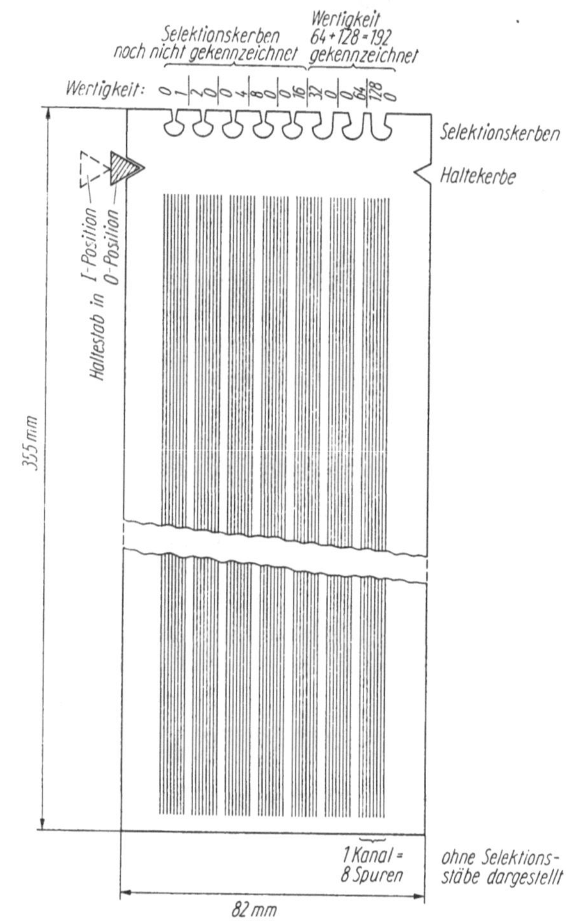

Abb. 123. „außen adressierte" Magnetkarte mit Selektions- und Haltekerben

ben läßt sich durch Abtrennen der linken oder rechten Flanke gemäß Abb. 124 kennzeichnen. Da jede Kerbe einer Wertigkeit zugeordnet ist, können mit den acht Kerben maximal $2^8 = 256$ unterschiedliche Kombinationen hergestellt werden. Die Auswahl einer bestimmten Karte aus einem maximal 256 Karten enthaltenden Magazin erfolgt dadurch, daß jeder der acht kreisausschnittförmigen Selektionsstäbe gemäß Abb. 124 in die der eingegebenen Adresse zugehörige Stellung gebracht wird. Stimmen alle Stabstellungen mit den markierten Ker-

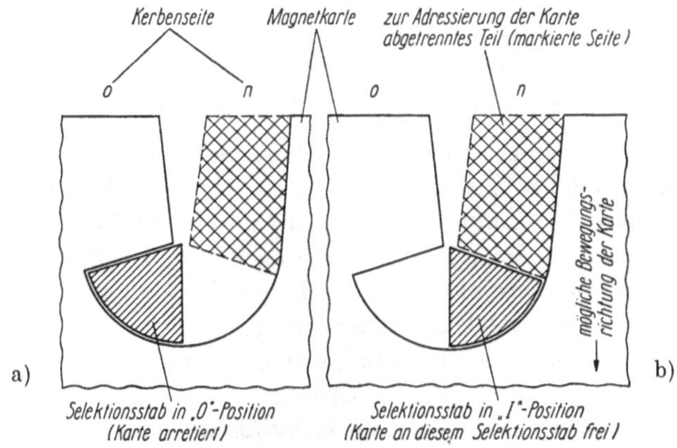

Abb. 124. Ausführung einer Selektionskerbe und des Selektionsstabes

benseiten überein, so läßt sich die Magnetkarte in Längsrichtung aus dem Selektionsstabsatz herausziehen. Sofern auch nur ein einziger Stab nicht mit der Kerbenmarkierung übereinstimmt, bleibt die Karte festgehalten. Aus dieser Funktionsweise der Selektiereinrichtung geht hervor, daß grundsätzlich alle Kerben der Karte durch Abtrennen einer der beiden Flanken gekennzeichnet werden müssen! Um die Selektionskerben der Karten insbesondere während

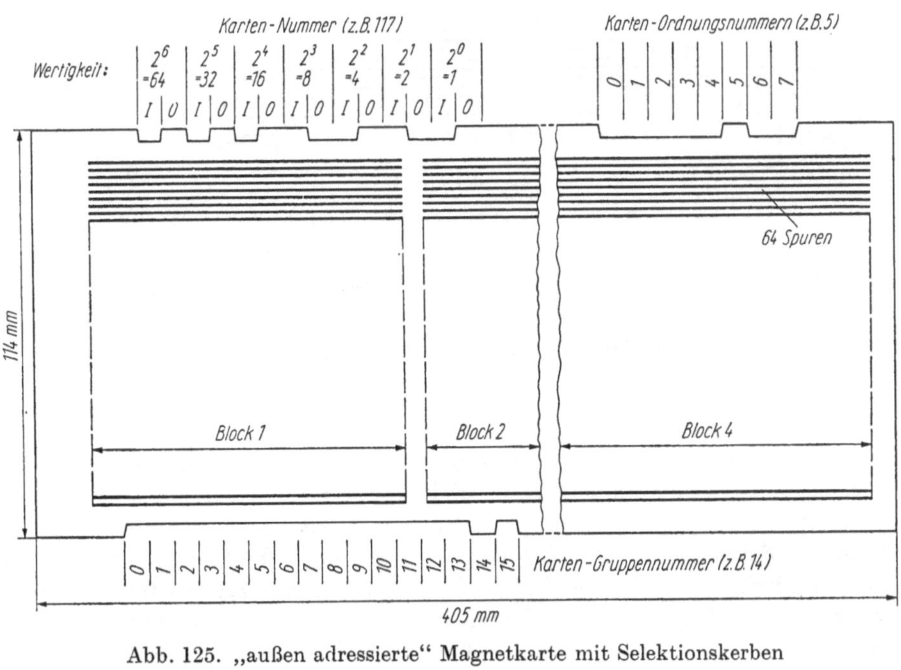

Abb. 125. „außen adressierte" Magnetkarte mit Selektionskerben

der Stabpositionierung zu schonen, weist die Karte beidseitig je eine Haltekerbe auf, in die Haltestäbe eingreifen und den gesamten Kartenstapel so zentrieren, daß die Selektionsstäbe im wesentlichen die Karten nicht berühren. Lediglich bei der Kartenentnahme sind diese Haltestäbe außer Eingriff.

Abb. 125 zeigt ebenfalls eine außen adressierte Magnetkarte, bei der durch Einkerbungen an beiden Längsseiten drei verschiedene Unterscheidungen getroffen werden können. Links oben wird eine in binärer Form ähnlich Abb. 123 codierte Kartennummer in sieben Stellen eingekerbt. Rechts oben ist eine von acht Ordnungsnummern markiert, die z. B. die Zugehörigkeit dieser Karte in ein bestimmtes Magazin festlegt. Links unten wird eine von 16 Gruppennummern dargestellt, die z. B. festlegt, in welcher Magazingruppe das rechts oben festgelegte Magazin enthalten ist. Die Ordnungs- und Gruppenkennzeichnungen werden insbesondere zur einwandfreien Rückführung einer verarbeiteten Karte benötigt.

11.3.2. Magnetkarten mit innerer Adressierung

Die Kartenadresse ist hierbei im Gegensatz zur äußeren Adressierung in gleicher Weise wie die Nutzdaten magnetisch aufgezeichnet. Um die Karte mit der

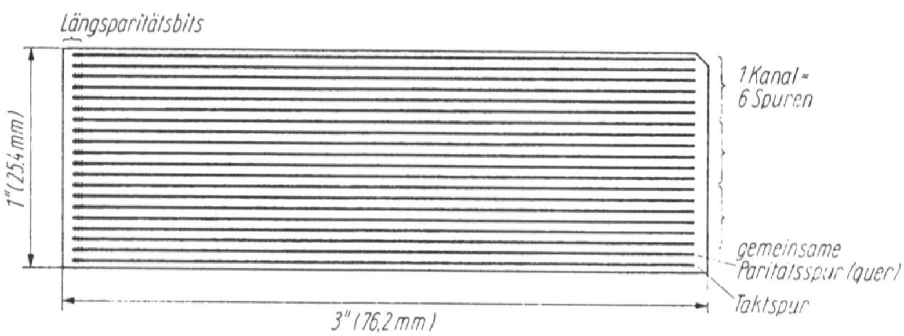

Abb. 126. „innen adressierte“ Magnetkarte

eingegebenen Adresse zu finden — d. h. zur Verarbeitung zu bringen — müssen die Karten eines Magazins nacheinander über die Wiedergabeeinrichtung transportiert werden. Abb. 126 zeigt eine derartige Magnetkarte.

11.3.3. Besondere Ausführungsform einer Magnetkarte

In Abb. 127 ist eine Variante der Magnetkarte nach Abb. 126 dargestellt, die bei gleichen Abmessungen neben einer reduzierten magnetischen Datenspeicherkapazität ein Mikrofilmbild besitzt. Ein quadratischer Positivfilm ca. 25 × 25 mm mit dem zu archivierenden Bild (schwarz/weiß oder farbig) wird hier zusammen mit einem oxidbeschichteten Polyesterstreifen (Magnetband) zwischen zwei Polyesterfolien geklebt. Diese Kartenausführung besitzt besondere Bedeutung für die automatisierte Erschließung und Benutzung von visuell auszuwertenden Informationen (z. B. Literaturveröffentlichungen, Dokumente, Personalunterlagen usw.). Die Verarbeitung dieser Magnetkarten wird später in 11.4.1. erläutert.

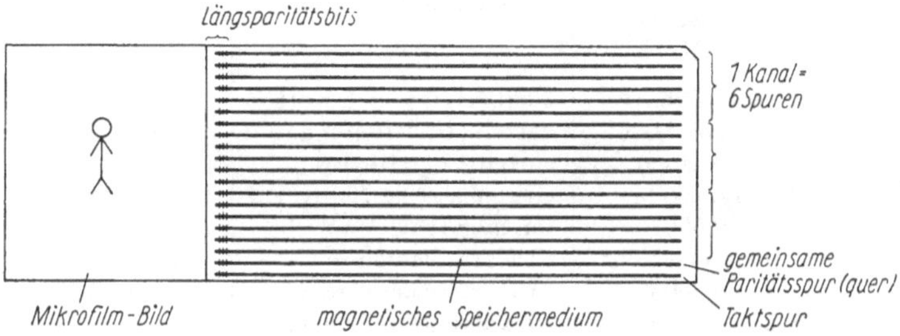

Abb. 127. „innen adressierte" Magnetkarte mit Mikrofilmbild

11.4. Beschreibung kompletter Anlagen

Einige bisher bekannt gewordene Magnetkartenspeicher sind in Tabelle 9 mit ihren technischen Daten aufgeführt. Nachfolgend sollen einige interessante Geräteausführungen in ihrem konstruktiven Aufbau und in ihrer Wirkungsweise beschrieben werden.

11.4.1. Magnacard- und Magnavue-Verfahren

Aus einem vorher ausgewählten Karteikasten (Magazin) wird der Kartenstapel in den Zuführstapler geschoben, der in seiner in Abb. 128a dargestellten Konfiguration nacheinander die Magnetkarten (Abb. 126 oder 127) an den Umfang der ständig rotierenden Trommel abgibt. Schlitze am Umfang der Trommel sind an eine Vakuumpumpe angeschlossen, so daß die Karte fest am Umfang gehalten wird. Durch einen entsprechenden Befehl kann die Kartenabgabe unterbrochen werden. Andererseits kann der Zuführstapler auch zum Abnehmen der Karten von der Trommel verwendet werden, wie er in Abb. 128b schematisch dargestellt ist.

Typisch für das Verfahren ist, daß zur Verarbeitung der Magnetkarten zwei bis vier Trommeln in verschiedenen Kombinationen benutzt werden, wodurch unterschiedliche Geräte für besondere Zwecke entstehen. In Abb. 129 ist eine derartige Kombination mit allen vorkommenden Baugruppen vereinfacht dargestellt.

Zwischen den Trommeln sind sogenannte „*Übergabestationen*" angeordnet, mit deren Hilfe bei Bedarf die Karte von einer Trommel zur anderen übergeben werden kann. Diese Kartenübergabe erfolgt dadurch, daß der Unterdruck in einem der übernehmenden Trommel benachbarten Segment der abgebenden Trommel abgeschaltet wird, so daß die Magnetkarte durch Fliehkraft (die im geeigneten Moment durch einen kurzen Luftstoß unterstützt wird) überwechselt. Gesteuert wird diese Übergabe durch Magnetventile.

Tabelle 9
Technische Daten von Magnetkartenspeichern

Lfd. Nr.	Typ	Hersteller	Ausführung des Informationsträgers	Kartenanzahl und Unterbringung	Zugriffszeit	Aufzeichnung
1	MAGNACARD	Magnavox-Ges. USA	Abb. 126, Träger 0,005″ (Polyester) Magnetschicht 0,0007″ Schutzschicht 0,0005″ „innen adressiert“	3000 Karten = 1 Karteikasten (Unterteilung in einzeln zugreifbare Gruppen zu je 100 Karten möglich) 51 Karteikästen = 1 Karteikastenträger, 2 Karteikastenträger = 1 Kartei oder 300 Karteikästen = 1 Großkartei (File) (bis 3 Großkarteien pro Gerät möglich	*) ca. 5 – 7 s bei Gruppen zu je 100 Karten **) 30 – 35 s bei Karteikästen zu je 3000 Karten (Maximalwerte)	Parallelaufzeichnung auf 18 Datenspuren, z.B. in 3 Gruppen zu je 6 Spuren für alphanumerische Zeichen, zusätzlich je 1 gemeinsame Paritäts- und Taktspur
2	CRAM 353	National Cash Register (NCR) USA	Abb. 123, 124 „außen adressiert“	max. 256 Karten = 1 Magazin (Magazinaustausch manuell in ca. 15 Sekunden)	ca. 260 ms (Mittelwert)	Parallel auf 56 Spuren in 7 Gruppen zu je 8 Spuren (davon je 1 für Paritätskontrolle und Synchronisation)
			ähnlich Abb. 123 und 124	max. 384 Karten = 1 Magazin	ca. 150 ms (Mittelwert)	
3	1564	International Computers & Tabulator: (ICT) USA (Entwicklung von RCA)	Abb. 125 „außen adressiert“	256 Karten = 1 Magazin 8 Magazine = 1 Magazingruppe max. 16 Magazingruppen pro Gerät	ca. 300 ms (Mittelwert), mit Kartenvorauswahl ca. 150 ms	7 bit – Zeichen (+ Paritätsbit) auf 64 Spuren
4	568. 11	Siemens	406 × 114 mm	128 Karten = 1 Kartensatz, 2 Kartensätze = 1 Magazin, max. 8 Mag. pro Gerät	395 ms (Mittelwert)	auf 128 Spuren in 16 Gruppen zu je 8 Spuren (Serienaufzeichnung)
5	MCM 1	Computer Accessories Co. Californien	400 × 115 mm	64 Karten = 1 Magazin (Magazinwechsel in 5 Sekunden manuell)	max. 50 ms	128 Spuren in 4 Gruppen mit je 32 Spuren
6	2123	IBM USA	ca. 400 × 50 mm	200 Streifen = 1 Datenzelle, 10 Datenzellen pro Gerät	510 ms (Mittelwert)	100 Spuren

Tabelle 9
(Fortsetzung)

Übertragungsgeschwindigkeit	Kapazität einer Karte	max. Kapazität des Gerätes	Besonderheiten und Bemerkungen
$9 \cdot 10^4$ Dezimalziffern pro Sekunde	1134 Dezimalziffern oder 756 alphanumerische Zeichen	ca. $300 \cdot 10^6$ Dezimalziffern auf einer Kartei oder: ca. $2{,}7 \cdot 10^9$ Dezimalziffern mit 3 Großkarteien	verschiedene Geräteausführungen mit Karteianordnungen möglich, Gerätevariante „Magnavue" für Dokumentenverarbeitung (Abb. 127), maximale Kartengeschwindigkeit 100 pro Sekunde, Umfangsgeschwindigkeit der Trommeln 300 ″/s, Drehzahl 12 s^{-1} lineare Speicherdichte $c_{sp} = 100$ bit/mm, Lebensdauer der Karten mind. $2 \cdot 10^5$ Durchläufe
10^5 Zeichen pro Sekunde	21700 alphanumerische Zeichen oder 32550 Dezimalziffern	$5{,}55 \cdot 10^6$ alphanumerische Zeichen oder $8{,}3 \cdot 10^6$ Dezimalziffern	Aufzeichnung und Wiedergabe nur in einer Spurgruppe gleichzeitig (elektrisch wählbar), Umfangsgeschwindigkeit der Trommel 10 m/s, Drehzahl ca. 21 s^{-1} max. Blocklänge: 3100 alphanumerische Zeichen, lineare Speicherdichte $c_{sp} = 10$ bit/mm, Lebensdauer der Karte mind. 10^4 Durchläufe
	161000 alphanum. Zeichen	$62 \cdot 10^6$ alphanum. Zeichen	Typ 353—5 (Weiterentwicklung lt. erster Informationen)
$8 \cdot 10^4$ Zeichen pro Sekunde	166400 Zeichen in 4 Blöcken	$5{,}4 \cdot 10^9$ Zeichen	Magazine auswechselbar
$7 \cdot 10^4$ Bytes pro Sekunde	274176 Bytes	$561{,}5 \cdot 10^6$ Bytes	Hydraulische Positionierung von 8 miteinander fest verbundenen Aufnahme/Wiedergabekopfpaaren in 16 mögliche Stellungen, Magazine auswechselbar
Parallelverarbeitung: $10{,}4 \cdot 10^6$ bit/s Serienverarbeitung: $325 \cdot 10^3$ bit/s	$1{,}56 \cdot 10^6$ bit	10^8 bit	Positionierung von 32 miteinander fest verbundenen Aufnahme/Wiedergabekopfpaaren in 4 mögliche Stellungen
55000 Bytes pro Sekunde	$2 \cdot 10^5$ Bytes	$4 \cdot 10^8$ Bytes	(Magnetstreifenspeicher) Datenzellen am Umfang eines durch Verdrehung positionierbaren Zylinders (manuell austauschbar) 20 positionierbare Aufnahme/Wiedergabeköpfe

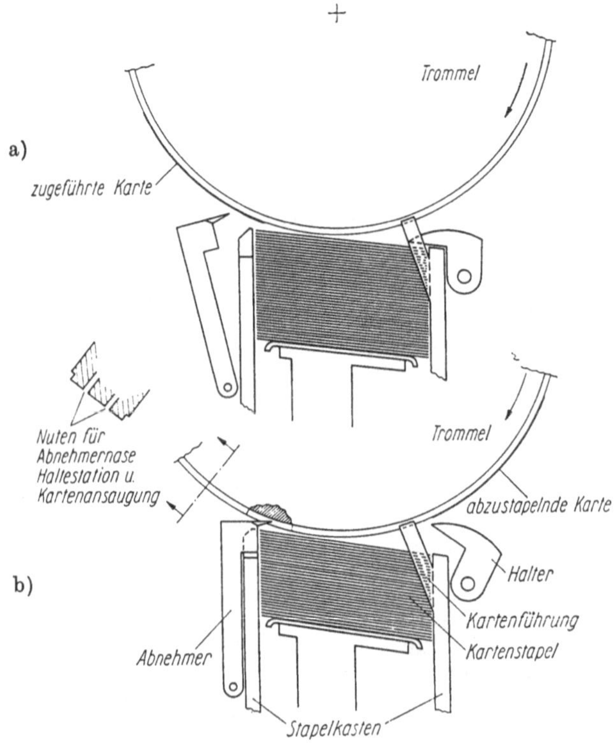

Abb. 128. Zuführstapler des Magnacard-Systems

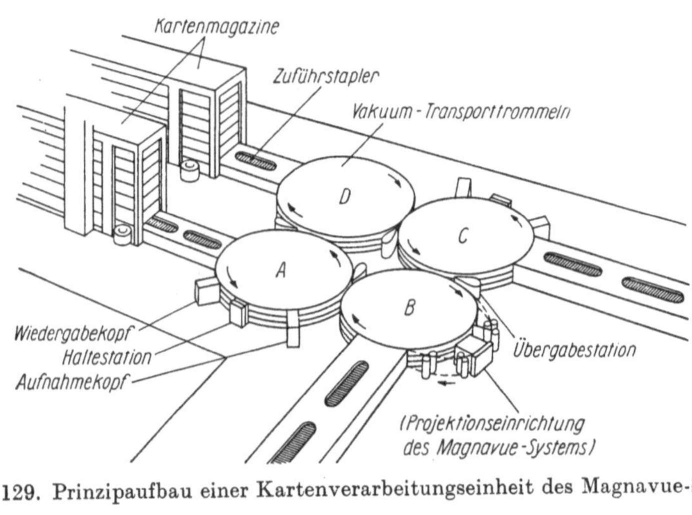

Abb. 129. Prinzipaufbau einer Kartenverarbeitungseinheit des Magnavue-Systems

An den „*Haltestationen*" kann eine Magnetkarte trotz rotierender Trommel festgehalten werden. Selbstverständlich muß dann die Zuführung weiterer Karten unterbleiben. Die Haltestation selbst besteht aus einer mit Saugdüsen versehenen Fläche, die ortsunveränderlich in geringem Abstand über dem Trommelmantel angeordnet ist. Jede von dieser Trommel transportierte Karte muß über diese Fläche gleiten, was durch geeignete in die Vakuumschlitze der Trommel mündende Anlaufschrägen ermöglicht wird. Sobald durch die Bohrungen der Oberfläche der Haltestation Luft abgesaugt wird, bleibt eine ankommende Magnetkarte stehen, behält aber noch mit dem größten Teil ihrer Oberfläche Kontakt mit der rotierenden Trommel. Meist ist die Haltestation um eine Kartenlänge hinter einem Wiedergabekopf angeordnet.

Zur Verarbeitung von Karten gemäß Abb. 127 wird an einer der Trommeln eine Diapositiv-Projektionseinrichtung, eine fotografische Kopiereinrichtung oder eine elektronische Diapositiv-Abtasteinrichtung angeordnet, in deren Bildfenster die Magnetkarte nach Abschalten des Unterdruckes im geeigneten Segment der Trommel durch Fliehkraft gelangt und mechanisch in der richtigen Lage gehalten wird. Nach der Verarbeitung wird die Karte wieder mechanisch an die Trommel herangeführt, die sie weitertransportiert.

Die *Aufnahme-* und *Wiedergabekopfsätze* sind so am Umfang der Trommel angeordnet, daß die Magnetkarte ohne Berührung daran vorbeilaufen kann.

Aus den vorgenannten Baugruppen werden folgende Gerätevarianten gebildet:

Schriftwandler (Transcriber)

Diese Variante dient besonders zum Aufzeichnen der Informationen auf Magnetkarten und zum Übertragen von Informationen von Magnetkarten auf andere Speicher (auch mit abweichenden Geschwindigkeiten, z. B. Lochkarten, Lochband, Magnetband, Drucker, Fernschreiber usw.)

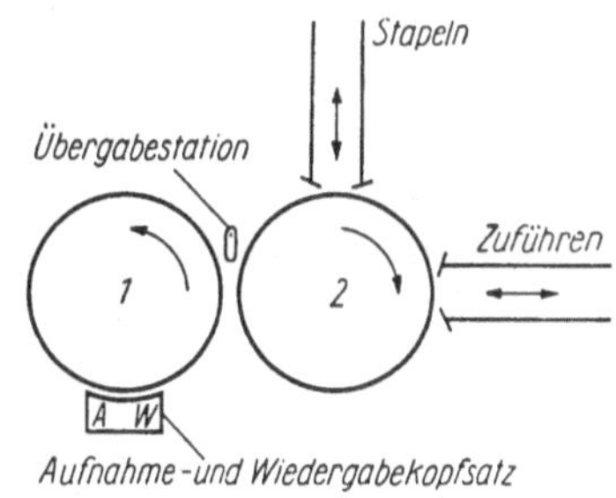

Abb. 130. Schriftwandler des Magnacard-Systems

Der Kartentransport erfolgt hierbei gemäß Abb. 130 aus dem Magazin über den Zuführstapler auf die Trommel *2* und mittels der Übergabestation auf Trommel *1*, wo sie zur Datenaufzeichnung oder Wiedergabe beliebig oft umlaufen kann. Nach Abschluß der Kartenverarbeitung wird sie wieder an Trommel *2* abgegeben und im Stapler abgelegt. Der Schriftwandler wird von Hand mit jeweils nur einem Kartenmagazin (Inhalt maximal 3000 Karten) bestückt.

Kartenmischer (Collator)

Diese Geräteausführung ist besonders für die Arbeitsgänge Mischen, Sortieren und Auswählen vorgesehen. In Abb. 131 ist die prinzipielle Ausführung dieses Gerätes dargestellt. Bei einer Selektionsarbeit werden die Karten der Reihe nach von dem Zuführstapler an die Trommel *1* übergeben, wo sie sofort auf ihre

Übereinstimmung mit der vorgegebenen Adresse mit Hilfe des Wiedergabekopfes überprüft werden. Fehlt die Übereinstimmung, so gelangt die Karte auf Trommel *4* und wird abgestapelt. Bei Übereinstimmung wird die Zuführung automatisch unterbrochen und die Karte über Trommel *2* auf Trommel *3* weitergegeben, wo sie ständig umläuft und verarbeitet wird (Aufnahme oder Wieder-

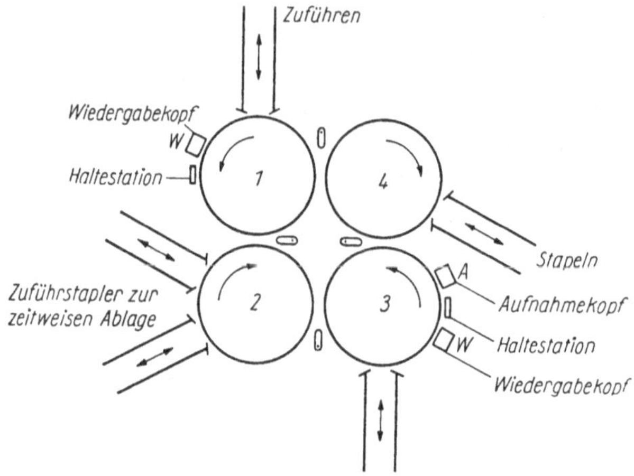

Abb. 131. Kartenmischer des Magnacard-Systems

gabe). Hiernach wird die Karte an Trommel *4* abgegeben und ebenfalls abgestapelt. Es ist auch möglich, bestimmte Karten in den Staplern an der Trommel *2* zeitweise für eine später zu erwartende Verarbeitung abzulegen.

Auch dieses Gerät wird von Hand mit jeweils nur einem Kartenmagazin bestückt, kann aber auch mit einer automatischen Kartei versehen werden. Diese

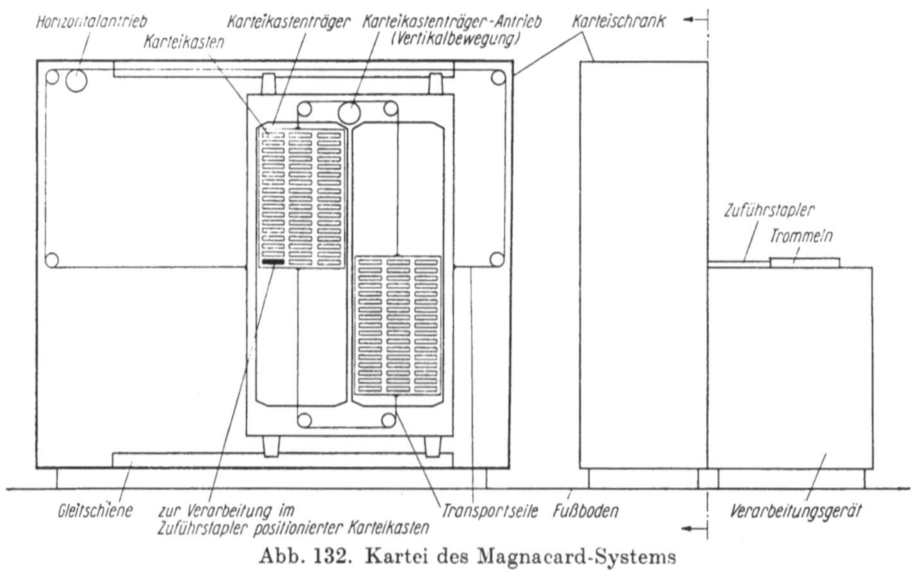

Abb. 132. Kartei des Magnacard-Systems

Kartei ist in Abb. 132 schematisch dargestellt und besteht aus zwei Karteikastenträgern mit je 51 Karteikästen zu je 3000 Karten. Die beiden Karteikastenträger sind gegenläufig vertikal entsprechend eingegebener Adressen positionierbar, während das Haltegerüst für die beiden in ähnlicher Weise horizontal positioniert werden kann. Damit ist es möglich, jeden der insgesamt 102 Karteikästen vor den Zuführstapler des Verarbeitungsgerätes zu positionieren. Diese Kartei wird auch als File-Block bezeichnet. Sie besitzt jedoch eine Zugriffszeit von ca. 30 s.

Abfragekartei (Interrogation File)

Zur Sichtung großer Datenmengen arbeitet die in Abb. 133 dargestellte Trommelanordnung folgendermaßen: Aus dem Zuführstapler gelangen die Karten nacheinander von Trommel *1* auf Trommel *2*, wo mit Hilfe des Wiedergabekopfes

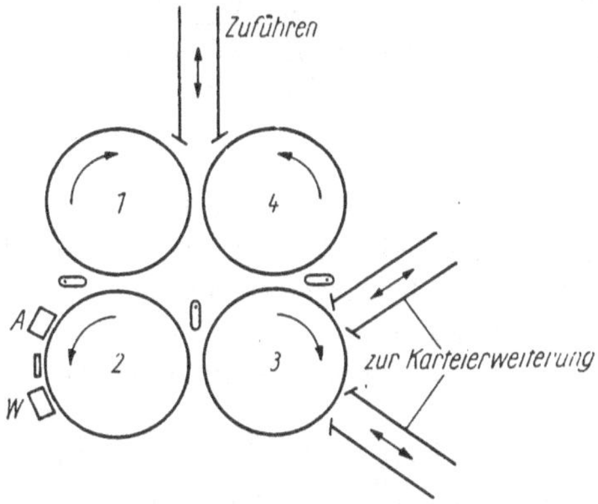

Abb. 133. Trommelanordnung für die Abfragekartei des Magnacard-Systems

ihre Übereinstimmung mit dem eingegebenen Kriterium überprüft wird. Bei Übereinstimmung läuft diese Karte auf Trommel *2* um, und die Kartenzufuhr wird unterbrochen, bis sie verarbeitet ist. Hinterher werden alle Karten über die Trommeln *3* und *4* in den Zuführstapler zurückgebracht. An den Zuführstapler ist ebenfalls eine Kartei ähnlich Abb. 132 angeschlossen. Sie unterscheidet sich jedoch dadurch, daß sie nur 40 Karteikästen enthält, die alle in einzeln auswählbare Untergruppen zu je 100 Karten unterteilt sind. Damit werden mittlere Zugriffszeiten von ca. 5 s erreicht.

Großkarteien

Für spezielle Anwendungen z. B. große Daten- oder Dokumentenverwaltungen wurde eine Kartei entwickelt, die bis zu 900000 Magnetkarten fassen kann (Abb. 134). Sie besteht aus einem Regal mit 3000 Karteikästen zu je 3000 Karten. Ein davor in zwei Richtungen positionierbarer Mechanismus kann in Übereinstimmung mit einer eingegebenen Adresse vor den zugehörigen Karteikasten positioniert werden und ihn aus dem Regal entnehmen. Anschließend fährt dieser Karteikasten vor den Zuführstapler des Verarbeitungsgerätes. Die Rück-

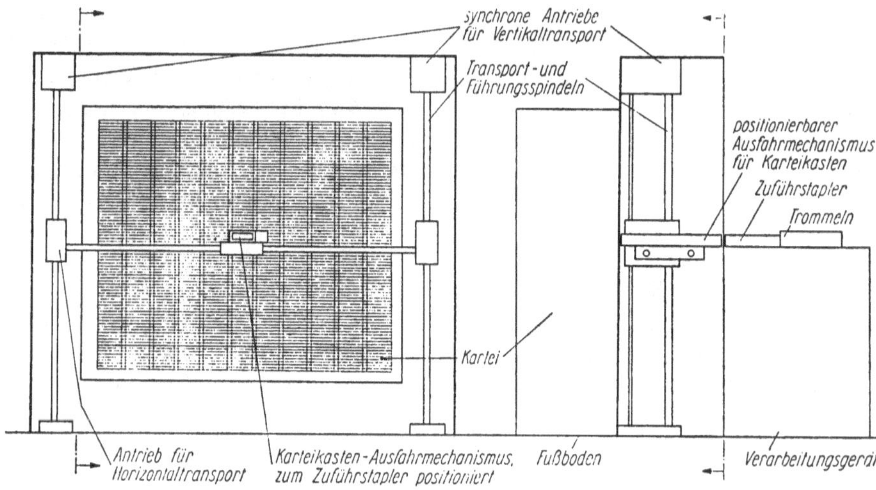

Abb. 134. Großkartei des Magnacard-Systems

führung des verarbeiteten Karteikastens erfolgt auf gleichem Wege. Während der Verarbeitung eines Karteikastens aus dem Zuführstapler kann bereits der nächste ausgewählt und in Bereitschaftsstellung vor den Stapler gebracht werden. Weitere Informationen über die Arbeitsweise und den Einsatz des Magnacard- und des Magnavue-Verfahrens sind in [107] bis [110] enthalten.

11.4.2. CRAM-Verfahren

In Abb. 135 ist der vom Magnacard-Verfahren stark abweichende Kartenmechanismus des CRAM-Verfahrens schematisch dargestellt (CRAM = Card Random Access Memory). Ein Kartenstapel von maximal 256 Karten der Ausführung nach Abb. 123 wird manuell auf die acht in der Speicherkammer nebeneinander angeordneten horizontalen Selektionsstäbe so aufgeschoben, daß sie senkrecht hängen. Jeweils ein Haltestab vor und hinter dem Kartenstapel dient zur Kartenzentrierung und entlastet die Selektionskerben. Ausführung und Funktionsweise dieser Stäbe sind schon anhand von Abb. 124 und 123 erläutert worden. Soll eine Magnetkarte zur Verarbeitungsstation (Trommel) abgegeben werden, so muß jeder Selektionsstab derartig in eine von zwei möglichen Stellungen durch die zugehörige Positioniereinrichtung gedreht werden, daß Übereinstimmung mit der eingegebenen Kartenadresse auftritt. Danach geben beide Haltestäbe den gesamten Kartenstapel frei. Dadurch kann die eine mit der eingegebenen Adresse übereinstimmende Magnetkarte aus dem Stapel heraus und nach unten fallen. Damit Elektrostatik, Reibung usw. diesen Fallvorgang nicht beeinträchtigen, wird von oben durch den gesamten Kartenstapel ständig ein durch ein Lamellensystem gerichteter Luftstrom geleitet. Jede Karte stellt sich dadurch unter ihr zugehöriges Lamellenblech und ist durch Luftfilme von den benachbarten Karten getrennt. Die nach unten fallende Karte gelangt auf

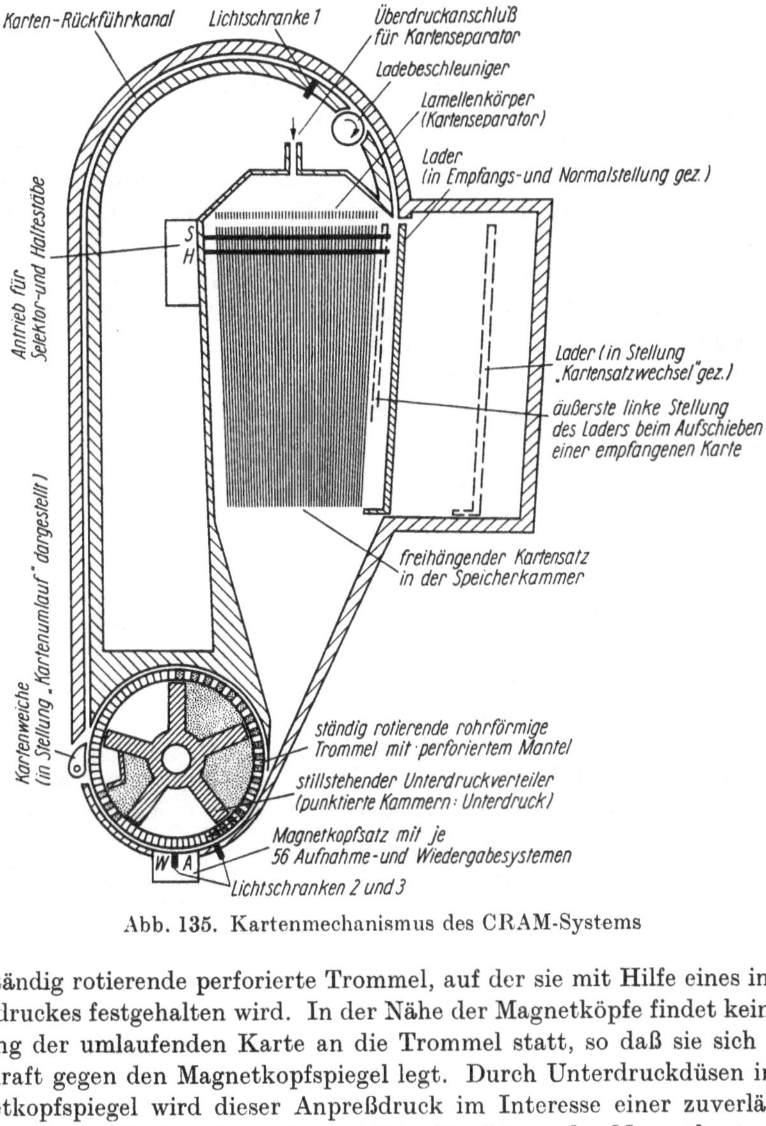

Abb. 135. Kartenmechanismus des CRAM-Systems

eine ständig rotierende perforierte Trommel, auf der sie mit Hilfe eines inneren Unterdruckes festgehalten wird. In der Nähe der Magnetköpfe findet keine Ansaugung der umlaufenden Karte an die Trommel statt, so daß sie sich durch Fliehkraft gegen den Magnetkopfspiegel legt. Durch Unterdruckdüsen in dem Magnetkopfspiegel wird dieser Anpreßdruck im Interesse einer zuverlässigen Aufnahme und Wiedergabe weiter erhöht. Die Länge der Magnetkarte ist jedoch wesentlich größer als dieser Bereich der Abhebung, so daß der Kartentransport durch die Trommel dadurch nicht unterbrochen wird.

Nach dem Passieren der Magnetköpfe legt sich die Karte wieder an die Trommel an und kann wahlweise in die Speicherkammer zurückgeführt werden oder erneut mit der Trommel umlaufen. Hierzu ist eine mechanische Weiche vorhanden, die einem ebenfalls unterdruckfreien Bereich der Trommel gegenüberliegt. Hier hebt sich die Magnetkarte ähnlich wie am Magnetkopf durch Fliehkraft von der Trommel ab und wird entweder von der Weiche weiter um den Trommelumfang oder in den Kartenrückführungsschacht geleitet.

Bei der Rückführung vermindert sie durch Reibung ihre Geschwindigkeit sehr stark und muß deshalb unterwegs durch einen sogenannten Ladebeschleuniger (rotierende Welle) in Bewegung gehalten werden. Sie wird danach senkrecht stehend im sogenannten Lader rechts neben dem Kartenstapel abgelegt, der sich daraufhin nach links bewegt und diese rückgeführte Karte auf die Selektionsstäbe schiebt.

Zur Steuerung der mechanischen Funktionen des Kartenmechanismus ist in der Kartenrückführbahn die Lichtschranke *1* angeordnet. Sie spricht auf die Führungskante der rückgeführten Karte an und veranlaßt den Lader, aus der Normalstellung in die Empfangsposition zu wechseln.

Die weiteren Lichtschranken *2* und *3* dienen zur Signalgabe für die Verarbeitung der Informationen.

Die Magnetkarten gleiten im Rückführungskanal lediglich auf drei schmalen Schienen, die auf den Karten nur solche Flächen berühren, auf denen keine Aufzeichnung erfolgt.

Die automatische Zuführung oder der automatische Austausch von Kartenmagazinen ist bei diesem Gerät nicht möglich. Zum Wechseln eines Kartensatzes wird er manuell zwischen die beiden Backen eines an das Gerät angehängten Magazins fest eingeklemmt. Danach wird das Magazin nach rechts geschoben, wodurch alle Karten aus den Stäben gleiten, jedoch ihre Lage untereinander und zur Magazinaufhängung während der Archivierung beibehalten. Selbstverständlich muß der Lader hierzu ebenfalls nach rechts geschoben werden. Das Einsetzen eines neuen Kartensatzes in das Gerät erfolgt in umgekehrter Reihenfolge.

Eine ausführliche Beschreibung und Beurteilung dieses Verfahrens ist in [24] veröffentlicht.

11.4.3. RCA-Verfahren

Dieser auch in ICT- und Bullrechnern verwendete Magnetkartenspeicher unterscheidet sich von vorstehend erläuterten in konstruktiver Hinsicht besonders dadurch, daß die zu verarbeitende (außen adressierte) Magnetkarte nach Abb. 125 nicht durch Unterdruck, sondern durch zwei Transportbänder am Umfang der ständig rotierenden Trommel festgehalten wird, wie Abb. 136 stark vereinfacht zeigt.

Auch bei diesem Verfahren kann mittels einer elektromechanischen Weiche die Magnetkarte wahlweise auf der Trommel umlaufen oder in eines der Magazine zurückgeführt werden. Die an der Magnetkarte angebrachte Gruppenkennzeichnung (0—15) steuert die Rückführung der verarbeiteten Karte in die richtige Magazingruppe, während ihre Ordnungskennzeichnung (0—7) das Magazin innerhalb dieser Magazingruppe bestimmt.

Einige wenige Angaben zu diesem Magnetkartenspeicher sind in [111] und [112] enthalten.

11.4.4. Weitere Verfahren

Neben diesen beschriebenen Magnetkartenspeicher-Konstruktionen sind noch weitere Ausführungen bekannt geworden, die sich jedoch in vielen prinzipiellen Einzelheiten nicht wesentlich unterscheiden.

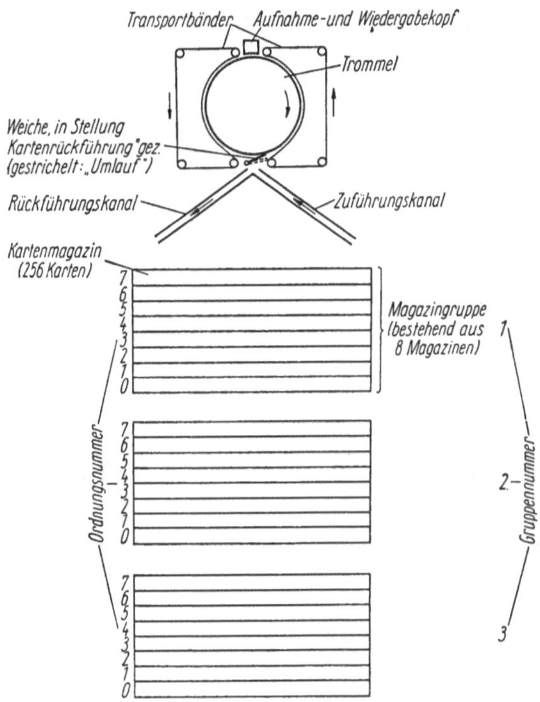

Abb. 136. Kartenmechanismus des RCA-Systems (stark vereinfacht)

Beispielsweise wurden im IBM-System 2321 die als „Magnetstreifen" bezeichneten Karten in Gruppen zu je 200 Stück senkrecht hängend in sogenannten Datenzellen untergebracht. Zehn derartiger Zellen sind austauschbar am Umfang eines Zylinders mit vertikaler Achse befestigt. Durch Rotation dieses Zylinders läßt sich die ausgewählte Datenzelle so an die Verarbeitungsstation positionieren, daß der gewünschte außen adressierte Magnetstreifen der Zelle automatisch entnommen und dem Umfang einer ständig rotierenden Trommel zur Verarbeitung zugeführt werden kann. Nach der Verarbeitung wird dieser

Streifen wieder in die ursprüngliche Stelle der Zelle zurückgeführt [113], [114].

Ein sehr ähnliches System wurde für die Verarbeitung von Dokumenten (Mikrofilm plus magnetisch gespeicherter Information ähnlich dem Magnavue-System) entwickelt und unter dem Begriff „Walnut" propagiert [115].

In neuerer Zeit kommen Magnetkarten auch als Programmspeicher für Kleinstrechner zur Anwendung. Hierbei wird in das Gerät lediglich eine einzige vom Operateur ausgewählte Magnetkarte manuell eingegeben.

12. Quellenverzeichnis

[1] VÖLZ: Beitrag zur Geschichte und Systematik der Magnetspeichertechnik, Hochfrequenztechnik und Elektroakustik **74** (1965), H. 2, S. 47–56.

[2] –: Magnetspeichertechnik, Begriffe, Fachbereich-Standard der DDR, TGL 200-7001, Febr. 1963.

[3] –: Symbols, units and nomenclature in physics, International union of pure and applied physics, Document U.I.P. **11** (S.U.N. 65–3) 1965.

[4] –: Magnetbandtechnik für Informationsverarbeitung, Begriffe, DIN 66010, Febr. 1965.

[5] CLAMONS: At last – a standard code for information systems, Control Engng. (1963) Okt., S. 91–94.

[6] ZEMANEK: Alphabetes and Codes 1965, Elektron. Rechenanlagen **7** (1965), H. 5, S. 239–258.

[7] KLEIN: Zahlensysteme und Codierung, Elektronik **16** (1967), H. 3, S. 65–70.

[8] FRIEDLAENDER: Ein neues Magnetbandsystem, Elektron. Rundschau **17** (1963), H. 9, S. 234–235.

[9] VÖLZ: Betrachtungen zur Signalübertragung bei allgemein gestörten Kanälen, Habilitationsschrift, Humboldt-Universität 1964.

[10] ELDRIDGE: Magnetic recording and reproduction of pulses, IRE Trans. Audio AU-8 (1960) März/April Nr. 2, S. 42–57.

[11] DAVIES: Magnetic tape instrumentation, McGraw-Hill Book Comp. Inc., New York 1961.

[12] LEWIS: Questions and answers concerning magnetic tape recording, Electrical Design News (1966) März, S. 146–151.

[13] CZAPUTA: Magnetische Speicher in der Datentechnik, Elektronik **15** (1966), H. 3, S. 77–80.

[14] CUNNINGHAM: The IBM-Hypertape-System, Proceedings, Fall Joint Computer Conference (1964), S. 423–434.

[15] –: Random access by Potter, Computer & Automation (1964) Nov., S. 44–45.

[16] ZIMANN: Data recording on magnetic tape in computer format, Design Electronics **3** (1966) Jan. Nr. 4, S. 18–21, 24–25.

[17] BREYER/POSER: Rolle des Magnetbandes als externer Speicher für eine Datenverarbeitungsanlage, Rechentechnik (1967), H. 1, S. 15–20.

[18] GRAHAM/SPROTT: Processing magnetic tape files with variable blocks, Communication ACM **4** (1961) Dez., S. 555–557.

[19] EDWARDS/ASPINALL/LAUE: Adressing magnetic tape in the Atlas 1 computing machine, Computer Journal **8** (1966) Jan., Nr. 4, S. 323–329.

[20] VAN BEHREN: Precision reels for instrumentation recording, Sound Talk Bulletin Nr. 36.

[21] –: Proposed american standards: Recorded magnetic tape for information interchange 1600 cpi, phase encoded (1966) Jan. 24.

[22] ZIMANN: A review of the problems affecting compatibility between magnetic tape units on computing systems, International Conference on Magnetic Recording, London 6.–10. 7. 1964, S. 60–61.

[23] ULBRICHT: Was bedeutet Zugriffszeit? Bürotechnik & Automation (1963), H.2, S. 33 (Diskussionsbeitrag hierzu: dto. (1963), H. 5, S. 159.

[24] RIEDLE: Der Magnetkartenspeicher CRAM, Elektron. Rechenanlagen **4** (1962), H. 6, S. 270–273.

[25] BROSSMER: Technisches Magnetbandgerät für Speicherung und Wiedergabe von Meßwerten, Honeywell Technische Information 198.

[26] PETHERICK: Magnetic type decks for a data recording system, Trans. Soc. Instr. Technol. **16** (1964), H. 3, Sept., S. 110.

[27] ORMOND: Problems of digital recording, Inst. & Control Systems **34** (1961), H. 8, S. 1430–1433.

[28] CAROLL: The measurement of abrasivements of magnetic tape, IEEE Trans. Mag.-2 (1966), H. 1, S. 6–13.

[29] WINTERBOTTOM: Effects of angular acceleration and ambient changes on spooled magnetic tape, Internat. Conference on Magnetic Recording, London 6.–10. 7. 1964, S. 11–14.

[30] SKOV: Pulse time displacement in high density magnetic tape, IBM Journal Research & Development (1958) H. 2, S. 130–141.

[31] GABOR: Performance characteristics of a high density digital magnetic tape recording system, 1961 IRE Convention Record, Part 5, März 20–23., S. 218–229.

[32] WILLIS/SKINNER: Some engineering aspects of magnetic tape system design, Journal Brit. IRE (1960) Nov., S. 867–876.

[33] LEHMANN/WIEMER/ENDERT: Die Gestaltung von plattenartigen ebenen Luftlagern, Feingerätetechnik (1960) H. 11, S. 476–482.

[34] –: Magnetic recorder/reproducer Standards IRIG-Doc. Nr. 101–57, IRE Trans. on Telemetry and Remote Control (1957) Dez. Nr. 3, S. 20–22.

[35] HARRISON: The development of a high performance tape handler, Journ. Brit. IRE (1960) Nov., S. 841–856.

[36] THIEMER: Langlebensdauer-Magnetköpfe in Studioqualität, 2. Konferenz der magnetischen Speichertechnik, Budapest 1966, S. 211–216.

[37] KERR/QUIRK: A magnetic read head with output signal independent of tape speed, Journ. Brit. IRE (1960) Okt., S. 743–748.

[38] VAN KAMPEN: Magnetbandspeicher für Fernschreibzeichen, Philips Techn. Rundschau **26** (1965) H. 9/10/11, S. 296–302.

[39] WILLASCHEK: Aufzeichnung von Daten auf einem ruhenden Aufzeichnungsträger, Nachrichtentechnik **16** (1966), H. 6, S. 232–236.

[40] –: DDR-Patentschrift 45 380 21 a^1 37/08, Verfahren zum Aufzeichnen von Code-Zeichen auf einem ruhenden Träger und Gerät zur Durchführung des Verfahrens.

[41] SPERLIOTIS: An investigation of separation losses in high density recording tapes, IEEE Trans. Magnetics MAG-1 (1965) Juni Nr. 2, S. 101–104.

[42] NOBLE: The assessment of the reability of magnetic tape for data processing, Journ. Brit. IRE (1960) Okt., S. 737–742.

[43] CARSON: Drop-outs in instrumentation recording, IRE Trans. Audio (1962) Juli/Aug., S. 112–120.

[44] TRÖMEL/WINKLER: Codeverfahren für die Datenübertragung, Informationsheft des Instituts für Post- und Fernmeldewesen Berlin 1962, Nr. 79.

[45] GIESECKE/KÖRTH/MAURER: Datenübertragung, Schriftenreihe Datenverarbeitung des Instituts für Datenverarbeitung Dresden, Verlag Die Wirtschaft, Berlin 1965.

[46] –: Tape cleaner boosts recording frequency, Electrical Design News (1962) April, S. 14–15.

[47] —: Magnetic tape bit dropout tester, Electrical Design News (1962) Juli, S. 54—55.

[48] —: Magnetbandantrieb ohne Andruckrollen, Elektronik (1959), H. 8, S. 262.

[49] JURA: Rechenverfahren zur Bestimmung der Parameter von Start/Stop-Systemen für Magnetband (russisch), Information Processing Machines (Praha), (1965), H. 12, S. 37—65.

[50] JURA: The theorie and construction of start/stop-systems for tape, Information Processing Machines (Praha), (1964), H. 10, S. 153—189.

[51] NEUBERT/EBERBECK: Anzugszeiten von Magneten, ETZ-A **74** (1953), H. 24, S. 703—706.

[52] HEIDECKER/WESTENDORF: Verkürzung der Schaltzeiten transistorbestückter Leistungsschalter mit induktiver Last, Elektronik (1958), H. 12, S. 372—373.

[53] JOUNG: The switching of inductive loads using transistors, Brit. Comm. & Electronics **10** (1963), H. 11, S. 844—847.

[54] VÖLZ: Das Antriebssystem bei Magnetbandgeräten, Nachrichtentechnik **9** (1959), H. 12, S. 537—543.

[55] GRIGORIJEW: Optimierung der charakteristischen Eigenschaften von Antriebssystemen für Magnetbänder (russisch), Technika, Kino i Telewedenija **10** (1966), H. 2, S. 43—49.

[56] WITHERS: A fast start/stop-machine for handling magnetic tape, Journ. Brit. IRE (1960) Nov., S. 857—866.

[57] WILLIS: The design of a vacuum-capstan for a computer magnetic tape transport, International Conference on Magnetic Recording London 6.—10. 7. 1964, S. 60—61.

[58] BROWN: Digital tape transports, Instr. & Control Systems (1965) Nov., S. 97—102.

[59] MAGUIRE: Fiber optics, servo built into tape handler, electronics (1963) Febr. 22, S. 66, 69.

[60] NOELL: Capstan with electrostatic field control, IBM Technical Disclosure Bulletin **4** (1961), H. 2, S. 27—28.

[61] JURA: Elektrostatische Systeme zum Starten und Stoppen in Magnetbandspeichern, Information Processing Machines (1965), H. 11, S. 85—106.

[62] OSTER/WILSON: An electromagnetic clutch for high acceleration, Proc. IRE (1953), H. 10, S. 1453—1455.

[63] MÄRLIN: Electromagnetic disc clutch for digital tape transport, Internationale Conference on Magnetic Recording London 6.—10. 7. 1964, S. 129—130.

[64] AIGNER: Antriebsprobleme bei einem Magnetband-Digitalspeicher, Antriebstechnik (1965), H. 12, S. 437—441.

[65] BERG: Gleichstrommotoren mit gedruckter Wicklung, Int. El. Rundschau (1963), H. 11, S. 582—584.

[66] KARPENKO: Trägheitsarme Gleichstrommotoren für schnellwirkende Systeme der Automatisierung (russisch), Elektrotechnika (Moskwa) **36** (1965), H. 4, S. 25—28.

[67] WEISE: Kinogeräte-Technik, Teil 1, Akademische Vertragsgesellschaft Geest & Portig, Leipzig 1950.

[68] HASTY/POTTS: Analysis and synthesis procedures for geneva mechanism design, IBM Journ. of Research and Development **10** (1966), H. 3, S. 186—197.

[69] NEUBERT/WILDERMUTH: Ein vor- und rückwärts drehender Schrittmotor für höhere Schrittfrequenzen und ein Impulsgeber für konstante, von der Impulsfrequenz unabhängige Impulsdauer, Feinwerktechnik **65** (1961), H. 12, S. 429—435.

[70] FRISCH: Schrittmotoren, Elektronik (1967), H. 2, S. 1—2, 4—6; H. 3, S. 53—57.

[71] BOAG: Incremental magnetic tape recorder, Control Engng. **11** (1964), H. 7, S. 51 bis 57.

[72] SUSSEBACH: Die Magnetpulverkupplung und Bremse, Feinwerktechnik **59** (1955), H. 2, S. 60—63.

[73] POUMAKIS: Incremental tape transport reads 7200 characters per second, Inst. & Control Systems (1965), H. 4, S. 113—116.

[74] JURA: The theorie and design of the rewind equipment for the recording tape, Information Processing Machine (1966), H. 12, S. 185–209.
[75] Autorenkollektiv: VEM-Handbuch, Die Technik der elektrischen Antriebe-Grundlagen, VEB Verlag Technik, Berlin 1963.
[76] WEITNER: Die Elektronik in der Steuerungs- und Regelungstechnik, in RINT: Handbuch für HF- und Elektrotechniker, IV. Band, Verlag für Radio-Foto-Kinotechnik GmbH, Berlin 1963, S. 571–656.
[77] ROSENBERG: Schaltende Regler, Automatik **11** (1966), H. 6, S. 222–226; H. 7, S. 254–257.
[78] GEORGENTAS: Airborne digital tape transport using a balanced tape drive, 1965 Western Electronic Show & Convention San Francisco, Aug. 24–27, 11 Seiten.
[79] PUSTALA: Kleine Einphasenmotoren, VEB Verlag Technik, Berlin 1961.
[80] KÜBLER/NACKE: Gleichstrombremsung von Asynchronmotoren, ETZ-A **79** (1958), H. 24, S. 964–965.
[81] BALLOU: Applying the torque-motor, Machine Design (1956) Dez., S. 65–67.
[82] –: Direct drive torque-motors, Control Engng. (1963) Juli S. 115–122.
[83] SKURA/TWOMEY: The timing belt, Rubber World (1962) Dez., S. 65–67.
[84] WAPPLER: Induktive Meßwertumformer, Feingerätetechnik (1964), H. 5, S. 232 bis 234, 240.
[85] BAYKICK/MONTIJO: An RCA-high performance tape transport System, 1967 Western Computer Conference Proceedings, S. 52–56.
[86] –: Magnetband-Speicherwerk SEL-S – Funktionsbeschreibung, Druckschrift der Fa. Standard El. Lorenz.
[87] FÖRSTERLING: Die Magnetbandorganisation bei den Rechenzentren der Deutschen Bundespost, ZPF (1963), S. 705–712.
[88] SCHULZE: Probleme des Einsatzes elektronischer Datenverarbeitungsanlagen mit Magnetbandeinheiten, Neue Technik im Büro (1964), H. 4, S. 117–120.
[89] KRAFT: Magnetbandarchivierung und Datensicherung, Bürotechnik & Automation **7** (1966), H. 3, S. 104–109.
[90] –: Facit-Magnetbandspeicher ECM 64, Bürotechnik & Automation (1960), H. 17, S. 653–658.
[91] HUCKESTEIN: Regelkreise mit Thyristoren, ETZ-B **18** (1966), H. 17, S. 653–658.
[92] –: Steuerbare Silizium-Gleichrichter, Elektronik **9** (1960), H. 7, S. 199–200; H. 8, S. 239–241.
[93] GALPARIN/SULIZKI: Logische Halbleiterschaltungen, Technische Informationen für Mitglieder des Fachverbandes Elektrotechnik der Kammer der Technik, April 1961.
[94] VÖLZ: Elektronische Spannungsstabilisatoren, VEB Verlag Technik, Berlin 1965.
[95] NICHELSON: Further uses of time sharing in the control of concurrently operating magnetic tape units. Proc. IEEE **113** (1966), H. 3, S. 425–429.
[96] –: ICT-Magnetbandgerät der Serie 1900, Elektron. Rechenanlagen **8** (1966), H. 3, S. 147.
[97] –: Magnetbandspeicher für Digitaldaten mit Zeitquantelung, Radio Mentor (1961), H. 3, S. 192.
[98] LUDWIG: Magnetbandspeicher in der Fernschreibtechnik, NTZ (1966), H. 8, S. 463 bis 467.
[99] SKIPWITH/ATHEY: Magnetic tape recording, National Aeronautics and Space Administration, Jan. 1966, NASA SP-5038.
[100] COUSINO: A continuous loop magnetic tape cartridge, Journ. of the Audio Engng. Soc. **6** (1958), H. 1, S. 49–57.
[101] CAMRAS: Tape recording applications, IRE Trans. Audio (1955) Nov./Dez., S. 171–182.
[102] SCHUFF: Großraumspeicher und ihre Verwendung in der Datenverarbeitung, Elektron. Datenverarbeitung (1962), H. 2, S. 49–58.
[103] –: Bell magnetic tape units, Data Processing (1965), H. 1, S. 10–11.

[104] ARONSON: Magnetic tape recorder, Inst. & Control Systems **38** (1965) Juli, S. 88 bis 98.
[105] —: IBM One-half inch magnetic tape specification for use at 200, 556, 800 bpi and 3200 fci, (1966) März.
[106] GÖBEL/GOTTBERG: Zur Auswahl von Randomspeichern, ADL-Nachrichten (1967), H. 45, S. 398—404.
[107] LAURENT: Magnacard, Date Processing (1962) Okt., S. 33—38.
[108] —: „Magnacard" — eine Synthese aus Magnetband und Lochkarte, Elektron. Rundschau (1960), H. 7, S. 283—284.
[109] WESTGARD: The Magnacard-System, Datamation (1961) Juli, S. 42—43.
[110] SCHUFF: Magnetkarten als Informationsspeicher in Datenverarbeitungssystemen, Elektron. Datenverarbeitung (1959) Folge 4, S. 26—31.
[111] —: Der neue ICT-Magnetkartenspeicher mit direktem Zugriff, Elektron. Rechenanlagen **6** (1964), H. 5, S. 251—252.
[112] —: ICT-Magnetkartenspeicher, Bürotechnik & Automation (1964), H. 10, S. 333.
[113] —: IBM 2321 Data Cell Drives, Computer & Automation (1964) Dez., S. 49.
[114] —: IBM-Magnetstreifenspeicher 2321, Elektron. Rechenanlagen **8** (1966), H. 3, S. 147.
[115] BUSHOR: Information storage/retrivial, Equipment for storage and retrivial, electronics **35** (1962), H. 26, S. 50—58.
[116] TROMMER: Pegelverluste bei magnetischen Aufzeichnungen. Kinotechnik (1961), H. 4, S. 112—114.

Technische Unterlagen der Firmen

Ampex, Audio Devices, BASF, Bull. CdC, CEC, Computape, EMI, Facit, Hugyn, IBM, ICT, ORWO, Perfecta, Potter, RCA, Scotch, Remington, Siemens, Soundcraft, Teac, Telefunken.

SACHVERZEICHNIS

FSC
www.fsc.org
MIX
Papier | Fördert
gute Waldnutzung
FSC® C083411

Zeitfracht Medien GmbH
Ferdinand-Jühlke-Straße 7
99095 Erfurt, Deutschland
produktsicherheit@kolibri360.de